矿山生产机械操作与维护

主编　韩治华　黄文建
参编　彭伦天　彭　敏
冷勇军　朱永丽

重庆大学出版社

内容提要

本书在内容设置上借鉴了德国、澳大利亚等国职业教育的先进教学理念，基于工作过程设计教学活动，全书按照煤炭的生产、运输过程分为5个学习情境。主要介绍了采煤机械、液压支护设备、运输机械和提升设备等矿山生产机械的典型结构、安全规范操作和故障处理。

本书是高职高专教育三年制矿山机电类专业教材，也适合作为成人高校、中等职业学校机电类专业的教材，同时可供矿山企业工程技术人员参考或作为自学用书。

图书在版编目(CIP)数据

矿山生产机械操作与维护/韩治华，黄文建主编.—重庆：重庆大学出版社，2009.10(2020.9重印)
(机电一体化技术专业及专业群教材)
ISBN 978-7-5624-5095-5

Ⅰ.矿…　Ⅱ.①韩…②黄…　Ⅲ.①矿山机械—操作—高等学校：技术学校—教材②矿山机械—维护—高等学校：技术学校—教材　Ⅳ.TD4

中国版本图书馆CIP数据核字(2009)第161431号

机电一体化技术专业及专业群教材
矿山生产机械操作与维护
主编　韩治华　黄文建
参编　彭伦天　彭　敏　冷勇军　朱永丽
责任编辑：周　立　　版式设计：周　立
责任校对：贾　梅　　责任印制：张　策
*
重庆大学出版社出版发行
出版人：饶帮华
社址：重庆市沙坪坝区大学城西路21号
邮编：401331
电话：(023) 88617190　88617185(中小学)
传真：(023) 88617186　88617166
网址：http://www.cqup.com.cn
邮箱：fxk@cqup.com.cn (营销中心)
全国新华书店经销
POD：重庆新生代彩印技术有限公司
*
开本：787mm×1092mm　1/16　印张：15　字数：374千
2009年11月第1版　2020年9月第2次印刷
ISBN 978-7-5624-5095-5　定价：39.50元

编写委员会

序

本套系列教材，是重庆工程职业技术学院国家示范高职院校专业建设的系列成果之一。根据《教育部 财政部关于实施国家示范性高等职业院校建设计划 加快高等职业教育改革与发展的意见》（教高[2006]14号）和《教育部关于全面提高高等职业教育教学质量的若干意见》（教高[2006]16号）文件精神，重庆工程职业技术学院以专业建设大力推进“校企合作、工学结合”的人才培养模式改革，在重构以能力为本位的课程体系的基础上，配套建设了重点建设专业和专业群的系列教材。

本套系列教材主要包括重庆工程职业技术学院五个重点建设专业及专业群的核心课程教材，涵盖了煤矿开采技术、工程测量技术、机电一体化技术、建筑工程技术和计算机网络技术专业及专业群的最新改革成果。系列教材的主要特色是：与行业企业密切合作，制定了突出专业职业能力培养的课程标准，课程教材反映了行业新规范、新方法和新工艺；教材的编写打破了传统的学科体系教材编写模式，以工作过程为导向系统设计课程的内容，融“教、学、做”为一体，体现了高职教育“工学结合”的特色，对高职院校专业课程改革进行了有益尝试。

我们希望这套系列教材的出版，能够推动高职院校的课程改革，为高职专业建设工作作出我们的贡献。

重庆工程职业技术学院示范建设教材编写委员会

2009年10月

前言

为了满足高等职业技术院校培养煤矿应用型技术人才的需要,根据国家示范性高等职业技术院校教育教学改革的精神,我们在充分调研的基础上,结合煤矿企业生产过程以及对应用型技术人才的要求,对新教材的内容定位、结构体系、知识点进行了较大的改进,努力使新教材具有以下特点:

一、根据煤矿企业职业岗位的需要以及煤矿应用型技术人才应具备的生产管理能力、机电设备操作维护能力,确定教材的知识结构、技能结构,努力使学生的职业技能能够满足职业岗位的需要。

二、以国家职业技能等级标准为依据,使教材内容涵盖采煤机司机、输送机司机、支架工、泵站工、电机车司机等相关技能等级标准要求,便于"双证书制"在教学中的贯彻落实。

三、根据围绕生产过程进行教学的宗旨,以技能训练为主线,理论知识为支撑的编写思路,教材加强了技能训练的内容,并给出了评定标准,较好地处理了理论教学与技能训练的关系,有利于帮助学生掌握知识、形成技能、增强动手能力。

四、将行业、企业专家所积累的经验以及企业现行的新技术、新设备融入教材相关内容中,使学生的知识水平能跟上现代化的发展。

五、按照教学规律和学生的认知规律,合理编排教材内容,尽量采用图文并茂的编写风格,并配有图片、动画、视频等辅助资料,从而达到易教、易学的目的。

本书由韩治华和黄文建任主编,负责本书的策划、统稿和审稿工作。黄文建编写学习情境1;彭伦天编写学习情境2;韩治华编写学习情境3;冷勇军编写学习情境4;彭敏偏写学习情境5。朱永丽绘制了全书的插图。

在教材编写过程中，得到了许多煤矿企业的大力帮助和支持，参与编写的专家倾注了大量心血，将他们多年的实践经验和教学体会奉献给读者，参与审稿的专家也提出了宝贵的意见和建议。在此，我们表示衷心的感谢！同时恳请广大读者，特别是煤矿企业的读者，对教材的不足之处提出宝贵意见，以便修正。

编　者

2009 年 7 月

目录

学习情境 1
采煤机械

任务 1　认识采煤机械

知识目标：★滚筒式采煤机的主要组成部分及工作过程 ★高档普采工作面和综采工作面的概念 ★滚筒式采煤机结构综述 能力目标：★认知滚筒式采煤机的结构

教学准备

准备好目前常用滚筒采煤机的结构图和工作原理图。

任务实施

1. 老师下达任务：分析目前常用滚筒采煤机的结构图和工作原理图；
2. 制订工作计划：学生以小组为单位，根据任务要求，提前查阅滚筒采煤机相关资料；
3. 任务实施：由学生描述滚筒采煤机的结构以及各部分的作用等。

相关知识

一、采煤机的分类

采煤机械根据结构和工作原理分为：滚筒式采煤机、刨煤机、链式截煤机几种类型，目前我国大多数煤矿都使用的是滚筒式采煤机，故本任务主要介绍滚筒式采煤机。滚筒式采煤机又根据其滚筒的数量分为单滚筒采煤机（主要用于薄煤层）和双滚筒采煤机（主要用于中厚煤层）。

二、滚筒式采煤机主要组成部分

单滚筒采煤机外形如图1.1所示，它主要由电动机、截割部、牵引部、辅助装置四大部分组成。

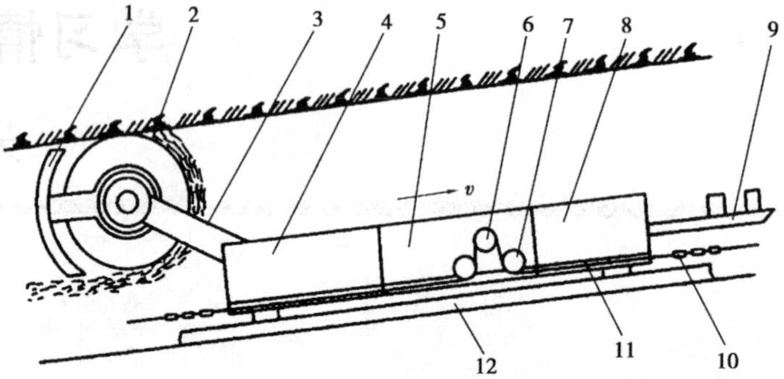

图1.1　单滚筒采煤机的组成

1—挡煤板;2—螺旋滚筒;3—摇臂减速器;4—固定减速器;5—牵引部减速器;6—主链轮;
7—辅助链轮;8—电动机;9—电缆架;10—锚链;11—底托架;12—输送机槽

双滚筒采煤机外形如图1.2所示，它也是由电动机、截割部、牵引部、辅助装置四大部分组成，所不同的是它有两个截割部。

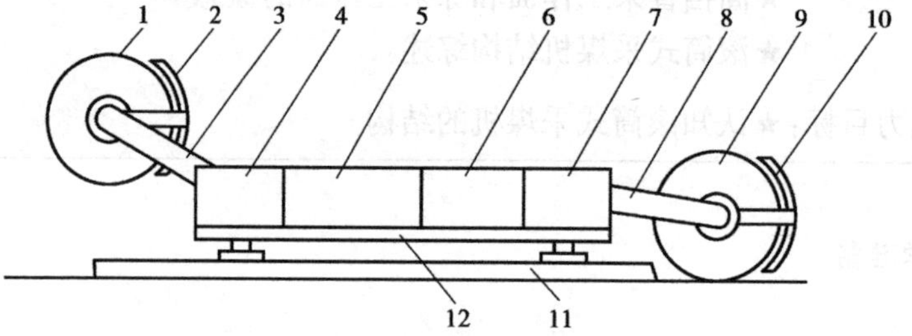

图1.2　双滚筒采煤机的组成

1、9—螺旋滚筒;2、10—挡煤板;3、8—摇臂减速器;4、7—固定减速器;
5—牵引部;6—电动机;11—输送机槽;12—底托架

各组成部分的作用如下：

(一)电气系统

电气系统包括电动机6及其箱体和装有各种电气组件的中间箱、接线箱等。电气系统的主要作用是为采煤机提供动力，并对采煤机进行超载保护及控制其动作。

(二)牵引部

牵引部5由牵引机构和牵引传动装置组成。牵引机构是移动采煤机的执行机构，分为有链牵引和无链牵引两类。牵引部的主要作用是控制采煤机行走，使其按要求沿工作面运行，并对采煤机进行必要的超载保护。

(三)截割部

截割部包括摇臂减速箱3和8、固定减速箱4和7、(对整体调高采煤机来说，摇臂减速箱和机头减速箱为一个整体)、滚筒1和9、挡煤板2和10等。截割部的主要作用是落煤、碎煤和装煤。

(四)辅助装置(又称附属装置)

辅助装置包括底托架12、滚筒调高装置、机身调斜装置、挡煤板翻转装置、防滑装置、电缆拖移装置、冷却喷雾装置以及为实现滚动升降、机身调斜、挡煤板翻转及机身防滑而设置的辅助液压系统。辅助装置的主要作用是同上述三大主要部分一起构成完整的采煤机功能体系,以满足高效、安全的要求。

三、滚筒式采煤机的工作过程

滚筒式采煤机的工作过程如图1.3所示:电动机经截割部减速箱、摇臂减速箱驱动滚筒旋转,滚筒螺旋叶片上安装的截齿依次截入煤体,实现破煤。破碎下来的煤依靠螺旋叶片和弧形挡煤板(相当于螺旋输送器)推入运输机运出工作面。电动机还经牵引部液压传动箱驱动牵引链轮(或滚轮),使采煤机以运输机槽帮钢为轨道,沿工作面全长来回行走,实现双向割煤。

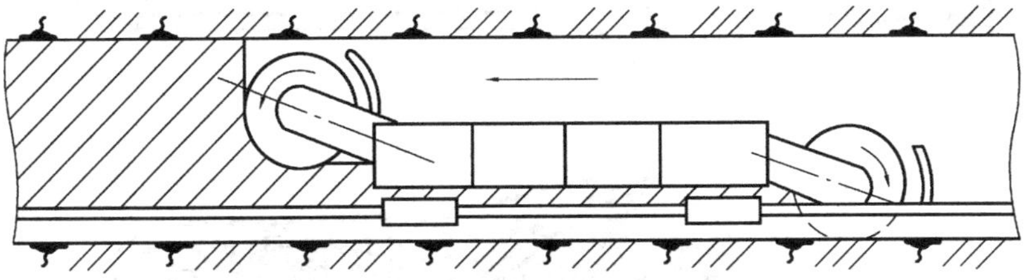

图1.3　双滚筒采煤机的工作原理

辅助装置中的喷雾装置进行喷雾灭尘,拖拽电缆装置拖动电缆水管随机移动。(请观看多媒体视频课件)

四、高档普采工作面和综采工作面的概念

根据采煤工作面机械化程度的不同,将采煤工作面分为高档普采工作面和综采工作面,它们的不同之处有以下几点:

①使用的液压支护设备不同,高档普采工作面使用的是单体液压支柱;综采工作面使用的是液压支架。

②配套的运输机不同,高档普采工作面使用的是轻型或中型刮板输送机;综采工作面使用的是重型刮板输送机、桥式转载机和可伸缩胶带输送机。

③采煤机进刀(即滚筒进入煤体)的方式不同,高档普采工作面使用的是单滚筒采煤机,需人工开缺口使采煤机滚筒进入煤体;综采工作面使用的是双滚筒采煤机,可采用斜切进刀使采煤机滚筒进入煤体。

综合机械化采煤工作面的配套设备及工作面布置如1.4所示。

采煤机1、可弯曲刮板输送机2和液压支架3是组成综采工作面的主要设备。端头支架4用来推移输送机机头、机尾,并支护端头空间。桥式转载机5与可弯曲刮板输送机2搭接,用来将工作面运来的煤转载到可伸缩胶带输送机6上运出。乳化液泵站9用来为液压支架3提供压力液体。喷雾泵站13用来为采煤机提供冷却喷雾用的压力水。设备列车10用来安放移动变电站11、乳化液泵站9、喷雾泵站13、集中控制台7等设备。液压安全绞车12用于当煤层倾角大于16°时防止采煤机下滑。集中控制台用于控制可弯曲刮板输送机、桥式转载机、可伸缩胶带输送机及通信等。

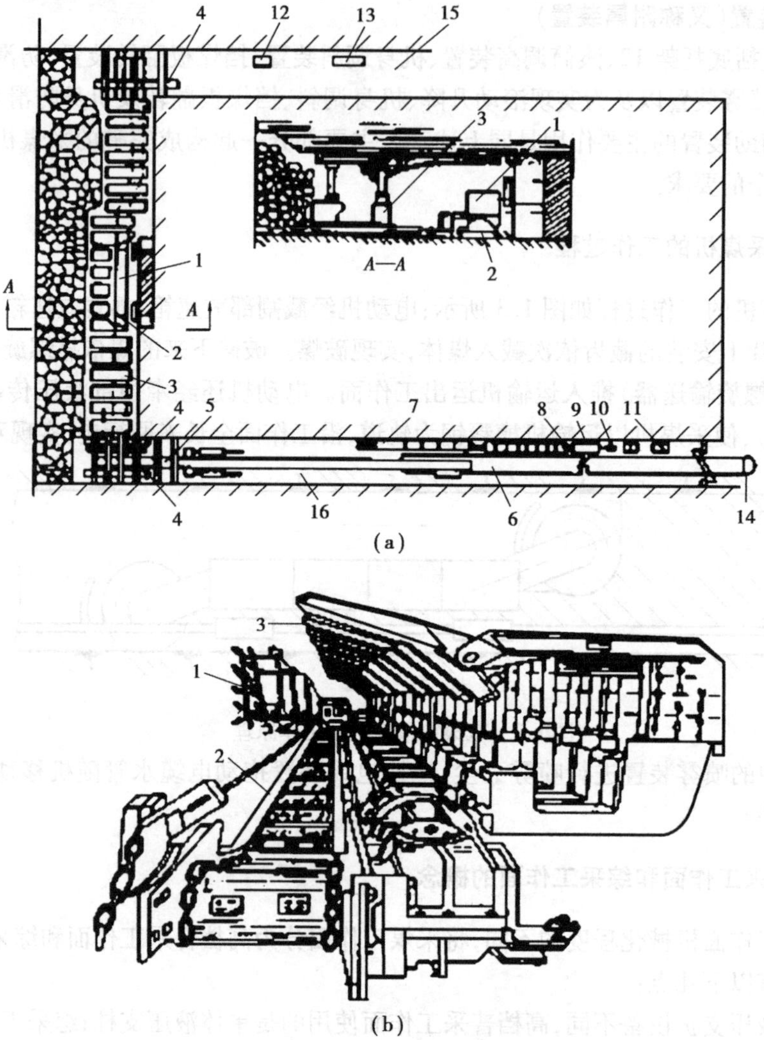

图1.4　综采工作面设备布置图

(a)综采工作面设备布置图　(b)立体图

1—采煤机;2—可弯曲刮板输送机;3—液压支架;4—端头支架;5—桥式转载机;
6—可伸缩胶带输送机;7—集中控制台;8—配电箱;9—乳化液泵站;10—设备列车;
11—移动变电站;12—液压安全绞车;13—喷雾泵站;14—煤仓;15—上顺槽;16—下顺槽

五、滚筒式采煤机结构综述

(一)截齿

截齿是采煤机上直接用来落煤的刀具。截齿的几何参数和质量对采煤机的工况、能耗、生产率和吨煤成本有很大影响。

1. 截齿的类型

采煤机上的截齿类型很多,但基本可分为两类。

(1)扁形截齿(又称径向截齿、刀形截齿)

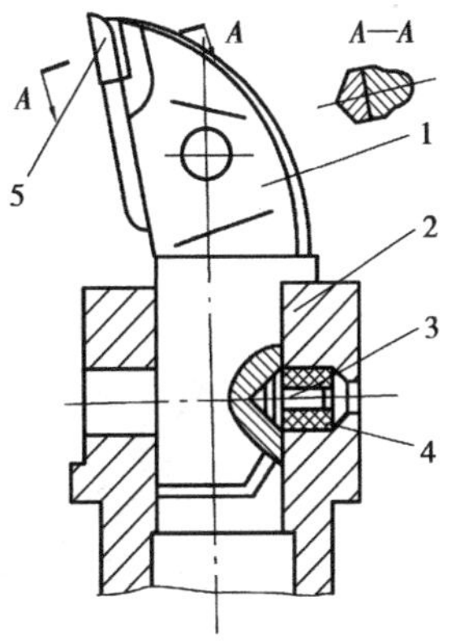

图1.5 扁形截齿
1—刀体;2—齿座;3—销子;4—橡胶套;5—硬质合金

扁形截齿是采煤机上用得最多的一种截齿,它是沿滚筒径向安装的,如图1.5所示,因而又称径向截齿。为了增加耐磨性,截齿头部镶嵌有硬质合金。其割煤原理类似于车刀切削工件,故又称刀形截齿。

根据前端形状的不同,扁形截齿又分为平前面截齿[见图1.6(a)]和屋脊状前面截齿[见图1.6(b)]两种。平前面截齿的结构简单,但截煤时产生的煤粉多,刀具受力大。这种截齿适用于中硬及夹石较少且节理发达的煤层。MLS3—170型、DTS—300型采煤机就采用这种截齿。屋脊状前面截齿的强度高,截煤时产生的煤粉少,截齿受力也相对减小。这种截齿适用于韧性、夹石多的硬煤层。AM—500型、MCLE—DR6565型、MG—300型采煤机均采用这种截齿。扁形截齿可用于不同硬度的煤层中,适用范围较广。

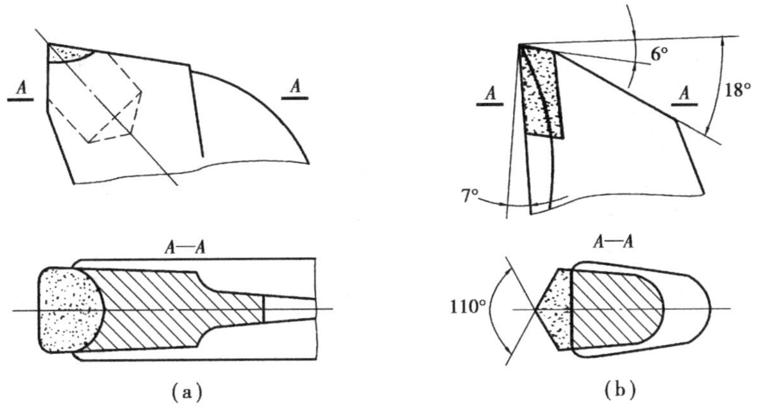

图1.6 扁形截齿
(a)平前面截齿 (b)屋脊状前面截齿

(2)锥形截齿(又称切向截齿、镐形截齿)

锥形截齿基本上是沿滚筒切向安装的,故也称切向截齿。锥形截齿落煤时主要靠齿的尖劈作用楔入煤体而将煤破碎,破煤原理类似镐挖煤,故又称镐形截齿。锥形截齿适合于脆性及裂隙多的煤层。

镐形截齿分圆锥形截齿[见图1.7(a)]和带刃扁截齿[见图1.7(b)]两种。圆锥形截齿是由硬质合金制成的,齿身头部堆焊一层硬质合金,以增加耐磨性。齿身为圆柱形,插在齿座内,尾部用弹性挡圈固定。这种截齿形状简单,容易制造,可以绕轴线自转。当截齿一侧磨损时,原则上讲可通过自转而自动磨锐齿头,但实际上由于齿身锈蚀、变形或被煤粉堵塞等原因而不能自转。带刃扁截齿对煤的锲入作用要好些,但形状复杂,不能自转。

2.截齿的固定方式

目前几种常见的截齿固定方式如图1.8所示。图1.8(a)所示的固定方式用于国产MLS3—170型采煤机上,它利用圆柱销及弹性挡圈将截齿固定住;图1.8(b)所示为MKⅡ型采煤机上的截齿固定方式,将圆柱销3穿入截齿1孔中的橡胶塞4中,利用橡胶的弹性将销子卡在齿座的缺口中,拆卸时只需用专用工具将销子拧转一下,即可拔出截齿。图1.8(c)所示

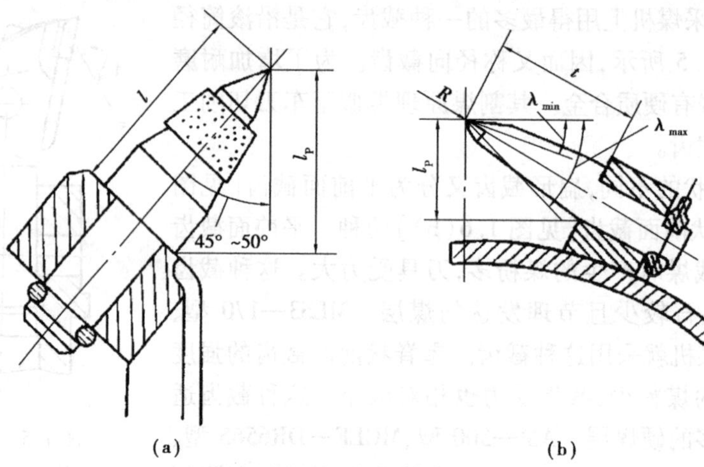

图 1.7　镐形截齿

(a)圆锥形截齿　(b)带刃扁截齿

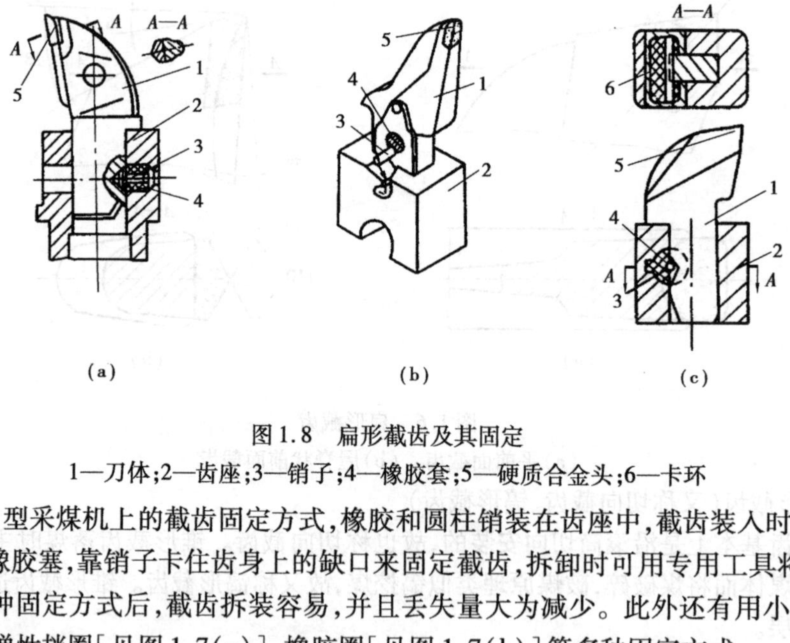

图 1.8　扁形截齿及其固定

1—刀体;2—齿座;3—销子;4—橡胶套;5—硬质合金头;6—卡环

为 DTS—300 型采煤机上的截齿固定方式,橡胶和圆柱销装在齿座中,截齿装入时靠斜面抵住销子并压缩橡胶塞,靠销子卡住齿身上的缺口来固定截齿,拆卸时可用专用工具将截齿拔出。采用上述几种固定方式后,截齿拆装容易,并且丢失量大为减少。此外还有用小销与橡胶塞(见图1.5)、弹性挡圈[见图 1.7(a)]、橡胶圈[见图 1.7(b)]等多种固定方式。

(二)滚筒

1. 滚筒的结构

螺旋滚筒结构如图 1.9 所示,其作用是落煤和装煤。它由螺旋叶片 1、端盘 2、齿座 3、喷嘴 4、筒毂 5 等部分组成。叶片与端盘焊在筒毂上,筒毂与滚筒轴连接。齿座焊在叶片和端盘上,齿座中固定有用来落煤的截齿。螺旋叶片用来将落下的煤推向输送机。为防止端盘与煤壁相碰,端盘边缘的截齿向煤壁侧倾斜。由于端盘上的截齿深入煤体,工作条件恶劣,故截距较小。叶片上装有进行内喷雾用的喷嘴,以降低粉尘含量。喷雾水由喷雾泵站通过回转接头及滚筒轴中心孔引入。

滚筒端盘上开设有排煤孔,以排出端盘与煤壁之间的煤粉,避免发生堵塞。排煤孔的形状对排煤效果有较大的影响，图1.10(b)所示的排煤孔形状比较复杂，排煤效果比图1.10(a)所示的形状好。图1.10(c)所示是无端盘的滚筒，它是铸造的三头螺旋滚筒，所以叶片和筒毂为一整体，刚度很好。在3块螺旋叶片靠煤壁的端头各焊1根径向辐条，每根辐条上装截齿，端盘中心有一个双刃钻头和若干个截齿。这样的结构排煤效果最好，但因端盘上截齿数量有限，只适宜于煤质松软时采用。

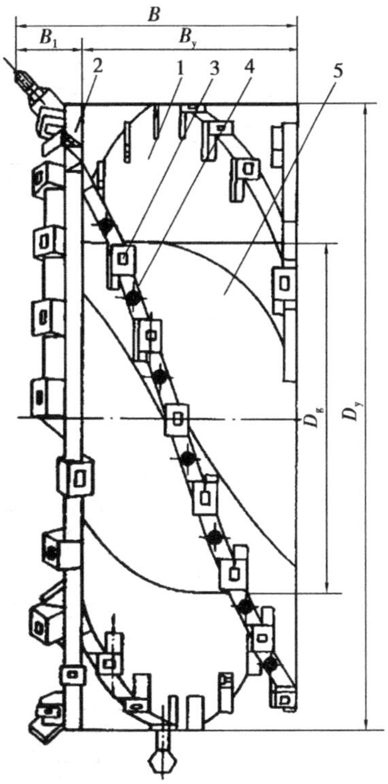

图1.9 螺旋滚筒的结构
1—螺旋叶片；2—端盘；3—齿座；4—喷嘴；5—筒毂

2. 截齿的配置

螺旋滚筒上截齿的排列规律称为截齿配置。它的基本要求是：采出的块煤要多，产生的煤尘要少，即截割能耗要低，截割阻力和牵引阻力要比较均衡地作用在滚筒上。这些要求若能实现，采煤机的生产率就可能较高，并且机器的负荷较小。

截齿配置情况可用截齿配置图来表示。截齿配置图表示了所有截齿在工作机构形成表面上的坐标位置。螺旋滚筒工作机构的截齿配置图是滚筒截齿齿尖所在圆柱面的展开图(如图1.11)。图中水平线称为截线，是截齿的运动轨迹；相邻水平线的间距就是截距；垂直线表示截齿的位置坐标。

3. 截割部传动方式

采煤机截割部大多采用齿轮传动，传动方式归结起来主要有以下几种：

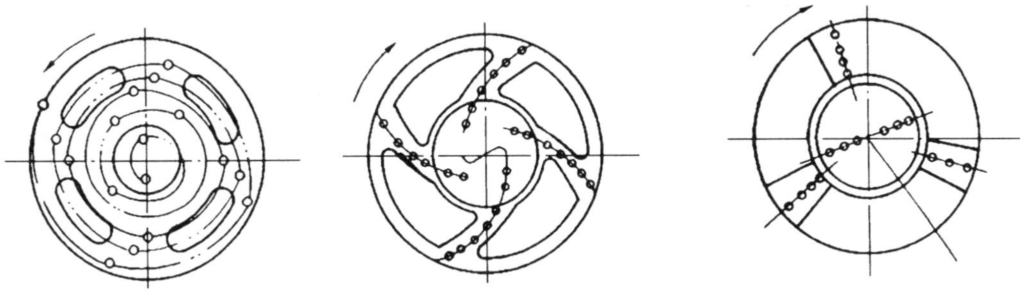

图1.10 端盘的排煤孔和截齿位置
(a)阿基米德螺旋线 (b)弧线 (c)直线弧条式

(1)电动机—机头减速箱—摇臂减速箱—滚筒

如图1.12(a)所示，这种传动方式应用较多，DY—150型、MZS_2—150型、BM—100型、SIRUS—400型采煤机都采用这种传动方式。它的特点是传动简单，摇臂从机头减速箱端部伸出(称为端面摇臂)，支撑可靠，强度和刚度好，但摇臂下限位置受输送机限制，卧底量较小。

(2)电动机—机头减速箱—摇臂减速箱—行星齿轮—滚筒

如图1.12(b)所示，由于行星齿轮传动比较大，因此可使前几级传动比减小，系统得以简

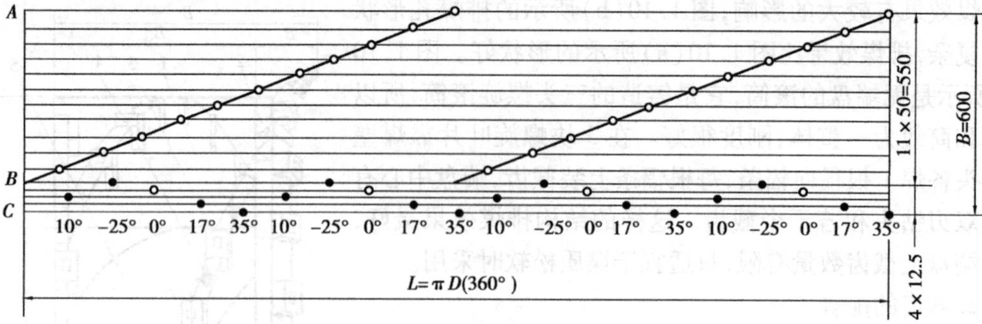

图 1.11　截齿配置图

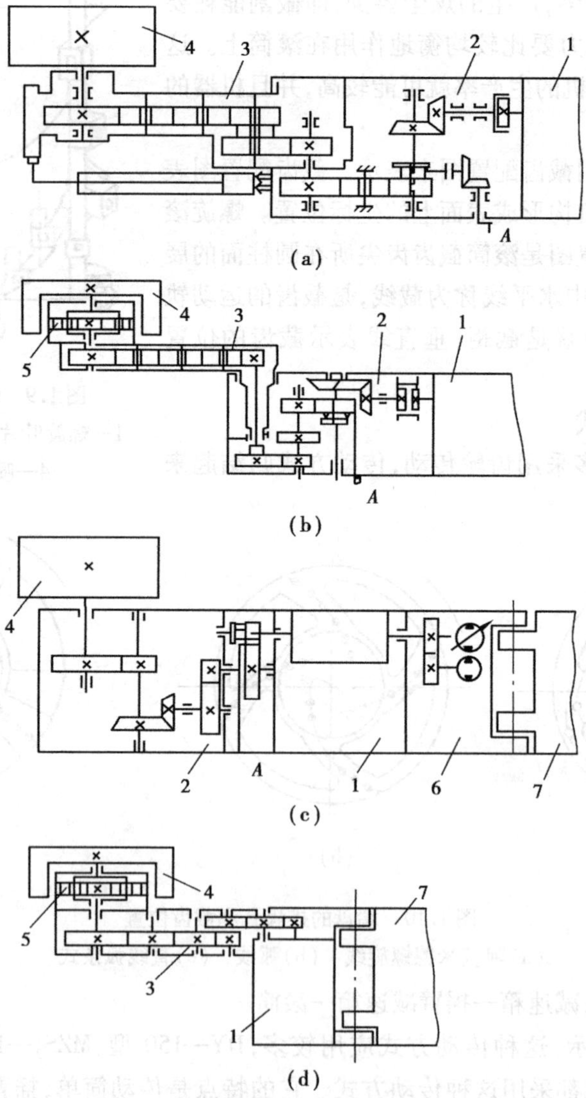

图 1.12　截割部传动方式

(a)DY—150 型　(b)AM—500 型　(c)DTS—300 型　(d)3LS 型

1—电动机;2—固定减速器;3—摇臂;4—滚筒;5—行星齿轮传动;6—泵箱;7—机身及牵引部

化，并使行星齿轮的齿轮模数减小。但采用行星齿轮以后，滚筒筒毂尺寸增加，因而这种传动方式适用于在中厚煤层工作的大直径滚筒采煤机，大部分中厚煤层采煤机如AM—500型、BJD—300型、MLS_3—170型、MXA—300型、MCLE—DR6565型采煤机都采用这种传动方式。这种传动方式的摇臂从机头减速箱侧面伸出（称为侧面摇臂），所以可获得较大的卧底量。

在以上两种传动方式中都采用摇臂调高，获得了良好的调高性能，但摇臂内齿轮较多，要增加调高范围必须增加齿轮数。由于滚筒上受力大，摇臂及其与机头减速箱的支撑比较薄弱，所以只有加大支撑距离才能保证摇臂的强度和刚度。

（3）电动机—机头减速箱—滚筒

如图1.12（c）所示，这种传动方式取消了摇臂，而靠由电动机、机头减速箱和滚筒组成的截割部来调高，使齿轮数大大减少，机壳的强度、刚度增大，可获得较大的调高范围，还可使采煤机机身长度大大缩短，有利于采煤机开切口等工作。

（4）电动机—摇臂减速箱—行星齿轮—滚筒

如图1.12（d）所示，这种传动方式的主电动机采用横向布置，使电动机轴与滚筒轴平行，取消了承载大、易损坏的锥齿轮，使截割部更为简化。采用这种传动方式可获得较大的调高范围，并使采煤机机身长度进一步缩短。新型的电牵引采煤机，如3LS型、EDW—150—2L型、R550型采煤机都采用这种传动方式。

（三）牵引部传动方式和无链牵引机构

采煤机的牵引部是采煤机的重要组成部件，它不但担负采煤机工作时的移动和非工作时的调动，而且牵引速度的大小直接影响工作机构的效率和质量，并会对整机的生产能力和工作性能产生很大的影响。

采煤机牵引部主要由传动装置和牵引机构两大部分组成。根据传动装置可以将采煤机分为机械牵引、液压牵引和电牵引三种；根据牵引机构可以将采煤机分为有链牵引和无链牵引两种。现在机械牵引和有链牵引方式已经不使用了，经常使用的是液压牵引、电牵引传动装置和无链牵引的牵引机构。

1. 液压牵引传动装置

目前我国生产的液压牵引的采煤机均采用双向变量泵—双向定量马达组成的液压牵引传动装置，如图1.13所示。电动机带动双向变量泵输出高压油，高压油驱动油马达转动，油马达使牵引滚轮（或齿轮）在销轨（或齿条）上滚动，从而带动采煤机行走。改变液压泵的排量即可实现机器的调速，改变液压泵的排油方向即可实现机器的换向。在液压牵引采煤机中还可以根据电动机的负载变化和牵引阻力的大小来实现自动调速和超载保护。

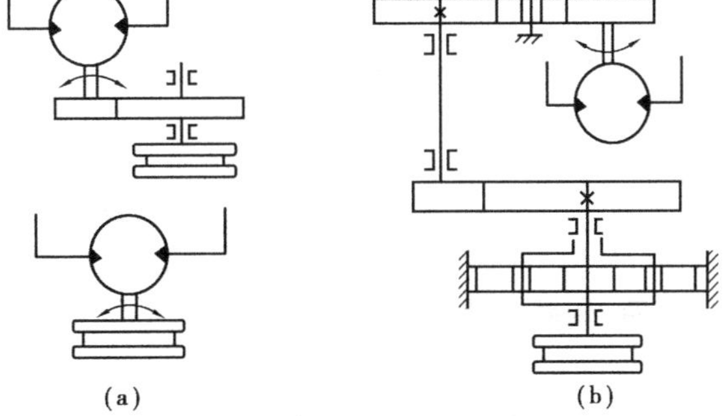

图1.13　液压牵引的传动装置

（a）全液压传动　（b）液压机械传动

2. 电牵引传动装置

电牵引传动装置如图1.14所示。它是由直流电动机（或交流电动机）经齿轮减速后驱动牵引滚轮（或齿轮）在销轨（或齿条）上滚动，从而带动采煤机行走。改变电动机的转速即可实现机器的调速,改变电动机的转向即可实现机器的换向。同时很容易实现对机器的自动调速和超载保护。

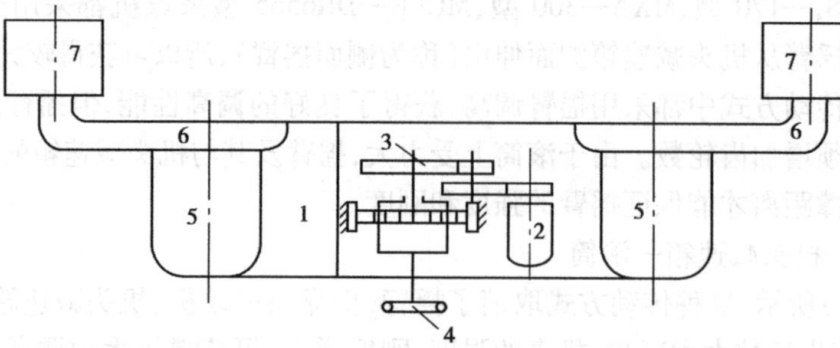

图 1.14 电牵引采煤机示图

1—控制箱;2—直流电动机;3—齿轮减速箱;4—驱动轮;5—交流电动机;6—摇臂;7—滚筒

3. 无链牵引的牵引机构

目前使用的无链牵引机构有齿轮-销轨式,如图 1.15 所示;销轮—齿轨式,如图 1.16 所示;复合齿轮—齿条式,如图 1.17 所示几种形式。

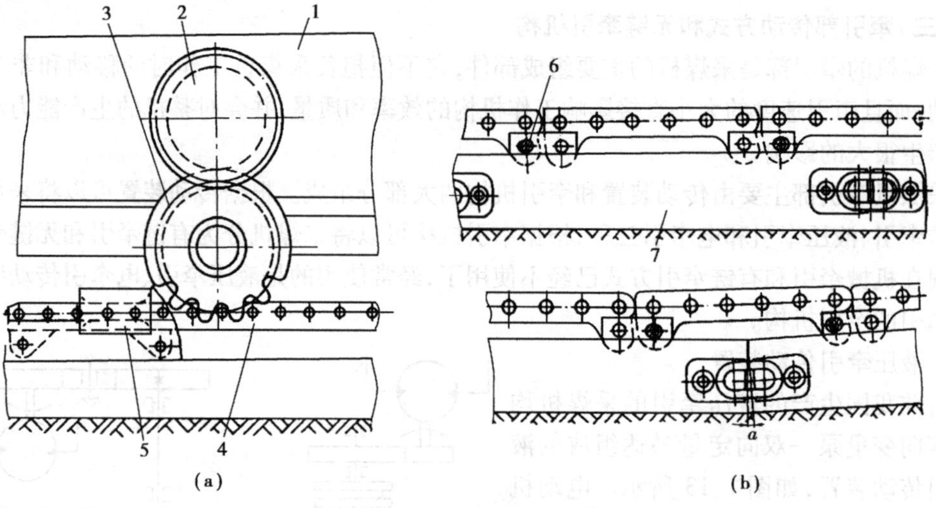

图 1.15 齿轮—销轨型无链牵引机构

1—牵引部;2—驱动轮;3—中间轮;4—销轨;5—导向滑靴;6—销轴;7—销轨座

（四）辅助装置

1. 滚筒调高装置

滚筒调高装置的作用是调节滚筒的高度,以适应煤层厚度的变化。目前所有的滚筒式采煤机均采用液压传动来实现滚筒调高,其液压系统如图 1.18 所示。系统由液压泵、换向阀、溢流阀、液控单向阀、液压缸等组成。当需要调节滚筒高度时,司机操作换向阀手把(推或拉),使压力油经换向阀和液控单向阀进入液压缸的左腔(或右腔),推动液压缸的活塞杆伸出(或缩回),从而使采煤机滚筒升(或降)。当司机不操作换向阀手把时,换向阀处于图示位置,其H型中位机能使液压泵卸荷,液控单向阀关闭,采煤机滚筒保持在某一高度工作。溢流阀起限压保护的作用,防止因负载过大造成液压泵、液压缸的损坏。

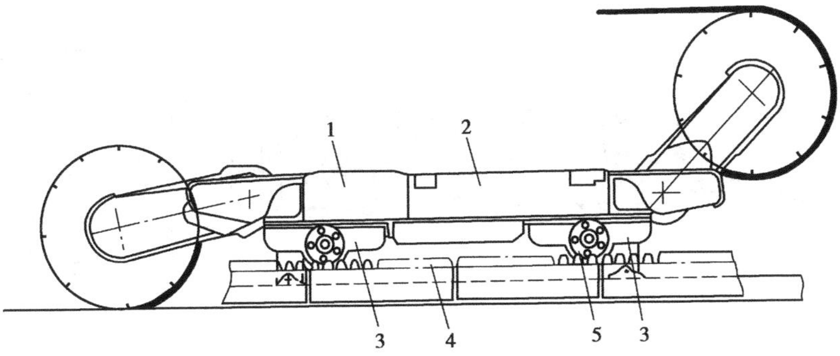

图1.16 销轮—齿轮型无链牵引机构
1—电动机;2—牵引部泵箱;3—牵引部传动箱;4—齿条;5—销轮

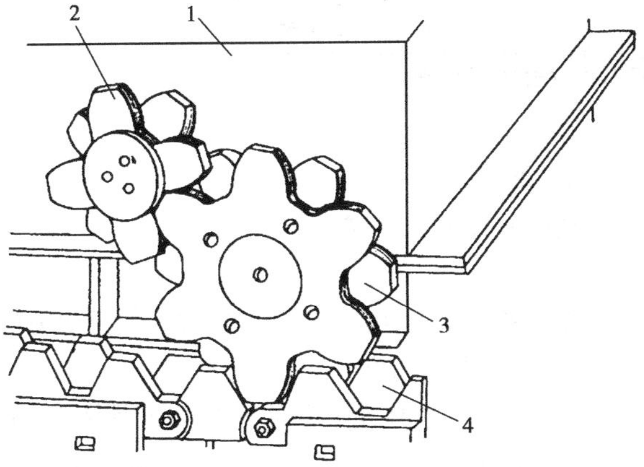

图1.17 复合齿轮—齿条型无链牵引系统
1—传动箱;2—复合齿轮;3—复合齿条

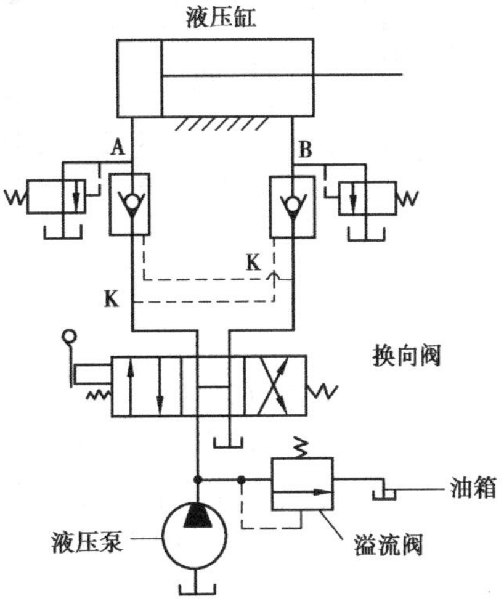

图1.18 采煤机滚筒调高液压系统
A、B—液控单向阀;K—控制油路

2.电缆拖拽装置

电缆拖拽装置的作用是:当采煤机沿工作面上、下割煤时,拖拽电缆和喷雾水管随机移动。电缆拖拽装置由电缆夹及回转弯头等组成,结构如图1.19所示。电缆夹由框形链环用铆钉连接而成,每段长0.71 m,各段链环朝采空区侧是开口的,电缆和水管从开口放入并用挡销挡住。电缆夹的一端用一个可回转的弯头固定在采煤机的电气接线箱上。

为了改善靠近采煤机机身这一段电缆夹的受力情况,在电缆夹的开口一边装有一条节距相同的板式链,使链环不至于发生侧向弯曲和扭绞。

由主巷道来的电缆和水管进入工作面后,前半段工作面的电缆和水管直接铺在电缆槽的底部,从工作面中部附近才开始将电缆和水管放入电缆夹内。拖动的电缆及电缆夹的总长度最好比采煤机的运行长度的一半长出2 m,以便能够打弯和适应工作面延长的需要。在采煤机下行过程中,中部电缆将出现双弯,这对某些工作面和电缆槽高度是不允许的。在这种情况下,只能使拖动的电缆及电缆夹的长度恰好等于采煤机运行长度的一半。由于电缆长度没有余量,所以应在工作面两端设置行程开关,使采煤机及时停止牵引,不至于拉断电缆。

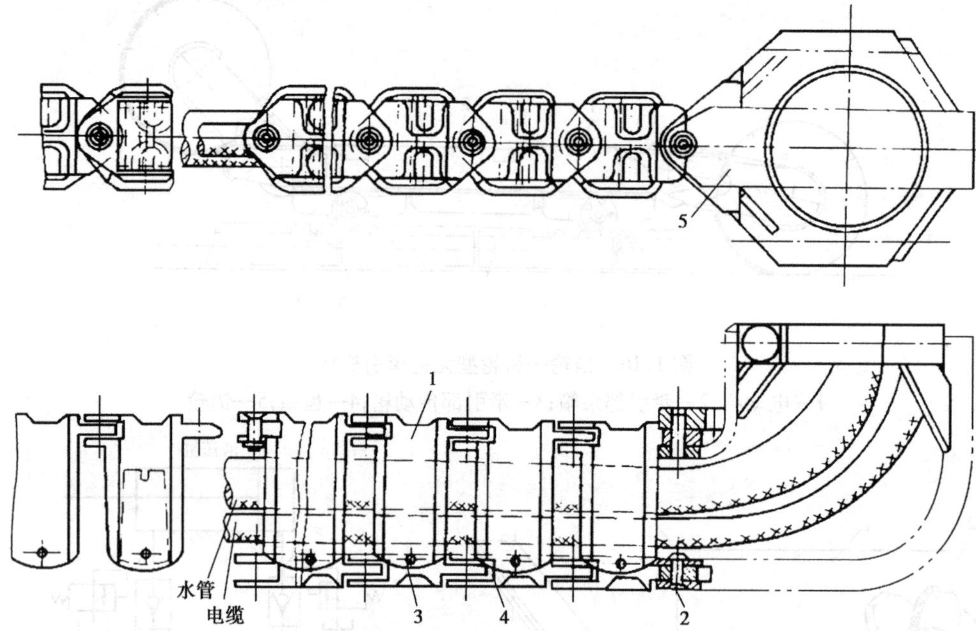

图 1.19　电缆夹

1—框型链环;2—销轴;3—挡销;4—板式链;5—弯头

3. 喷雾灭尘装置

为了减少采煤机在工作过程中产生的粉尘,需要采取多方面措施,目前最常用的灭尘方法是喷雾灭尘,国外还有吸尘器灭尘、泡沫灭尘和其他物理灭尘的方法。

喷雾灭尘是用喷嘴把压力水高度扩散,使其雾化,雾化水形成水幕使粉尘与外界隔离,并能湿润飞扬的粉尘而使其沉降,同时还有冲淡瓦斯、冷却截齿、湿润煤层和防止截割火花等作用。

另外,由于采煤机工作使电动机、牵引部、截割部等温度升高,从而降低了采煤机的性能,因此采煤机设置了冷却系统,利用压力水同时对电动机、牵引部、截割部进行冷却。

《煤况安全规程》中规定:采煤机工作时必须有内外喷雾装置,否则不准工作。

喷嘴装在滚筒叶片上,将水从滚筒里向截齿喷射,称为内喷雾。喷嘴装在采煤机机身上,将水从滚筒外向滚筒及煤层喷射,称为外喷雾。

内喷雾时,喷嘴离截齿较近,可以对着截齿面喷射,从而把粉尘扑灭在刚刚生成还没有扩散的阶段,降尘效果好,耗水量小,但供水管要通过滚筒轴和滚筒,需要可靠的回转密封,且喷嘴易堵塞和损坏。

外喷雾器的喷嘴离粉尘源较远,粉尘容易扩散,因而耗水量大,但供水系统的密封和维护比较容易。

喷雾冷却系统的形式如图 1.20 所示。由喷雾泵站供给的压力水经水管 a 进入采煤机,再经采煤机上的截止阀、过滤器及水分配器分配到各路,其中 d、e、f、g 4 路供左右截割部内外喷雾冷却,c 路供牵引部冷却及外喷雾,b 路供电动机冷却及外喷雾。

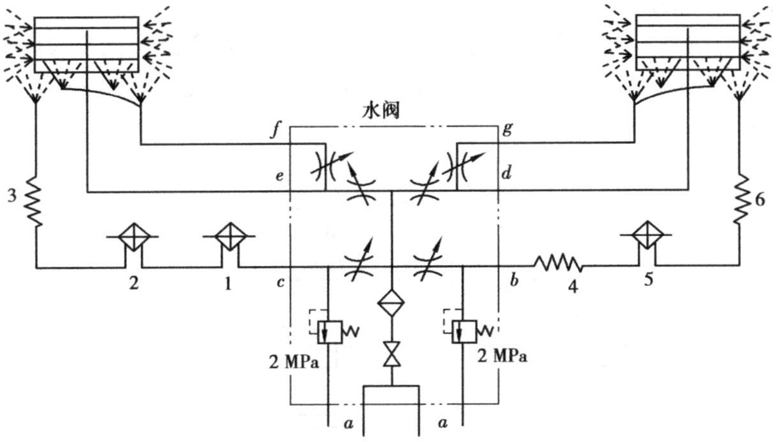

图1.20　喷雾冷却系统

1、2、5—冷却器;3、4、6—水套

4. 防滑装置

骑在刮板输送机上行走的采煤机，当煤层倾角大于10°时，如果遇到因电路故障或瓦斯超限引起的突然停电而失去牵引力，就会发生采煤机下滑的“跑车”事故，严重危及安全作业。因此，《煤矿安全规程》规定：当倾角大于10°时，采煤机应设置防滑装置；当倾角大于16°时，采煤机必须设置防滑绞车。

最简单的防滑装置是在采煤机下面顺着煤层倾斜向下的方向装设防滑杆，如图1.21所示，它可以利用手柄操纵。采煤机上行采煤时，需将防滑杆放下，这样，万一采煤机下滑，防滑杆即顶在刮板输送机上，只要及时停止输送机，即可防止机器下滑。下行采煤时，由于滚筒顶住煤壁，机器不会下滑，因此需要将防滑杆抬起。这种装置只适用于中小型采煤机。此外，还有抱闸式防滑装置、盘式制动器防滑装置、摩擦片制动器防滑装置、防滑绞车等防滑方式。

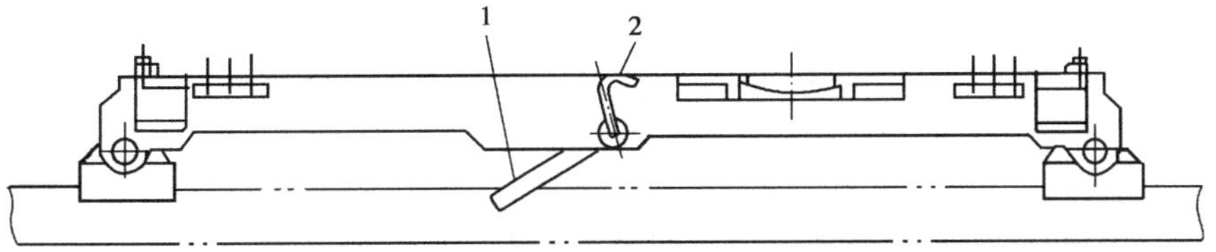

图1.21　防滑杆

1—防滑杆;2—手把

5. 翻转挡煤板装置

在螺旋滚筒后面设置挡煤板，可以提高装煤效果，减少浮煤量及抑制煤尘飞扬。弧形挡煤板套装在滚筒轴上，根据采煤机不同牵引方向的需要，可将它翻转到滚筒的任一侧。

弧形挡煤板可以利用重力和摩擦力来翻转。其方法如下：当采煤机工作到工作面端头停机后，把弧形挡煤板固定销拔出，让其自由悬挂在滚筒下面，改变采煤机牵引方向后，再把摇臂放下，将弧形挡煤板压在底板上，然后启动采煤机往前稍微行走，靠底板与挡煤板间的摩擦力就可以把挡煤板翻转到另一侧，最后将固定销插上即可。但这样翻转煤板，要求有一定的高度空间，在薄煤层中比较困难，所以现代化采煤机均装有挡煤板翻转装置。

一种利用摩擦力的挡煤板翻转装置如图 1.22 所示。其工作原理如下:压力油进入 3 个单作用油缸 3 中推动柱塞 4 伸出,通过滚子 5 将挡煤板托架支臂 2 压向截割滚筒环形面 7,然后启动截割电动机使滚筒转动,利用滚筒环形面 7 与托架支臂 2 之间的摩擦力带动托架支臂 2 及挡煤板 1 翻转。

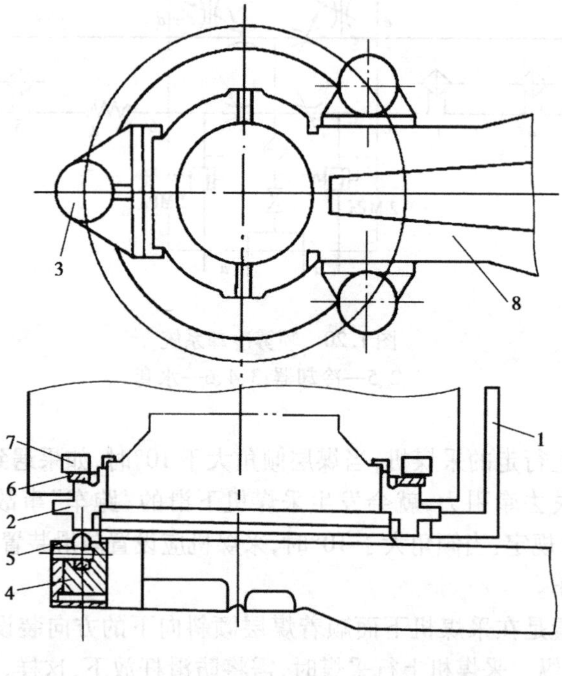

图 1.22　BJD—300 型采煤机挡煤板翻转装置
1—挡煤板;2—挡煤板托架支臂;3—单作用油缸;
4—柱塞;5—滚子;6—摩擦垫;7—截割滚筒环形面;8—摇臂箱

任务 2　滚筒式采煤机的操作

知识目标:★ 滚筒式采煤机的操作方法
★ 滚筒式采煤机的各组成部分

能力目标:★ 掌握滚筒式采煤机的操作方法

教学准备

准备好目前常用的采煤机结构挂图,实训室做好准备。

任务实施

1. 老师下达任务:操作采煤机;

2. 制订工作计划：学生以小组为单位，根据任务要求，提前熟悉采煤机操作方法；
3. 任务实施：由学生描述采煤机的操作方法和操作采煤机。

相关知识

一、MG300—BW 型薄煤层采煤机的特点

MG300—BW 型薄煤层采煤机是目前我国研制的功率较大的薄煤层采煤机，总装机功率 300 kW，两台 132 kW 的截割电动机，一台 40 kW 的牵引电动机，电动机全部横向布置，无底托架。牵引部为一整体机壳，左、右截割部为对称结构，内部件通用。采用弯摇臂以增加过煤空间。牵引形式为齿轮-销轨无链牵引。其外形如图 1.23 所示，其组成部分如图 1.24 所示。

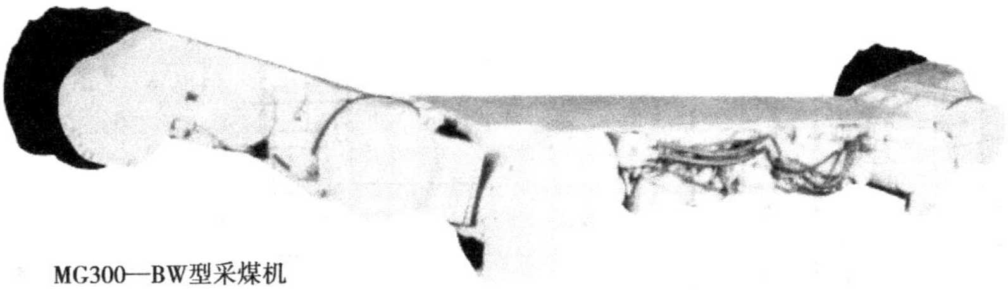

图 1.23　MG300—BW 型采煤机外形图

牵引部由液压传动箱、牵引电动机、电控箱、两个行走箱等组成。液压元件除液压马达外全部布置在液压传动箱内。行走箱设置在机身两端，各产生 130 kN 的牵引力，使总牵引力达到 260 kN。双牵引机构降低了传动齿轮与销轨的比压，提高了齿轮的使用寿命，而且在井下采煤时，一旦有一个行走箱发生故障，仍可采取适当措施实施单牵引，而不会导致机器停止牵引而停产。液压马达和电动机均布置在靠采空区侧的外部，方便井下更换。

截割部由截割电动机、摇臂、滚筒等组成，左右截割部的结构相同，左右滚筒转速相同，转向相反。由于牵引部为整体结构，摇臂悬挂于牵引部上，解决了对口漏油，对口螺栓易松动等问题。

二、MG300—BW 型薄煤层采煤机的技术特征

（一）适应煤层

采高　0.8 ~ 1.6 m

倾角　≤30°

煤质硬度　$f \leqslant 3$

（二）生产能力

最大理论生产能力 529 t/h

经济生产能力　156 t/h

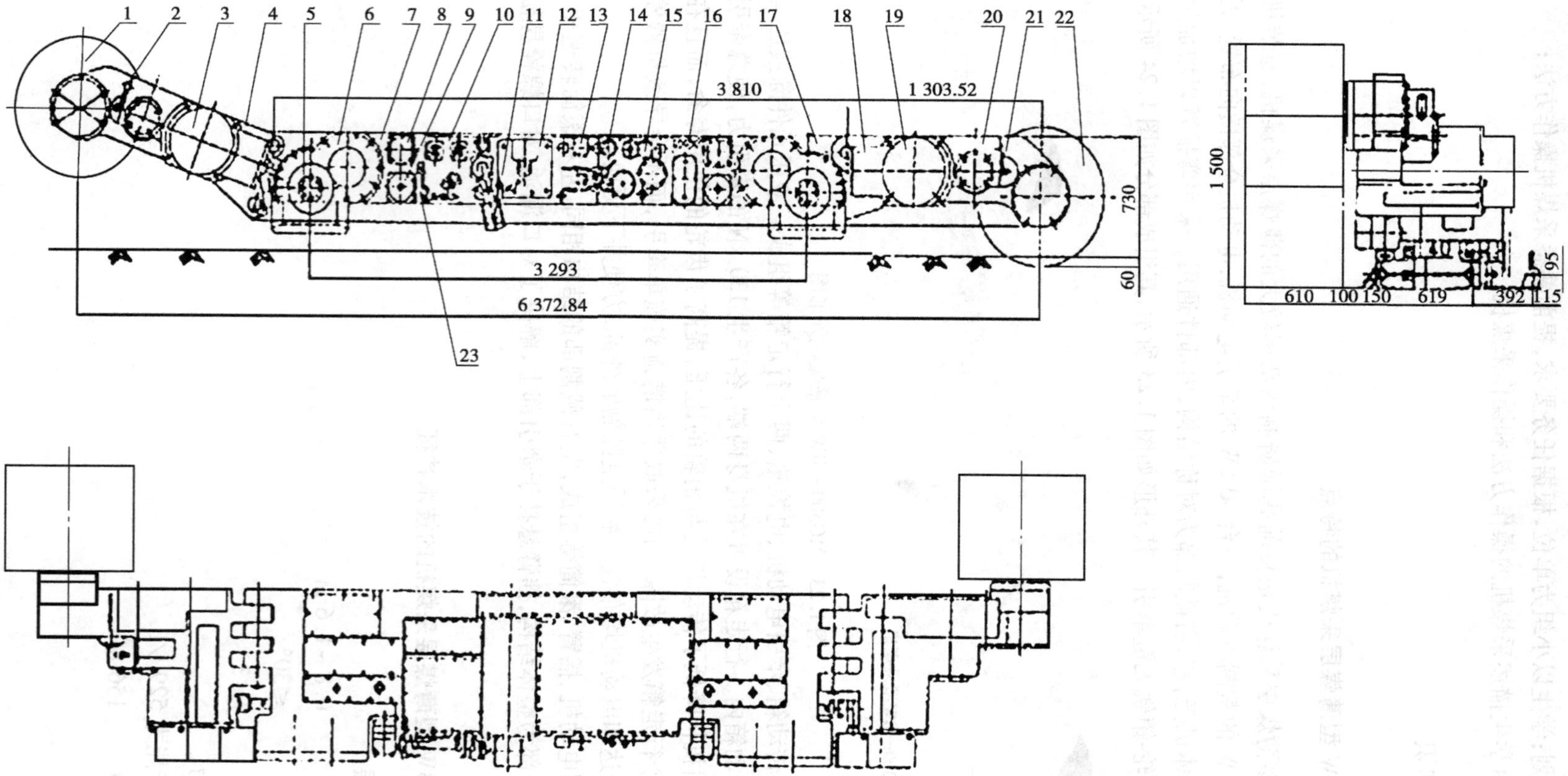

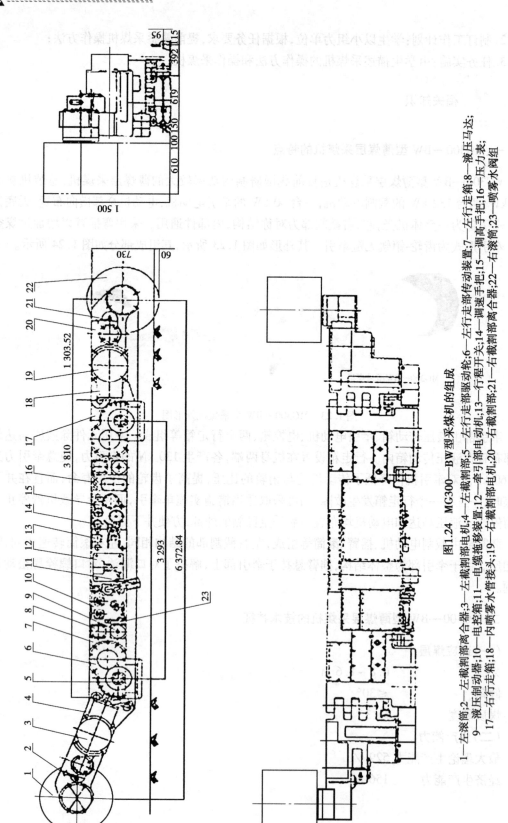

图1.24 MG300—BW型采煤机的组成

1—左滚筒;2—左截割部离合器;3—左截割部电机;4—左截割部;5—左行走部驱动轮;6—左行走部传动装置;7—左行走箱;8—液压马达;9—液压制动器;10—电控箱;11—电缆拖移装置;12—牵引部电动机;13—行程开关;14—调速手把;15—调高手把;16—压力表;17—右行走箱;18—内喷雾水管接头;19—右截割部电机;20—右截割部;21—右截割部离合器;22—右滚筒;23—喷雾水阀组

(三)截割部

截　深　　0.63 m　0.8 m　1.0 m

滚筒转速　　75 rpm

滚筒直径　　Φ800 mm　Φ900 mm　Φ1 000 mm　Φ1 100 mm

摇臂摆角　　+19°2′50″～ -11°55′20″

调高方式　　液压调高

(四)牵引部

牵引方式　　液压无级调速,摆线齿轮——销轨无链牵引

最大牵引力　　260 kN

牵引速度　　0～5 m/min

主泵型号　　ZB7—107

工作转速　　1 917 r/min

工作压力　　13 MPa

排量　　0.106 6 L/r

最大允许转速　　2 000 r/min

最大允许压力　　40 MPa

辅助泵型号　　CBK1020/AB

液压马达型号　　BM—E630K3A4Y2

排量　　625 mL/r

额定转矩　　126 N·m

额定压差　　14 MPa

额定转速　　160 r/min

(五)电动机

牵引电动机　　YBQYS2—40

功率　　40 kW

转速　　1 470 rpm

电压等级　　660/1 140 V

截割电动机　　YBCS/132

功率　　132 kW

转速　　1 470 rpm

电压等级　　660/1 140 V

(六)拖拽电缆方式　自动拖移

(七)主电缆规格　UCBPQ3×70+1×4+3×6+1×16

(八)灭尘方式　内外喷雾

(九)机面高度　730 mm

(十)摇臂摆动中心距　3 810 mm

(十一)卧底量　60 mm　110 mm　160 mm　210 mm

(十二)机器质量　14 t

三、MG300—BW 型薄煤层采煤机的机械传动系统

MG300—BW 型薄煤层采煤机的机械传动系统包括牵引部齿轮传动系统和左右截割部齿轮传动系统，如图 1.25 所示。

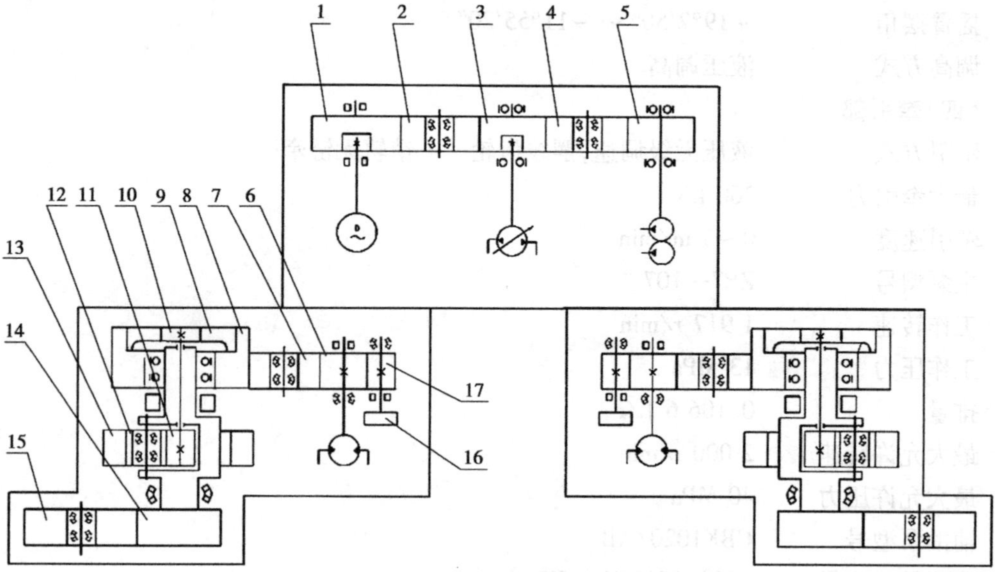

图 1.25　MG300—BW 型采煤机牵引部机械传动系统
1、2、3、4、5—液压泵箱齿轮传动系统
6、7、8、9、10、11、12、13、14、15—行走箱齿轮传动系统
16—液压制动器；17—制动轴

牵引部齿轮传动系统

1. 主泵、辅助(调高)泵齿轮传动系统

牵引电动机以 1 470 r/min 转速转动时，通过齿轮 1、2、3 使主泵获得 1 917 r/min 的转速。同时，通过齿轮 1、2、3、4、5 使双联齿轮泵获得 1 044 r/min 的转速。

2. 行走箱齿轮传动系统

当主泵带动液压马达转动后，液压马达通过齿轮 6、7、8、9、10、11、12、13、14 使行走轮 15 获得 4.98 r/min 的转速，从而使采煤机获得 0 ~ 5 m/min 的行走速度。

3. 截割部齿轮传动系统

截割部齿轮传动系统如图 1.26 所示。当截割电动机转动时，通过一级减速齿轮 17、18、19，离合器齿轮 28、29、30；二级减速齿轮 20、21、22、23、24；三级减速行星轮系齿轮 25、26、27；使滚筒获得 75 r/min 的转速。

四、MG300—BW 型薄煤层采煤机的液压传动系统

MG300—BW 型薄煤层采煤机的液压传动系统如图 1.27 所示。它包括主回路系统、调速系统、保护系统、调高系统四部分。

(一)主回路系统

主回路系统由主回路、补油和热交换回路组成。

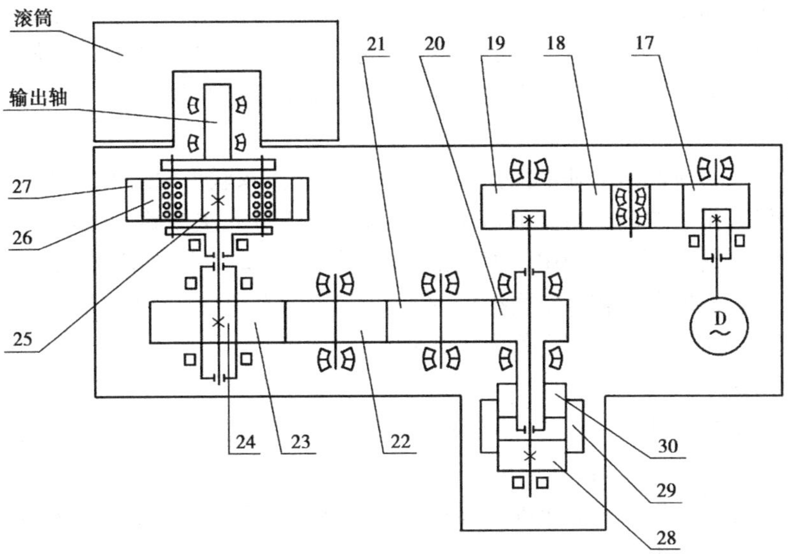

图1.26　MG300—BW型采煤机截割部齿轮传动系统

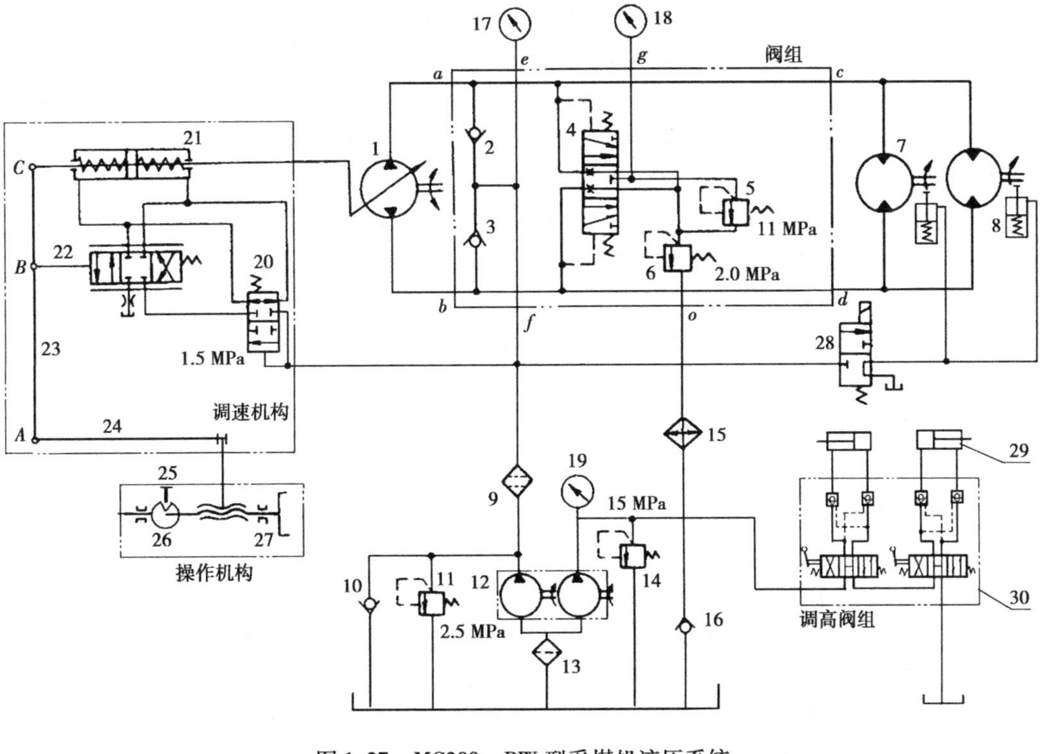

图1.27　MG300—BW型采煤机液压系统

1—主液压泵;2、3、16—单向阀;4—整流阀;5—高压安全阀;6—低压溢流阀;7—液压马达;
8—液压制动器;9—精过滤器;10—倒吸阀;11—低压安全阀;12—双联齿轮泵;13—粗过滤器;
14—调高安全阀;15—冷却器;17、18、19—压力泵;20—失压控制阀;21—变量液压缸;22—伺服阀;
23—反馈杆;24—调速阀;25—行程开关;26—开关圆盘;27—调速换向把手;28—电磁阀;
29—调高油缸;30—换向阀组

1. 主回路由双向变量泵 1 和两台定量马达 7 组成闭式系统，以保证系统工作油液的清洁度，提高液压元件的工作可靠性和使用寿命。改变主泵 1 的排油量即可改变马达 7 的转速，改变主泵 1 的排油方向即可改变马达 7 的转向，从而实现采煤机的调速和换向。

2. 补油回路

补油回路用来对主回路的外部漏损补充油液。补油由双联齿轮泵 12 提供，该泵经粗滤油器 13 从油池吸油，排出的油经精滤油器 9，单向阀 2 或 3 进入主回路的低压侧补充系统的泄漏，并使主回路的低压侧保持 2 MPa 的背压。双联齿轮泵 12 为单向定量泵，为避免试运转时因电动机接线错误造成泵反转吸空而损坏，在其出口处装有单向阀 10 供泵反转吸油用。低压安全阀 11 起限压保护作用，其调定值为 2.5 MPa。

3. 热交换回路

闭式系统因散热条件差，工作时油温不断升高，造成工作条件恶化。为降低油温（一般工作油温不允许超过 75 ℃），保证系统正常工作，必须对系统补充冷油，交换（放出）部分热油。

热交换回路由整流阀 4 和低压溢流阀 6 组成。整流阀 4 为三位五通液动换向阀，阀芯位置的改变靠主回路的压力油来控制。

当主泵摆角为零时，油马达不转（采煤机不牵引），主回路两根管路 a、b 均处于低压平衡状态，整流阀 4 的阀芯在弹簧作用下处于中间位置，辅助泵排出的低压油经单向阀 2 和 3，整流阀的 P_1-A_1 和 P_2-A_2 通道后，一起流经低压溢流阀 6、冷却器 15，最后回到油池。

当采煤机工作时，主回路高压侧压力使整流阀 4 的阀芯向低压侧移动，将主回路高压侧压力油引至高压溢流阀 5 和压力表 18，低压侧压力油引至低压溢流阀 6，使主回路部分热油经整流阀 4、低压溢流阀 6、冷却器 15 回到油池，实现热交换。

低压溢流阀 6 的调定压力为 2 MPa（即系统的背压）。冷却器 15 后的单向阀 16 是为更换冷却器时防止油池中油液外泄而设置的。

（二）调速换向系统

调速换向系统由主泵伺服变量机构和手把操作机构组成。

1. 主泵伺服变量机构

如图 1.27 所示，主泵伺服变量机构由变量油缸 21、伺服阀 22 和反馈杠杆 23、调速杆 24 等组成。伺服阀 22 控制变量油缸 21 两腔的进油出油，从而控制其活塞杆的运动。变量油缸 21 的活塞杆与主泵 1 的缸体铰接，活塞杆的运动使主泵缸体摆动，从而实现调速换向。其具体过程如下：

当伺服阀 22 处于中位时，变量油缸 21 两腔的进油、出油口被封闭，变量油缸 21 的活塞杆不动，主泵 1 的缸体摆角不改变，机器保持原有的牵引速度（零速度或某一速度）。

当手把操作机构使调速杆 24 向左推移一段距离时，由于调速杆、伺服阀、变量油缸 21 的活塞杆均铰接在反馈杠杆 23 上，故反馈杠杆 23 以铰接点 C 为中心向左摆动，带动伺服阀 22 也随之向左移动一段距离，使其油路 P-A、B-O 导通，变量油缸 21 的左腔进入压力油，右腔通油池，活塞杆右移一段距离，主泵摆角增大，机器牵引速度增加。与此同时，活塞杆又带动反馈杆 23 以铰接点 A 为中心向右摆动，迫使伺服阀也随之向右移动，直至油路 P-A、B-O 封闭为止。这时，变量油缸 21 的活塞杆停止运动，主泵 1 的缸体摆角停止改变，机器保持在新的牵引速度运行。

同理,如果将调速杆24向右移动,主泵缸体向另一方向摆动一个角度,使机器牵引速度减小(或反向牵引)。其过程如图1.28所示。

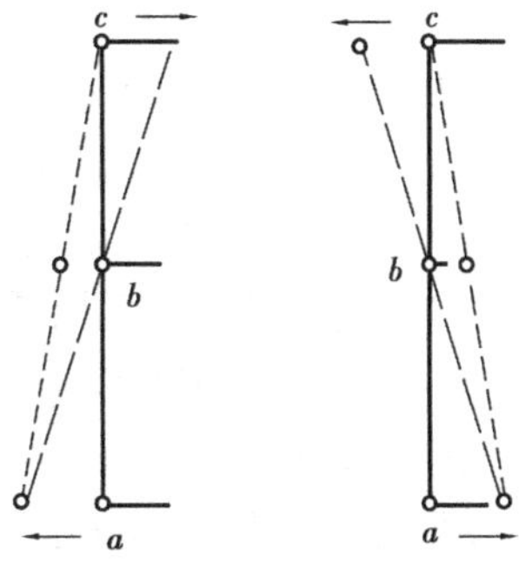

图1.28　反馈杠杆运动过程

2. 手把操作机构

手把操作机构用来实现采煤机的启动、停止、调速、换向。主要由旋钮1,开关圆盘2,齿轮副3、4,丝杆螺母5、6,叉口7等组成,如图1.29所示。它与调速机构配合,控制采煤机的牵引速度和方向。旋钮1处于零位时,采煤机停止牵引。旋钮1离开零位时,采煤机启动开始牵引。旋钮1的旋向决定采煤机的牵引方向,旋转角度的大小决定牵引速度的大小,如图1.30所示。司机操作旋钮1,通过齿轮副、丝杆螺母、叉口、调速杆带动主泵伺服变量机构实现调速、换向。

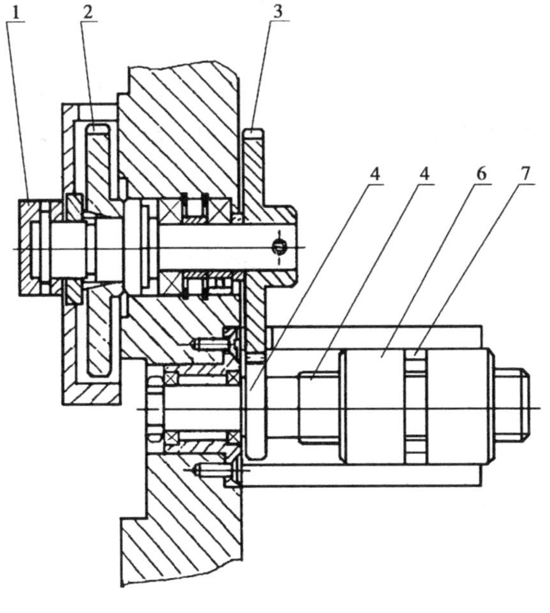

图1.29　操作机构

1—调速旋钮;2—开关圆盘;3、4—齿轮;

5—梯形螺杆;6—螺母;7—叉口

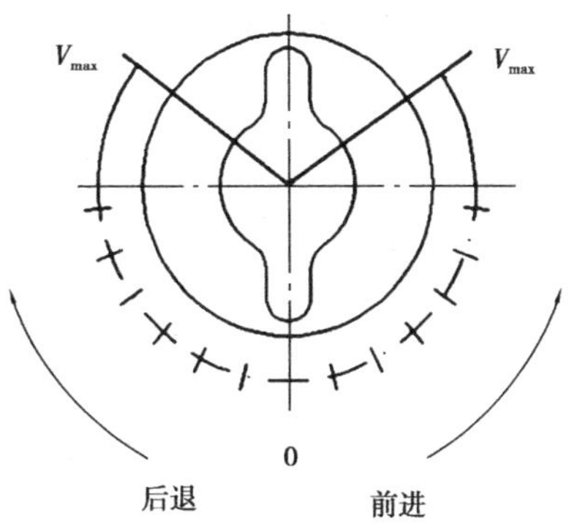

图1.30　调速换向手把位置

3. 保护系统

保护系统包括压力过载保护和低压失压保护等。采煤机工作时,任一种保护动作,都能使主泵缸体摆角减小或回零,从而使机器自动减速或停止牵引。

(1)压力过载保护

该机的压力过载保护由溢流阀5实现。采煤机正常牵引时,溢流阀5关闭。当出现牵引憋卡现象或其他情况,使牵引阻力突然增加,系统压力超过11 MPa时,溢流阀5开启溢流,主回路的高压油经整流阀4的P_1-B(或P_2-B)口和高压溢流阀5、低压溢流阀6流回油箱,使牵引速度很快下降或停止牵引,实现保护。

(2)低压失压保护

低压失压保护,靠失压阀20来实现。该阀调定压力1.5 MPa,如果系统辅助泵提供的油压低于1.5 MPa时,阀芯在弹簧作用下复位,使主泵伺服机构变量油缸21两腔连通,变量油缸21在复位弹簧作用下回中位,带动主泵回零,采煤机停止牵引。

(3)停机主油泵自动回零保护

当采煤机遇到突然停电造成停机时,因司机没有把调速手把旋回零位,主油泵没有回到零位,那么在重新启动时,就会造成主油泵和机器的冲击,影响主油泵和机器的寿命。停机主油泵自动回零保护的作用就是保证停机时主油泵能自动回零位,防止重新启动时发生主油泵和机器的冲击情况。该保护也是通过失压阀20来实现的,当采煤机遇到突然停电造成停机时,因辅助泵停止供油,故失压阀20在弹簧作用下复位,使主泵伺服机构的变量油缸21在复位弹簧作用下回中位,带动主泵回零,实现保护。

(4)防滑保护

根据《煤矿安全规程》规定,当工作面倾角大于10度时,必须设置防滑装置。该采煤机采用液压制动器进行防滑保护。

如图1.27液压系统所示,电动机启动后,操作调速手把27离开零位,其上的开关圆盘26使行程开关25闭合,使制动电磁阀28通电动作至工作位置,压力油进入液压制动器8使其松闸,液压马达可以运转,采煤机可以行走。

当正常停机时,操作调速手把27回到零位,其上的开关圆盘26使行程开关25断开,使制动电磁阀28断电复位,压力油流出液压制动器8使其紧闸,液压马达不能运转,采煤机不能行走。

当突然停电造成停机时,同样使制动电磁阀28断电复位,压力油流出液压制动器8使其紧闸,液压马达不能运转,采煤机不能行走。

4. 调高系统

调高系统由辅助泵12中的高压泵、调高安全阀14、调高液压缸29、调高阀组30等组成。调高时,操作阀组30中换向阀的手把,使调高液压缸29的活塞杆伸缩,带动滚筒升降,实现调高。调高安全阀14起过载保护作用,其调定压力为15 MPa。

五、采煤机的操作

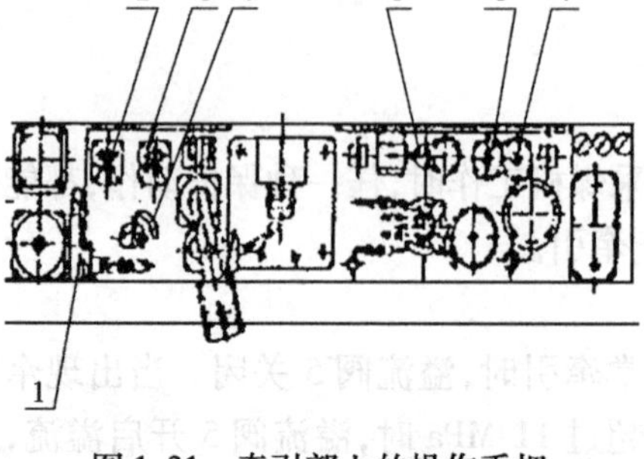

图1.31　牵引部上的操作手把

1—喷雾水阀;2、3—电气按钮;4—电气管制器;5—牵引调速换向旋钮;6、7—滚筒调高手把

(一)MG300—BW型采煤机的操作手把和按钮

MG300—BW型采煤机的操作手把和按钮除了离合器手把布置在摇臂上,其余的都布置在牵引部靠采空区侧的箱体上,其具体情况如图1.31所示。

(二)MG300—BW型采煤机的操作方法

MG300—BW型采煤机的操作包括采煤机的启动、停止、调速、换向、调高等。

1. 采煤机操作前的检查准备工作

为确保采煤机的正常运行,在采煤机工作前,要做好各方面的检查准备工作。

(1)工作面条件的检查

在综采工作面的生产过程中,采煤机能否充分发挥作用,提高工作面产量,与采煤机操作者同各工种的配合是否协调关系很大。所以要求采煤机操作者要同移溜工、支架工密切合作,才能实现工作面的稳产、高产。

(2)对刮板输送机的检查

因为采煤机是以刮板输送机的槽帮为轨道运行的,所以刮板输送机能否推移成直线是关系到采煤机能否切直工作面并顺利工作的保证。另外,还要求刮板输送机能够平移,如果不平,不但会造成采煤机工作的不稳定,而且由于采煤机操作者为了防止丢顶、拉底还要不断地调整滚筒高度,给采煤机操作者带来很多麻烦。在推移刮板输送机时还要必须注意采煤机与煤壁之间的距离。如果推移使采煤机滚筒离煤壁太远,不能保证所需要的截深,会影响工作面的循环产量,还可能会使采煤机切割支架前顶梁和前探梁。如果推移使采煤机滚筒离煤壁太近,会使采煤机承受过大的载荷,甚至损坏摇臂端部零件。

(3)对液压支架的检查

要求液压支架让开机道,不能妨碍采煤机的工作。支架的顶梁或前探梁与采煤机滚筒边缘必须留有适当的距离,以防止滚筒切割上顶梁或前探梁,损坏滚筒上的截齿,或造成事故。在工作过程中,液压支架必须保证采煤机操作者的安全,不可使采煤机操作者在缺少支护的顶板下工作。

(4)对采煤机的检查

①检查所有护板、螺丝、螺钉、螺母和端盖是否有松动,特别要注各传动件的连接螺栓。

②检查所有控制手柄和按钮的动作是否灵活、可靠,这对正确、安全地操作采煤机,防止发生误操作是非常重要的。

③检查所有的油位指示器是否完好,并根据润滑图上的说明给采煤机的各部件注油润滑。

④滚筒上的截齿必须保持完好齐全,如有丢失、破裂、磨钝应及时补上或更换,否则会使采煤机超载或产生振动,减少设备的使用寿命。

⑤采煤机上的牵引导向装置应经常检查,必要时要更换,以防止采煤机在运行时产生摆动、阻卡或发生掉道故障。

⑥检查所有内外喷雾的喷嘴,一定要完好齐全并保持清洁,否则会影响采煤机内外喷雾的灭尘的效果,影响操作者的身体健康。

⑦在采煤机启动之前必须先向电动机和液压箱中的冷却器供水,否则,电动机水套的恒温器超过 70 ℃时就会使电动机开关跳闸,切断电动机电源。液压箱内的温度阀在油温上升到 72 ~ 82 ℃时使温升开关动作,切断电动机电源。当一般维修或停机时间不长时,可以不关闭采煤机上冷却系统的水源。

⑧在修理、维护采煤机以及更换截齿时,电动机必须处在断电状态。电控箱上的隔离开关手柄一定要断开,摇臂箱上的离合器手柄和液压箱上的牵引控制手柄都应处在断开位置即零位,以确保人身安全。

2. 采煤机启动的操作程序

(1)打开喷雾冷却水阀,接通水源。

(2)合上隔离开关手柄——送电。

(3)按下电动机正常启动按钮——点动电动机。

(4)合上离合器手把。

(5)发出开车信号。

(6)按下电动机正常启动按钮——启动电动机。

(7)操作液压箱上的调高手把,使摇臂、滚筒到达所需要的工作位置。

(8)操作液压箱上的牵引控制手柄,使其到达所需要的方向和速度位置上。

3. 采煤机停车的操作程序

采煤机停车分正常停车和紧急停车两种情况。

正常停车的操作程序如下:

(1)将牵引控制手柄转回零位,采煤机停止行走。

(2)待滚筒将煤装完后,按下停止按钮,电动机断电。

(3)断开离合器手柄和隔离开关手柄。

(4)关闭喷雾冷却水阀门。

紧急停车是指直接切断电动机电源来停止采煤机运转的方法。当采煤机司机发现有特殊情况时,可以就近切断电源,迅速停止采煤机的运转。遇到以下情况之一时应紧急停车:

(1)电动机出现闷车现象时。

(2)发生严重片帮、冒顶时。

(3)采煤机内部发出异常声响时。

(4)电缆拖移装置卡住时。

(5)出现人身或其他重大事故时。

4. 调速、换向的操作程序

由于目前大部分采煤机都把牵引的调速、换向集中在一个手把上操作,故两者的操作程序也合在一起了。

(1)采煤机启动后,按机器行走方向顺时针(或逆时针)旋转牵引控制手把离开零位(参见图1.30),采煤机即开始行走。

(2)牵引控制手把离开零位的角度越大(0°~135°),采煤机行走速度越大,反之则速度越小(135°~0°)。

(3)当采煤机行走到工作面一端,完成上行(或下行)割煤后,顺时针(或逆时针)旋转牵引控制手把回到零位。采煤机停止牵引。

(4)翻转挡煤板。(翻转挡煤板的程序单独讲述)

(5)操作牵引控制手把离开零位向另一方向旋转,重新给出牵引速度。

5. 滚筒调高的操作程序

(1)观察滚筒高度是否合适,是否出现切割岩石和切割支架顶梁的情况。

(2)操作滚筒调高换向阀手把,使滚筒升(或降)。

(3)松开滚筒调高换向阀手把,滚筒停止升(或降)。

6. 翻转挡煤板的操作程序

(1)把滚筒升降到适当的高度。

(2)拔出固定挡煤板的销子,使挡煤板自然下垂。

(3)降低滚筒高度,将挡煤板压在底板上。

(4)操作牵引控制旋钮,使采煤机朝着翻转挡煤板的反方向稍作移动,利用挡煤板与底板的摩擦力将挡煤板翻转。

(5)停止采煤机移动。

(6)将固定挡煤板的销子插入。

(三)采煤机操作的注意事项

①没有经过培训且没有取得上岗证的人员不能开车。

②采煤机禁止带负荷启动和频繁启动。

③一般情况下不允许用隔离开关和断路器断电停机(紧急情况除外)。

④无冷却水或冷却水的压力、流量达不到要求时不准开机,无喷雾时不准割煤。

⑤截割滚筒上的截齿应无缺损。

⑥严禁采煤机滚筒截割支架顶梁或输送机铲煤板等物体。

⑦采煤机运行时,随时注意电缆的拖移状况,防止损坏电缆。

⑧煤层倾角大于10°时应设防滑装置,大于16°时应设液压防滑安全绞车。

⑨采煤机在截割过程中要割直、割平并严格控制采高,防止出现工作面弯曲和台阶式的顶板、底板。

⑩检查滚筒、更换截齿或在滚筒附近工作时,必须打开截割部离合器,断开隔离开关。

⑪开机前,应注意查看采煤机附近有无闲杂人员及可能危害人身安全的隐患,然后发出信号并大声喊话。

⑫司机在翻转挡煤板时应正确操作,防止其变形。

⑬注意防止输送机上的中大异物强行带动采煤机运行。

⑭认真填写运转记录和班检记录。

六、任务评价

评分标准见表1.1。

表1.1　评分标准

序号	考核内容	考核项目	配分	检测标准	得分
1	操作前检查	1. 作业环境检查 2. 采煤机的检查	20	缺一项扣10分	
2	采煤机启动	1. 打开喷雾水 2. 合上隔离开关 3. 点动电动机 4. 合上离合器 5. 启动电动机	20	错一项扣4分	
3	采煤机行走	1. 观察前方情况,发出信号 2. 按给定方向行走 3. 调速 4. 换向	20	错一项扣5分	
4	升降滚筒	1. 观察滚筒高度 2. 操作调高换向阀升降滚筒	10	错一项扣5分	

续表

序号	考核内容	考核项目	配分	检测标准	得分
5	采煤机停止	1. 减速,采煤机停止牵引 2. 停电动机 3. 断开离合器、隔离开关 4. 关闭喷雾水阀	20	错一项扣5分	
6	安全文明操作	1. 遵守安全规程 2. 清理现场	10	错一项扣5分	
总计					

七、思考与练习

1. MG300—BW 型采煤机是如何实现调速换向的?
2. MG300—BW 型采煤机是如何实现高压过载和低压失压保护的?
3. MG300—BW 型采煤机是如何实现滚筒调高的?
4. MG300—BW 型采煤机是如何实现防滑保护的?
5. 采煤机启动前要做哪些检查?
6. 采煤机正常停车和紧急停车如何操作?
7. 离合器有什么作用?什么时候应处于“合”的位置,什么时候应处于“离”的位置。

任务3　滚筒式采煤机的维护

知识目标:★ MG300—BW 型采煤机的结构
★ MG300—BW 型采煤机的日常维护
★ MG300—BW 型采煤机的故障处理

能力目标:★ MG300—BW 型采煤机的日常维护
★ MG300—BW 型采煤机的故障处理

教学准备

准备好 MG300—BW 型采煤机的工作原理图和结构图以及相关录像资料。

任务实施

1. 老师下达任务:MG300—BW 型采煤机的日常维护及故障处理;

2. 制订工作计划:学生以小组为单位,根据任务要求,提前查阅 MG300—BW 型采煤机的相关资料;

3. 任务实施:给出几种故障情况,让学生描述故障及维修方法。

相关知识

由于采煤机是采煤工作面的主要生产设备之一,其性能的好坏直接影响着采煤工作的正常与否,所以了解、掌握采煤机的结构,加强对采煤机的日常维护,减少采煤机发生故障的几率,及时排除采煤机的故障,是矿山机电技术人员的重要职责。本任务将对MG300—BW型采煤机的结构及日常维护、常见故障的处理进行学习,为今后的工作打好基础。

一、MG300—BW型采煤机的结构

MG300—BW型采煤机截割部的结构

MG300—BW型采煤机截割部由截割电动机、摇臂、滚筒等组成,电动机通过摇臂内的三级齿轮减速后带动滚筒旋转割煤。摇臂通过连接耳座及$\phi100$销轴与牵引部箱体连接,由调高油缸支撑,滚筒借助摇臂,可根据煤层厚度的变化调节所需的工作高度。摇臂曲柄与摇臂壳铸造成一体,以提高摇臂的可靠性。为改善滚筒的装煤效果,摇臂设计成弯曲形,以增大装煤口。左右摇臂不能互换,但结构相同,内部零件均可互换。摇臂的结构如图1.32所示。摇臂上装有离合器手把,可以在检修滚筒、更换截齿及调动机器时,断开电动机与滚筒的联系,以保证安全。

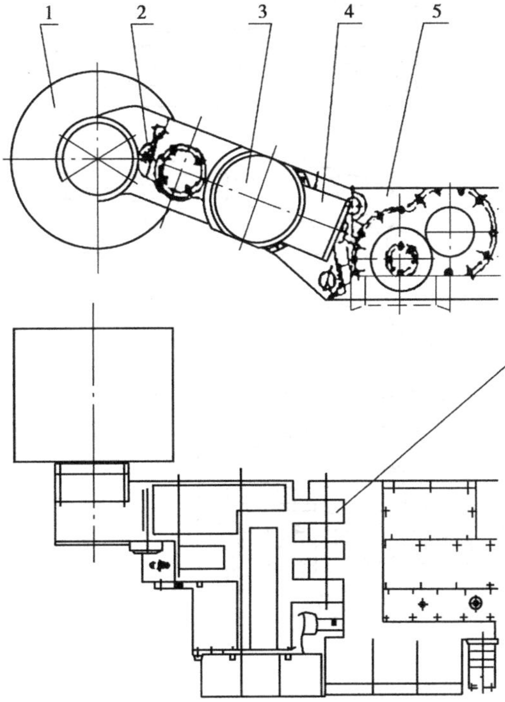

图1.32 截割部外形图

1—滚筒;2—离合器手把;3—电动机;4—摇臂;5—牵引部;6—连接耳座

摇臂的内部结构如图1.33所示。电动机1带动一轴组件齿轮2,经一级惰轮3、三轴齿轮4形成一级减速,带动三轴5和三轴齿轮6。当离合器齿轮8将三轴齿轮6与连接齿轮7连接

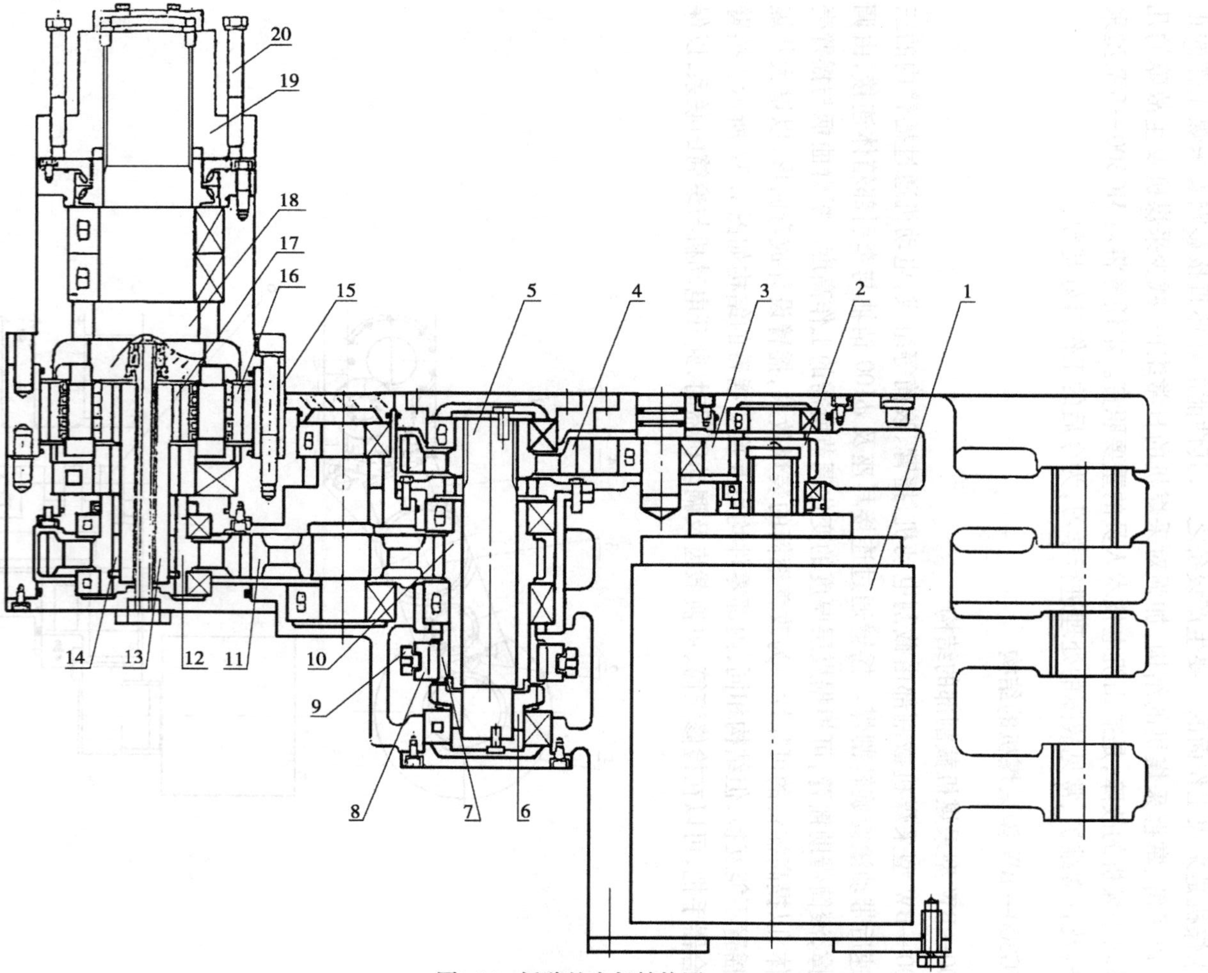

图1.33 摇臂的内部结构图

1—截割部电机;2—轴组件;3—惰轮;4—三轴齿轮;5—三轴;6—三轴齿轮;7—连接套齿轮;8—离合器齿轮;9—离合器拨叉;10—二级小齿轮;11—二级惰轮;12—二级大齿轮;13—中心轴;14—内齿轮;15—内齿圈;16—行星轮;17—中心轮;18—行星架（输出轴）;19—连接方盘;20—紧固螺栓

时，运动传递到二级小齿轮 10，经二级惰轮 11、二级大齿轮 12、内齿轮 14 带动中心轴 13。再经中心轮 17、行星轮 16、内齿圈 15 构成的行星轮系（三级减速）带动行星架（即输出轴）18。输出轴 18 又通过花键带动连接方盘 19 和截割滚筒，使滚筒旋转割煤。

截割滚筒通过其连接方孔与连接方盘 19 连接，并用紧固螺栓 20 将滚筒固定在连接方盘 19 上。

1. 截割部各主要部件结构

（1）一轴组件结构

一轴组件是与电动机输出轴联结，将动力输入到截割部的部件。其结构如图 1. 34 所示。轴齿轮 4 由模数 $m=5$、齿数 $z=24$ 的外齿轮和模数 $m=3$、齿数 $z=24$ 的内齿轮组成，电动机输出轴齿轮与轴齿轮 4 的内齿轮啮合，将动力输入到截割部。轴齿轮 4 由轴承 53516 和 42120 支撑，调整垫片 6 用来调整轴承 53516 的间隙。O 形密封圈 2 和油封 10 起密封的作用。

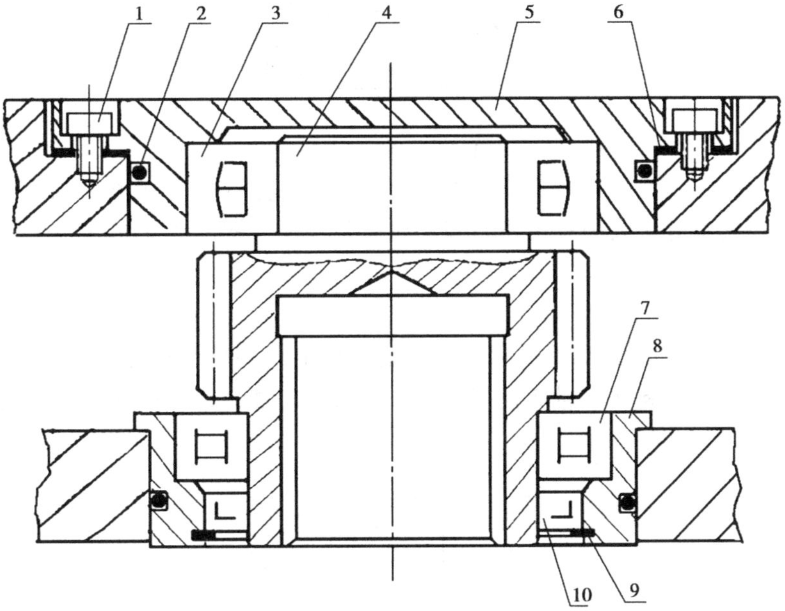

图 1. 34　一轴组件结构

1—端盖螺钉；2—O 形密封圈；3—53516 轴承；4—轴齿轮；5—端盖；
6—调整垫片；7—42120 轴承；8—轴承座；9—弹簧卡圈；10—油封

（2）惰轮组件结构

惰轮组件结构如图 1. 35 所示。轮 5 为模数 $m=5$、齿数 $z=43$ 的外齿轮，由装在心轴 3 上的 53612 轴承 6 支撑。组件靠距离套 7 和弹簧卡圈 1、4 定位。O 形密封圈起密封作用。

（3）三轴结构

它由花键轴 2 和齿轮 5、11、14、15 以及离合器齿圈 13 等组成。齿轮 5 与一级惰轮组件啮合，和一轴组件一起构成第一级减速。齿轮 5 通过其花键孔与花键轴 2 上端相连接，带动花键轴 2 旋转。花键轴 2 又通过其下端花键与三轴齿轮 15 连接，并带动其旋转。三轴齿轮 15 通过离合器齿圈 13 与连接齿轮 14 接合，将三轴齿轮 15 的转动传给连接齿轮 14。连接齿轮 14 又通过其内齿圈将齿轮套 11 带动旋转，与下一级的齿轮啮合，构成第二级减速。花键轴 1 由 42520E 和 53520 轴承支撑。齿轮套 11 由 53520 和 3053722 轴承支撑。三轴组件上的一级减

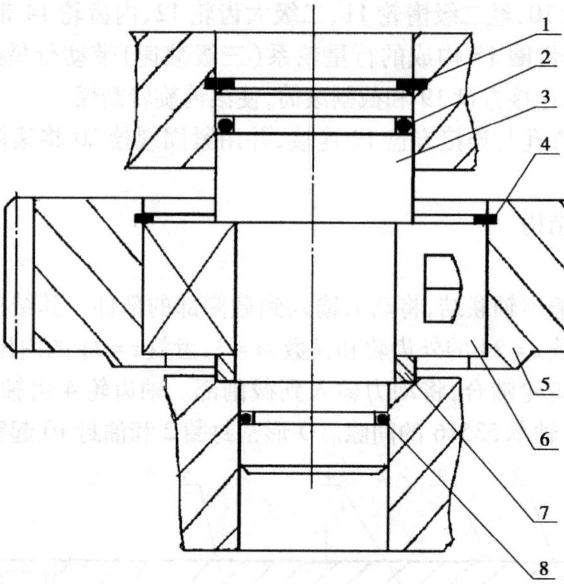

图 1.35　惰轮组件结构

1、4—弹簧卡圈;2、8—O 形密封圈;3—心轴;5—惰轮;6—58612 轴承;7—距离套

速部分和二级减速部分之间用 O 形密封圈 8 和骨架油封 6 密封,使之成为两个腔体,彼此不能窜油。

(4)二级惰轮组件结构

二级惰轮组件结构如图 1.36 所示。它由端盖 1、轴 3、齿轮 4、轴承等组成。齿轮 4 的模数 $m=6$,齿数 $z=44$,用平键 7 和轴 3 连接。轴 3 用 53612 轴承 2 和 53614 轴承 6 支撑。

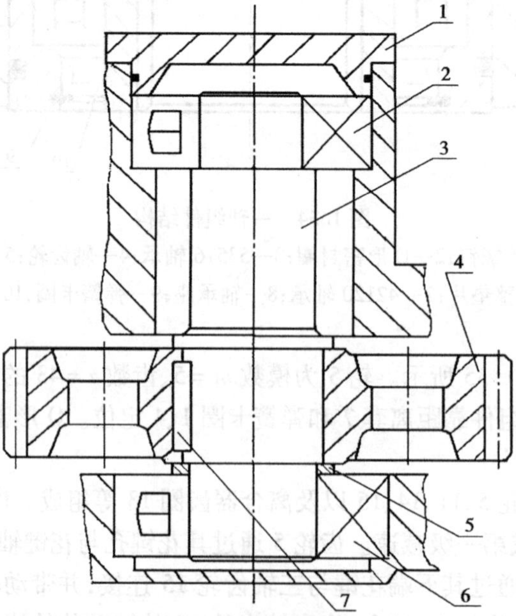

图 1.36　二级惰轮组件结构

1—端盖;2—53612 轴承;3—轴;4—齿轮;5—挡圈;6—53614 轴承;7—平键

(5)滚筒轴组件

滚筒轴组件结构如图1.37所示。它由内喷雾装置、行星轮系、滚筒连接头三部分组成。

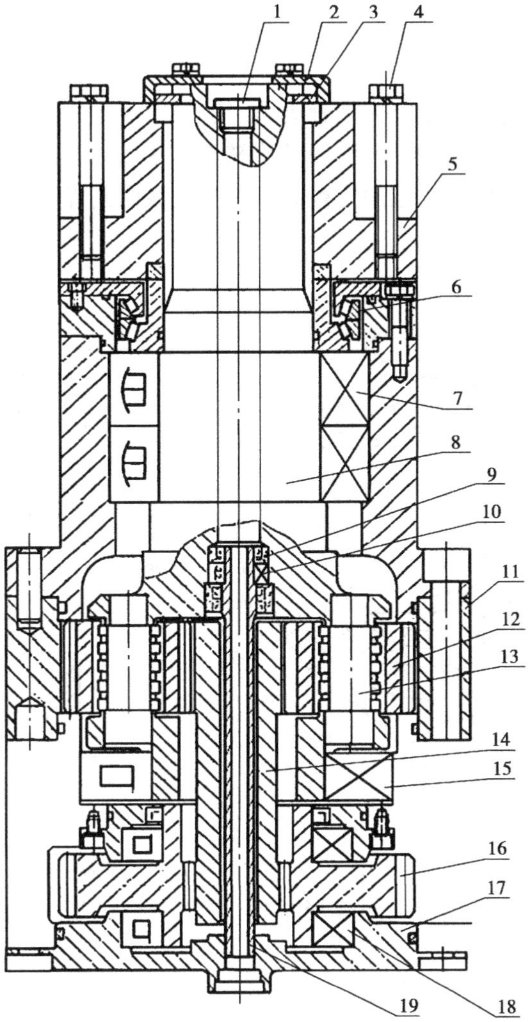

图1.37　滚动轴组件结构

1—堵头;2—压盖;3—卡环;4—连接螺栓;5—方盘;6—推力轴承;7—轴承;
8—滚筒轴;9—油封;10—轴承;11—内齿圈;12—行星轮;13—行星轮轴;
14—中心轮轴;15—轴承;16—齿轮;17—端盖;18—轴承;19—喷雾水管

①内喷雾装置

喷雾水通过水管19与滚筒内喷雾水道连接。由轴承10、O形密封圈、油封9等组成。

②行星轮系

行星轮系由中心轮轴14、行星轮12、内齿圈11组成。齿轮16的内齿轮带动中心轮轴14下端的齿轮,再由中心轮轴14上端的齿轮带动行星轮12,行星轮12绕内齿圈11作公转,其轴13带动输出(滚筒)轴8转动(第三级减速),输出转速75 r/m 。滚筒轴由两套3053723轴承7和一套推力轴承6支撑。

③滚筒连接头

输出轴8通过内花键与方盘5连接,并用卡环3和压盖2将方盘5固定在输出轴8上。方盘与滚筒上的方孔连接,并用螺栓4固定。为防止煤尘进入行星轮系和润滑油外漏,滚筒轴采用了多道密封。

(6)滚筒

滚筒结构如图1.38所示。滚筒为螺旋滚筒,按叶片的螺旋方向分左旋和右旋,左旋滚筒装于左摇臂,右旋滚筒装于右摇臂。两滚筒的旋转方向为:从采空区侧向机器看,左滚筒为逆时针旋转,右滚筒为顺时针旋转。选用这种旋向可防止滚筒割煤时甩煤伤人,上述旋向不能任意改变。

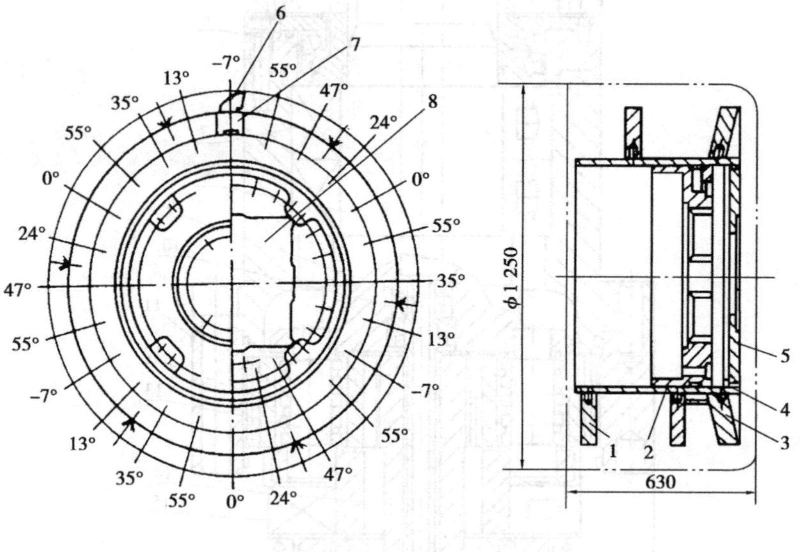

图1.38　滚筒结构

1—螺旋叶片;2—连结盘;3—端盘;4—轮毂;5—端盘;6—截齿;7—齿座;8—连接方孔

滚筒为焊接结构,滚筒的端盘采用碟形结构,以利滚筒割煤时减少端盘与煤壁的摩擦损耗,减少采煤机的牵引阻力。

采煤机设有内喷雾装置,以提高灭尘效果,为此在滚筒的螺旋叶片上钻有径向小孔水道,每一水道安装一只喷嘴,每只喷嘴安置在两截齿之间,离截齿较近,以便在煤尘扬起之前就进行喷水。

端盘上也布置有多只喷嘴。

截齿为径向扁截齿,其在端盘和叶片上的配置是不同的。截齿配置数量的多少和排列情况,对采煤机的工况有很大影响。一般来说,煤质硬则截齿多、排列密;煤质软则截齿少、排列稀。即使在同一滚筒中,不同的部位截齿配置数量也不同,端盘位于煤壁里,截割条件恶劣,截齿布置密度要大些。

滚筒与摇臂的连接方式采用方形结构,利用输出轴上的方盘传递转矩,并用12只M20的螺栓轴向固定,以防止滚筒割煤过程中产生轴向移动。方盘在装入摇臂输出轴之前,应在摇臂输出轴花键上涂满润滑脂,方盘装上后用4只M12的螺栓将压盖压紧。

2. MG300—BW型采煤机牵引部的结构

MG300—BW型薄煤层采煤机牵引部由液压传动箱、行走箱26、电控箱25等组成,其作用是将牵引部电动机8的机械能转换为液压能，为液压马达2提供动力，带动采煤机行走，并为采煤机提供液压保护和控制。其结构如图1.39所示。

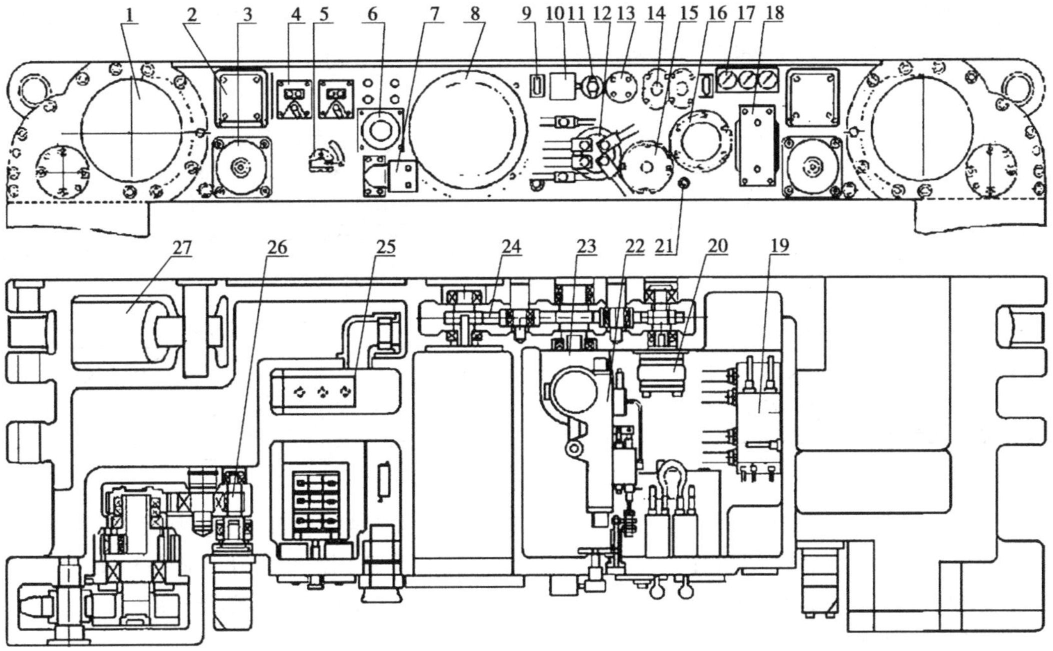

图1.39 MG300—BW型采煤机牵引部结构

1—行走箱；2—液压马达；3—制动器；4—电控按钮；5—隔离开关；6—电缆进线口；7—喷雾水近况；8—牵引部电机；9—油位指示孔；10—行程开关；11—调速换向手把；12—油管接头；13—丝杠螺旋机构；14—调高手把；15—粗滤油器；16—精滤油器；17—压力表；18—冷却器；19—阀组；20—双联齿轮泵；21—手压泵；22—调速机构；23—主油泵；24—牵引传动箱；25—电控箱；26—行走传动箱；27—调高油缸

(1)液压传动箱结构

液压传动箱由机械传动箱24和液压元件箱两部分组成，分别布置在液压传动箱的两个隔腔内。

液压传动箱靠煤壁侧为机械传动箱24，具有单独的润滑油池，电动机8经过轴齿轮分别传动主油泵23和双联齿轮泵20。靠采空区侧为液压元件箱，装有除液压马达2和液压制动器3外的全部液压元件。

为降低液压油池油温，使采煤机能连续工作，液压传动箱靠采空区侧一隔腔内装有冷却器18，经低压溢流阀溢出的热油以及调高回油均经冷却器后流回油池。

液压传动箱靠采空区侧面上，布置有调速换向手把11和调高手把14、手压泵21。还有粗滤油器15(在下方)，精粗滤油器16(在上方)，可以方便地进行滤网的清洗和滤芯的更换。主油泵23输出的高压油经阀组19用铰接接头12接出，通过高压胶管分别接到液压马达2的进出油口。调高泵输出的压力油经液压传动箱机械隔腔，通过高压胶管分别接到左右调高换向阀。

(2)机械传动箱结构

①电动机轴组件

电动机轴组件如图1.40所示。其作用是将电动机的动力传给主泵和辅助泵。电动机轴组件4上加工有模数$m=5$、齿数$z=30$的外齿和模数$m=3$、齿数$z=15$的内齿，由两套

42216E 轴承 5 支撑，骨架油封 6 防止与液压箱窜油。

②主泵惰轮组件

主泵惰轮组件结构如图 1.41 所示。齿轮 6 的模数 $m=5$、齿数 $z=55$，内装有 1 套 53612 轴承 5 支撑在心轴 3 上，挡圈 7 和弹簧挡圈 1 防止心轴轴向窜动。

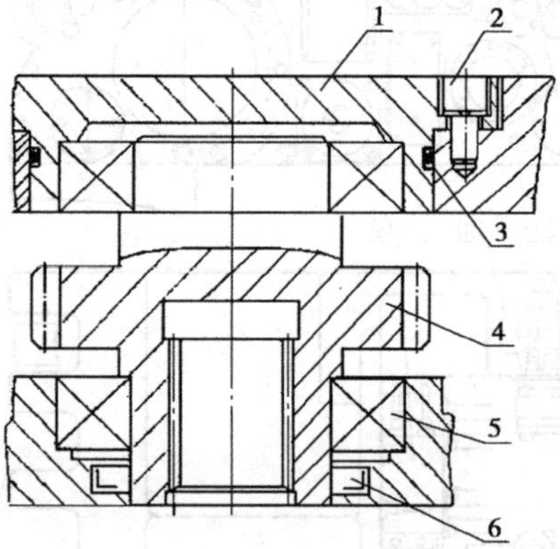

图 1.40　电动机轴组件结构

1—端盖；2—螺钉；3—O 形密封；

4—轴组件；5—轴承；6—油封

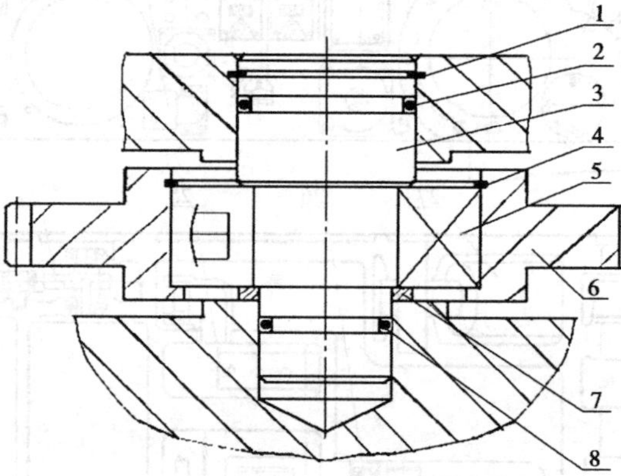

图 1.41　主泵惰轮组件结构

1、4—弹簧卡圈；2、8—O 形密封；3—轴；

5—轴承；6—齿轮；7—挡圈

③主泵轴组件

主泵轴组件结构如图 1.42 所示。轴 5 上加工有 $m=5$、$z=23$ 的外齿和 $m=3$、$z=25$ 的内齿，两端由 120 轴承 8 和 212 轴承 4 支撑。

④辅助泵惰轮组件

辅助泵惰轮组件结构如图 1.43 所示。齿轮 1 由两套 53510 轴承支撑在心轴 3 上，挡圈 7 和弹簧挡圈 1 防止心轴 3 轴向窜动。

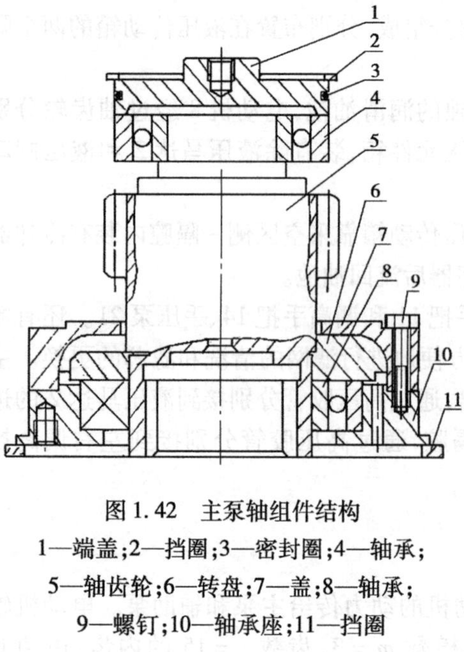

图 1.42　主泵轴组件结构

1—端盖；2—挡圈；3—密封圈；4—轴承；

5—轴齿轮；6—转盘；7—盖；8—轴承；

9—螺钉；10—轴承座；11—挡圈

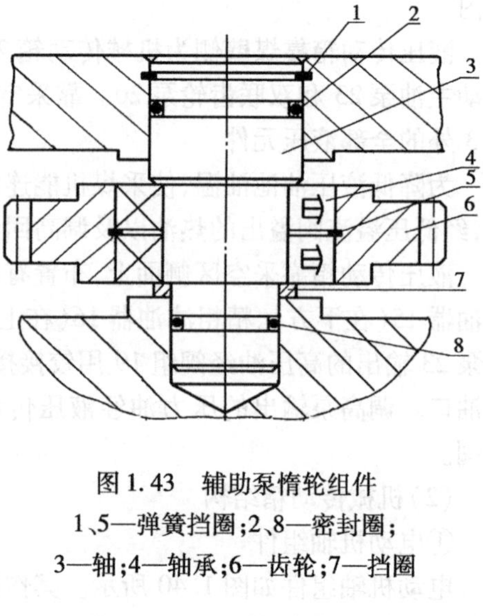

图 1.43　辅助泵惰轮组件

1、5—弹簧挡圈；2、8—密封圈；

3—轴；4—轴承；6—齿轮；7—挡圈

⑤辅助泵轴组件

辅助泵轴组件结构如图1.44所示。心轴6上用平键连结 $m=5$、$z=29$ 的齿轮7，与辅助泵惰轮组件齿轮啮合。心轴6一端加工有 $m=2$、$z=19$ 的内齿，与齿轮13的外齿啮合。齿轮13的内齿与辅助泵轴上的渐开线花键啮合。心轴6用两套110轴承8、113轴承4支撑，骨架油封14防止与液压箱窜油。

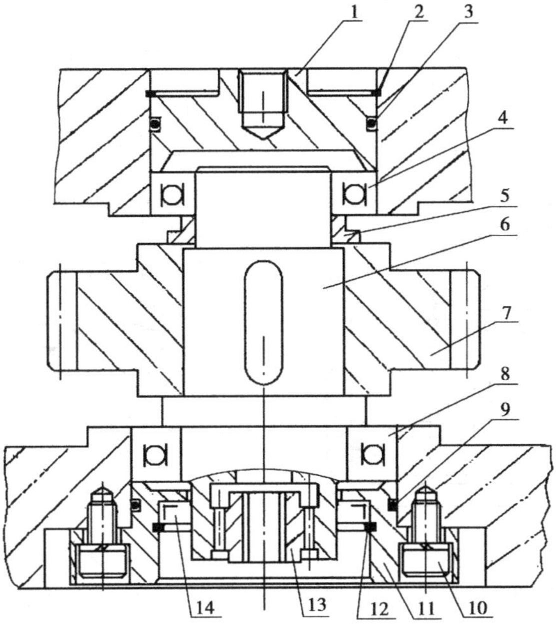

图1.44　辅助泵组件结构

1—端盖；2、12—弹簧挡圈；3、9—O形密封圈；4、8—轴承；5—距离套；6—轴；
7—齿轮；10—螺钉；11—端盖；13—齿轮；14—油封

(3)行走箱结构

行走箱是采煤机的行走机构，主要由摆线马达、液压制动器、行星减速器、传动齿轮等组成。左、右行走箱结构相同，对称布置在牵引部的两端，如图1.38所示。

①马达轴组件

马达轴组件结构如图1.45所示。轴5上加工有 $m=4$、$z=17$ 的外齿轮，轴的一端加工有 $m=2.5$、$z=17$ 的内齿轮(与液压马达输出轴相联)，轴5由53516轴承7、42310E轴承4支撑。

②惰轮轴组件

惰轮轴组件结构如图1.46所示。模数 $m=4$、齿数 $z=65$ 的齿轮5通过53616轴承6支撑在心轴3上，垫圈7和弹簧挡圈1防止心轴轴向窜动。

③行星轮组件

行星轮组件结构如图1.47所示。齿轮3的 $m=4$、$z=51$ 的外齿与图1.46中的惰轮5啮合，内齿与连接齿轮4的外齿啮合，而连接齿轮4的内齿与中心轮5上端的外齿啮合，从而将运动输入行星轮组件。中心轮5通过下端的 $m=4.5$、$z=13$ 的花键齿带动 $m=4.5$、$z=22$ 的行星轮1绕 $m=4.5$、$z=59$ 的内齿圈10作公转，从而带动行星架9转动，行星架9又通过其轴端的花键齿带动驱动轮15转动，去驱动行走轮转动。

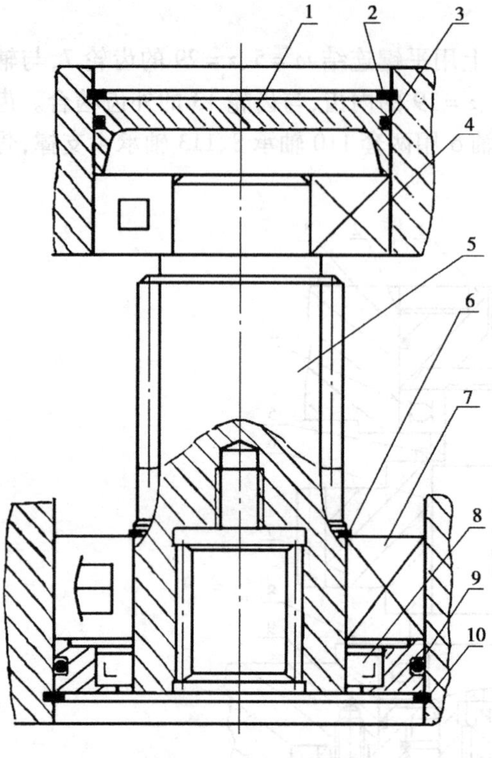

图 1.45　马达轴组件

1—端盖;2—弹簧挡圈;3—密封圈;4—轴承;
5—轴;6—弹簧卡圈;7—轴承;8—油封;
9—密封圈;10—弹簧挡圈

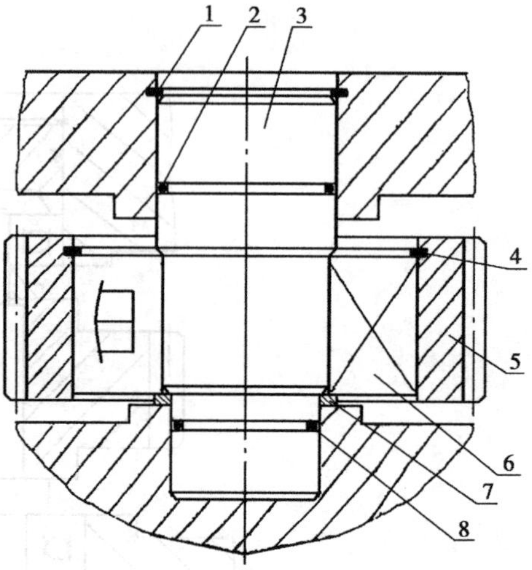

图 1.46　惰轮轴组件结构

1、4—弹簧挡圈;2、8—密封圈;3—轴;
5—惰轮;6—轴承;7—挡圈

行星架 9 由两套 80120 轴承 6、一套 42220 轴承 7、一套 53524 轴承 18 支撑。行星轮 1 由两套 53507 轴承 2 支撑。

内齿圈的部分齿长与轴承座 11 上的齿啮合,而轴承座 11 被定位销钉 19 和螺钉 12 固定不动,故内齿圈也固定不动。

驱动轮 15 用销钉 17 和压盖 16 固定在行星架 9 的轴端,防止其脱落。

④行走轮组件

行走轮组件结构如图 1.48 所示。行走轮 3 采用滑动轴承结构支撑在心轴 1 上,心轴 1 上加工有注油孔,心轴用螺钉固定在行走箱上。装配时应保证行走轮两侧的间隙为 5 mm,垫片 2 的作用一是调节行走轮两侧间隙,二是防止行走轮磨损行走箱壁。

⑤制动轴组件

制动轴组件的作用是当采煤机停机时将马达轴组件闸住,它与液压制动器一起构成采煤机的防滑保护装置。其结构如图 1.49 所示。

制动轴 4 上加工有 $m=4$、$z=17$ 的齿轮,与马达轴组件上的齿轮啮合。一端装有花键套 9,花键套 9 与液压制动器中的内花键摩擦片配合。当液压制动器中的内、外花键摩擦片未压紧时,制动轴和马达轴可以转动,采煤机可以行走;当液压制动器中的内、外花键摩擦片压紧时,制动轴和马达轴被制动,采煤机不能行走。

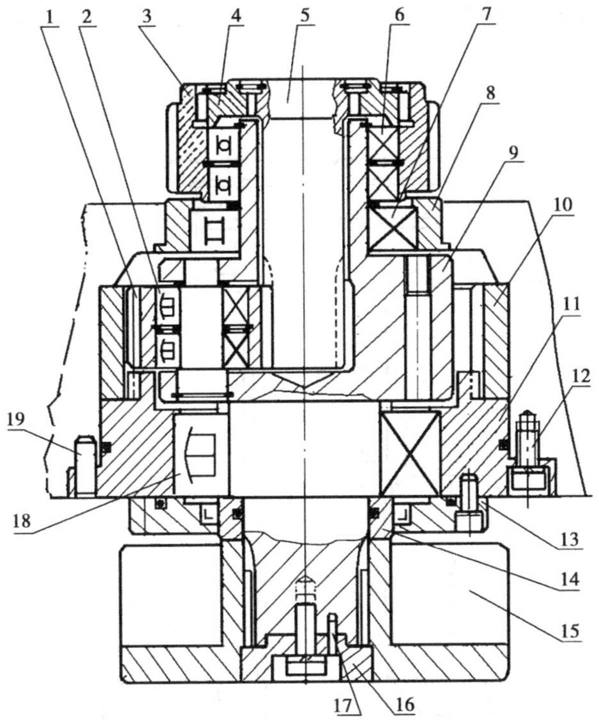

图1.47　行星轮组件结构

1—行星轮;2—轴承;3、4—齿轮;5—中心轮;6、7—轴承;8—轴承套;9—行星架;10—内齿圈;11—轴承座;12—螺钉;13—轴承压板;14—密封套;15—驱动轮;16—压盖;17、19—定位销;18—轴承

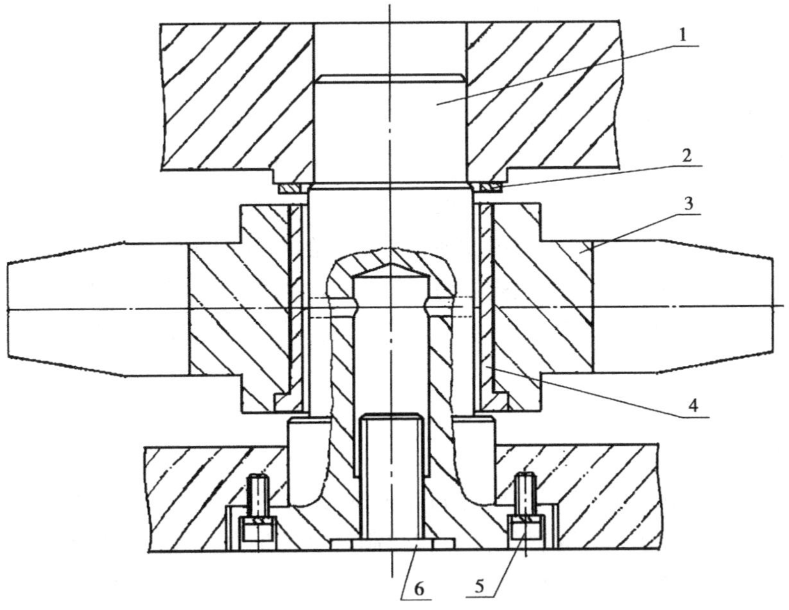

图1.48　行走轮组件

1—轴;2—垫片;3—行走轮;4—轴瓦;5—螺钉;6—螺塞

制动轴用53513轴承6和42211E轴承7支撑，距离套6对轴承7定位。用螺钉将液压制动器与端盖8连接。

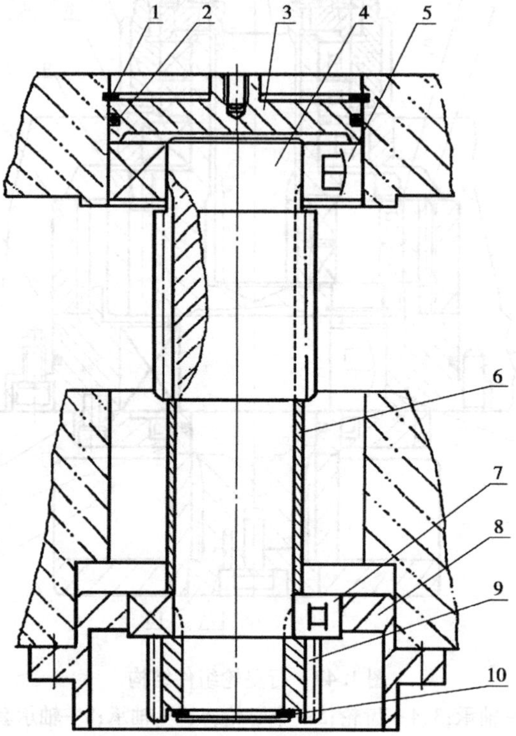

图1.49　制动轴组件

1、10—弹簧挡圈；2—密封圈；3—端盖；4—制动轴；6—距离套；

5、7—轴承；8—端盖；9—花键套

⑥液压制动器

液压制动器结构如图1.50所示。主要由压盘3、内摩擦片5、外摩擦片6、圆盘7、活塞8、碟形弹簧9等组成。制动器的工作原理如下：采煤机启动后，双联齿轮泵排出的压力油经制动电磁阀进入活塞8的上腔，推动活塞8克服碟形弹簧9的弹簧力向下运动，同时带动压盘3下移，使内、外摩擦片松开产生间隙，与内摩擦片相连接的制动轴花键套得以能够旋转，采煤机可以行走。一旦电动机停电，制动电磁阀复位，活塞8上腔通油池，活塞在碟形弹簧作用下上移，带动压盘3压紧内、外摩擦片，产生制动力矩，制动轴花键套被闸住，制动轴上齿轮不能转动，采煤机被闸住。

若需人为解除制动，可将螺塞10拆去，用M16×1.5的螺栓和适当的垫块，迫使活塞下移，使内、外摩擦片松开。

为保证制动器可靠制动，使用期间应每半月对制动器摩擦片的磨损情况进行一次检查。检查的方法是用深度尺分别测量制动状态和非制动状态时的A值，当两者之差增至2.7 mm时，应成组更换摩擦片5、6和挡圈2。

3. 主要液压元件结构

牵引部主要液压元件有主油泵、双联齿轮泵、阀组、失压控制阀、调速机构、粗过滤器、精过滤器、冷却器等。

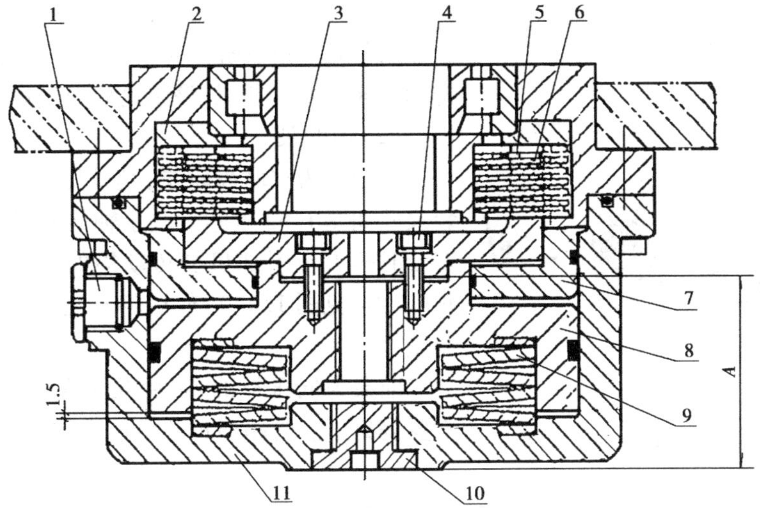

图 1.50 液压制动器

1—进油口;2—挡圈;3—压盘;4—螺钉;5—内摩擦片;6—外摩擦片;
7—圆盘;8—活塞;9—碟形弹簧;10—螺塞;11—外壳

(1)主油泵

主油泵为斜轴式轴向柱塞泵,其结构如图 1.51 所示。前一部分为泵架 11,后一部分为泵壳 6 和后泵盖 10,泵架 11 固定不动,泵壳 6 可相对泵架 11 摆动。电动机带动传动轴 1 转动时,与传动轴 1 铰接的柱塞 3 拨动缸体 4 旋转。当缸体 4 与传动轴 1 之间有倾斜角度时,柱塞 3 在拨动缸体 4 旋转的同时,还在缸孔内做往复运动,完成吸油、排油。传动轴每转一周,柱塞 3 在缸孔内往复一次,完成吸油、排油一次。当缸体 4 相对传动轴 1 的摆角增大时,柱塞 3 的

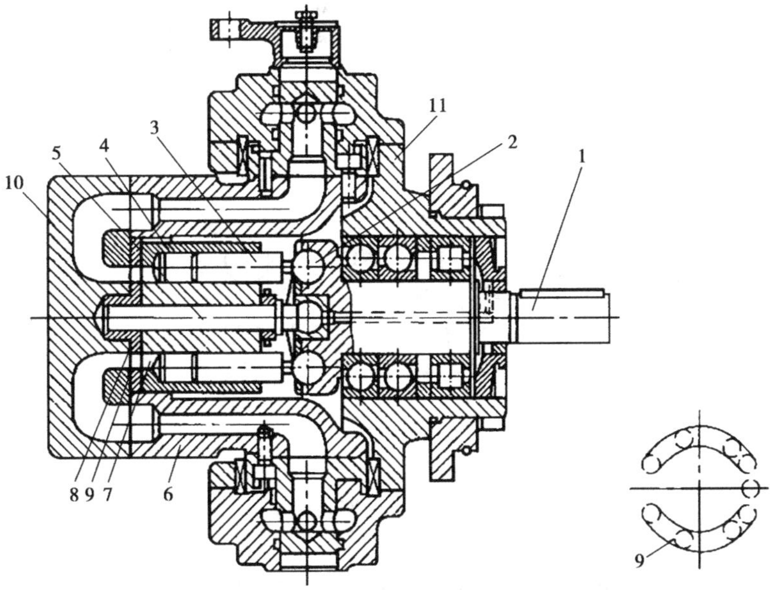

图 1.51 MG300—BW 型采煤机主液压泵

1—传动轴;2—带球头的连杆;3—柱塞;4—缸体;5—芯轴;6—泵壳;
7—液压缸进排液口;8—配油盘;9—配油盘上腰形槽;10—后盖;11—泵架

行程相应增大，泵的吸、排油量也相应增大。反之，摆角减小，行程减小，泵的吸、排油量也减小。当摆角为零时，泵的吸、排油量为零。如果泵壳6带着缸体4朝相反方向摆动，则泵的吸、排油方向改变。所以，该泵是双向变量泵。

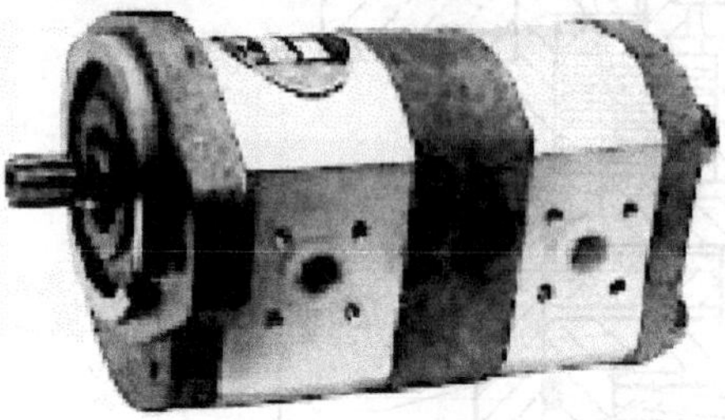

图1.52　辅助泵(双联齿轮泵)外形

(2)辅助泵

辅助泵为双联齿轮泵，其外形如图1.52所示，安装尺寸如图1.53所示。其泵轴伸出段为渐开线花键，安装时插入牵引部机械传动箱的辅助泵轴组件的齿轮13内(见图1.44)，然后将其法兰盘用螺钉固定在箱壁上。

前泵为低压补油泵，后泵为调高泵，连接管路时不要搞错了。管路通过法兰连接在泵的两侧。

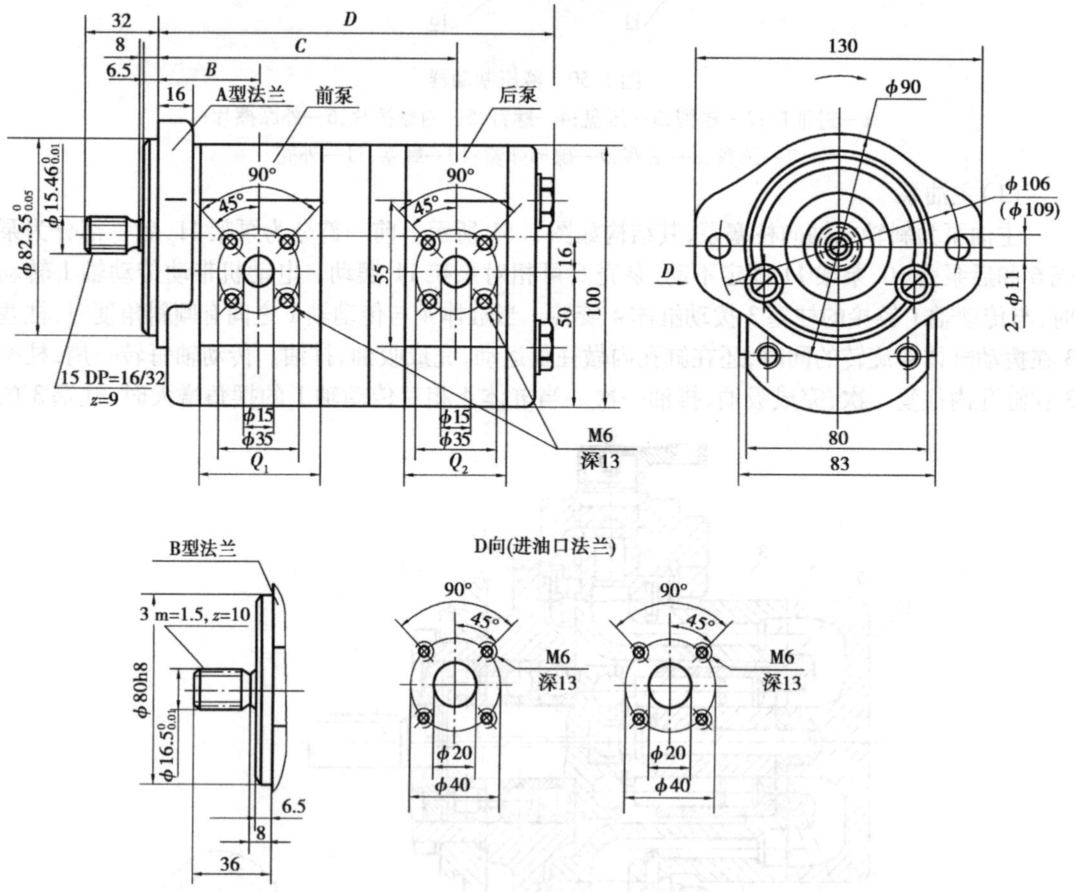

图1.53　辅助安装尺寸

(3)液压马达

液压马达为摆线马达，型号为BM—E630K3A4Y2。型号意义如下：BM是摆线马达的汉语拼音缩写；E是系列代号；630是排量；K3是输出轴结构代号，表示其输出轴为渐开线花键结构形式，轴径$\phi=45$，花键参数为：模数$M=2.5$、齿数$Z=17$、压力角$\alpha=30°$；A4是安装止口尺寸代号，止口尺寸为 $\phi168h8$，4 只 M14 × 1.5 的螺栓固定；Y2 是进出油口尺寸，进出油口尺寸为 M32 × 2 的螺纹连接。

摆线马达的外观形状如图 1.54 所示，结构原理如图 1.55。液压油由进油孔 P 进入后壳体 1，经过补偿盘 2 、配流盘 3 、辅助配流板 4 上的油孔，进入转子 8 与定子 6 之间的工作腔。在油压的作用下，转子与定子 6 上的滚柱 7 啮合，并沿定子 6 旋转。转子 8 的转动包括自转和公转，通过长花键轴 9 传给输出轴 10；同时，又通过短花键轴 5，带动配流盘 3 与转子 8 同步运转，从而使工作腔交替与进油孔、回油孔连通。改变输入液压油的压力与流量，就能改变液压马达输出的转矩与转速。改变液压油的进、出方向，即可改变液压马达的旋转方向。

图 1.54　BM 摆线马达外形

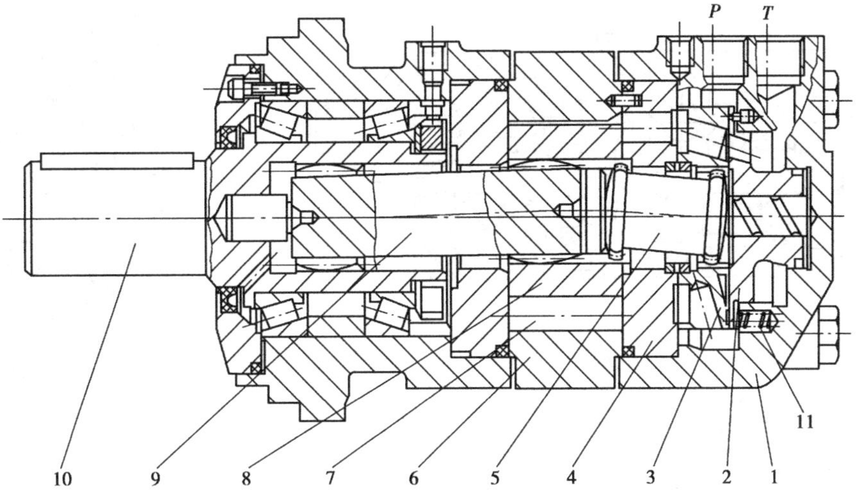

图 1.55　BM 型摆线马达

1—后壳体；2—补偿盘；3—配流盘；4—辅助配流板；5—短花键轴；

6—定子；7—滚柱；8—转子；9—长花键；10—输出轴；11—弹簧

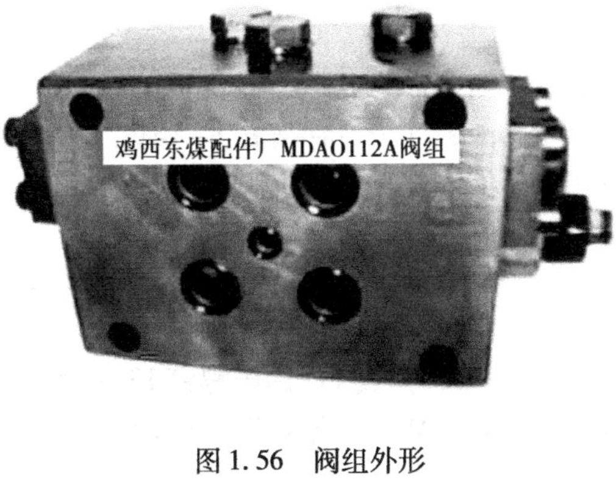

图 1.56　阀组外形

(4)阀组

阀组由单向阀、低压溢流阀、整流阀、高压溢流阀等组成，集成装在阀体 1 内。其外形如图 1.56 所示，结构原理如图 1.57 所示。阀体上开有 a、b、c 等 8 个油口，其中 a、b 接主油泵，c、d 接油马达，e 接低压表，f 接辅助泵排油管，g 接高压表，o 接冷却器。

单向阀由锥阀芯 16、弹簧 15 和堵头 14 等组成。辅助泵来油从 f 口进入阀体，经阀体上的 m 通道到达两单向阀之间。若 a 口为低压时，则推开左边单向阀向主回路补油；若 *b* 口为低压时，则推开右边单向阀向主回路补油。

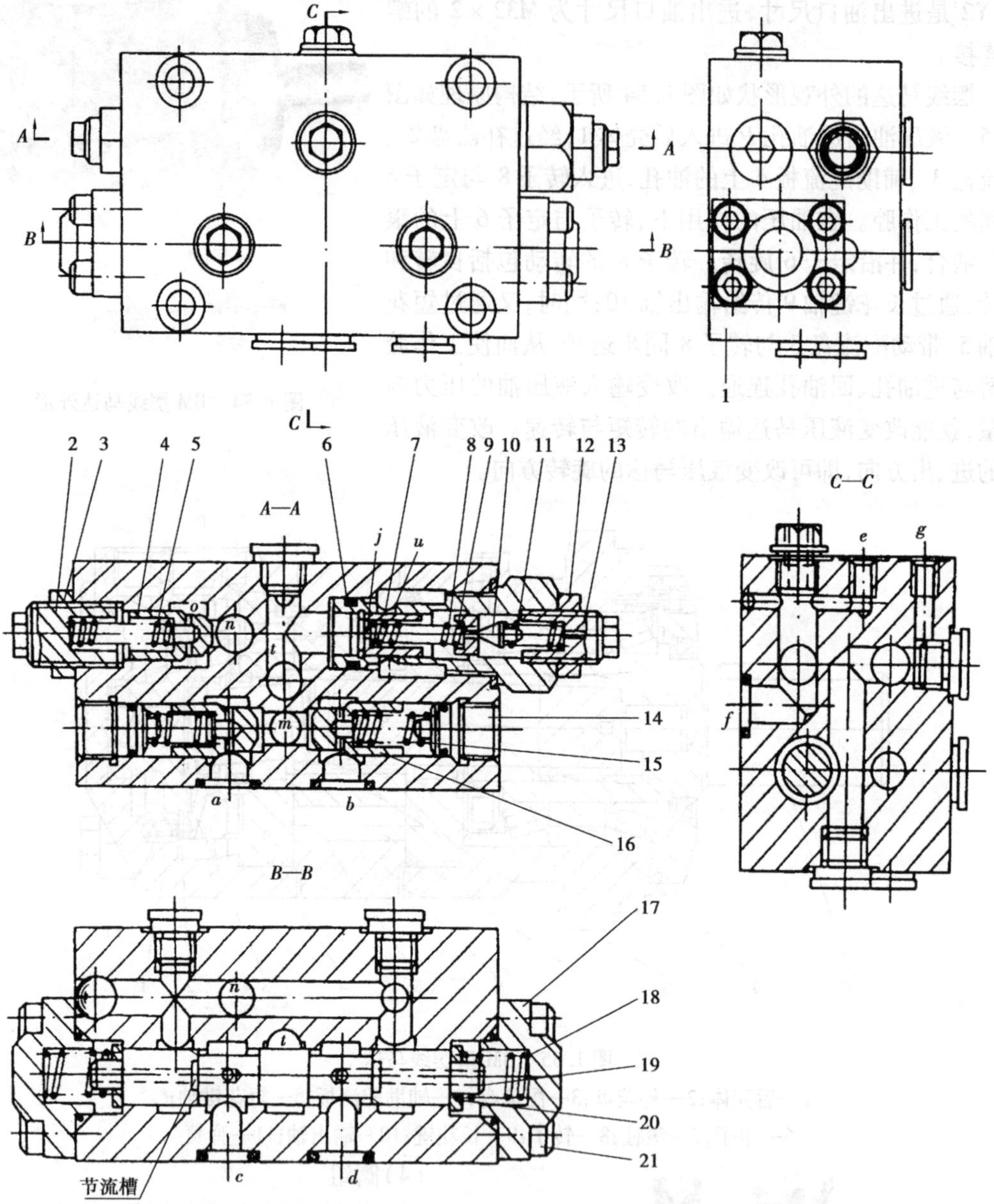

图 1.57　阀组

1—阀体；2、13—调压螺钉；3、12—螺母；4—低压溢流阀；5、8、11、15、18—弹簧；6—阀套；7—高压安全阀主阀芯；9—阀座；10—先导阀阀芯；14—螺堵；16—阀芯；17—端盖；19—滑阀；20—挡圈；21—螺钉

低压溢流阀由调压螺钉 2、锁紧螺母 3、锥阀芯 4、弹簧 5 等组成。其调定压力为 2 MPa。低压溢流阀流出的油经阀体上的通道 *o* 去冷却器。

高压溢流阀由阀套 6、主阀芯 7、弹簧 8、阀座 9、先导阀 10、弹簧 11、调压螺钉 13、锁紧螺母 12 等组成。其工作原理与先导式溢流阀相同，调定压力为 11 MPa。高压溢流阀流出的油经阀体上的通道 *u* 流到低压溢流阀，经低压溢流阀后去冷却器。

整流阀是一个三位五通液动换向阀，主要由滑阀芯19、弹簧18、端盖17、挡圈20组成。主油泵不工作（输出流量为零）时，阀芯19在弹簧18的作用下处于中立位置（图示位置），从辅助泵来的低压油经两个单向阀后，进入阀体1的c、d口，再经阀芯19上的两个节流槽、阀体上通道n流至低压溢流阀。主油泵工作（输出高压油）时，高压油从阀体1的d口（或c口）进入，经阀芯右端（或左端）的径向孔和轴向孔进入阀的右端（或左端），推动阀芯左移（或右移），使c口（或d口）经通道n与低压溢流阀接通，d口（或c口）经通道t与高压溢流阀接通。

（5）失压控制阀

失压控制阀是一个液动二位四通阀，在系统中起低压保护的作用。其结构如图1.58所示，由弹簧筒1、调整垫2、顶杆3、弹簧4、弹簧座5、阀芯6、阀体7、堵头8等组成。

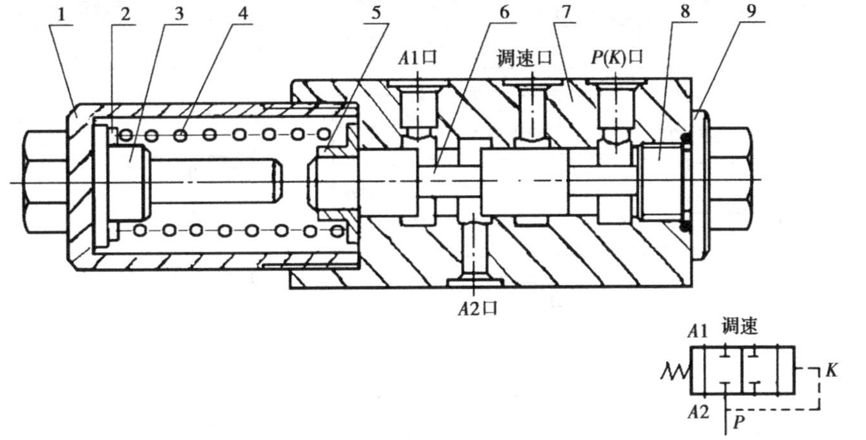

图1.58　失压控制阀

1—弹簧筒；2—调整垫；3—顶杆；4—弹簧；5—弹簧座；

6—阀芯；7—阀体；8—堵头；9—密封圈

工作原理是通过辅助泵的压力$P(K)$与弹簧4的调定压力相比较，去控制阀芯6的动作，从而控制调速机构供油的通断，以及调速油缸两腔的连通与否。

当辅助泵的压力正常时，压力$P(K)$克服弹簧力使阀芯6左移，将压力油引至调速机构，并将调速油缸两腔$A1$、$A2$断开，调速机构正常工作。

当辅助泵的压力低于弹簧4的调定压力1.5 MPa时，弹簧力使阀芯6右移（如图示位置），将调速机构的供油切断，并将调速油缸两腔$A1$、$A2$连通，使采煤机停止牵引，起到保护作用。

弹簧4的调定压力通过弹簧筒1进行调节。

（6）调速机构

调速机构由伺服阀1、变量油缸2、拨叉4、失压控制阀7、杠杆9、调速杆13等组成。其外形如图1.59所示，结构原理如图1.60所示。

图1.59　调速机构外形

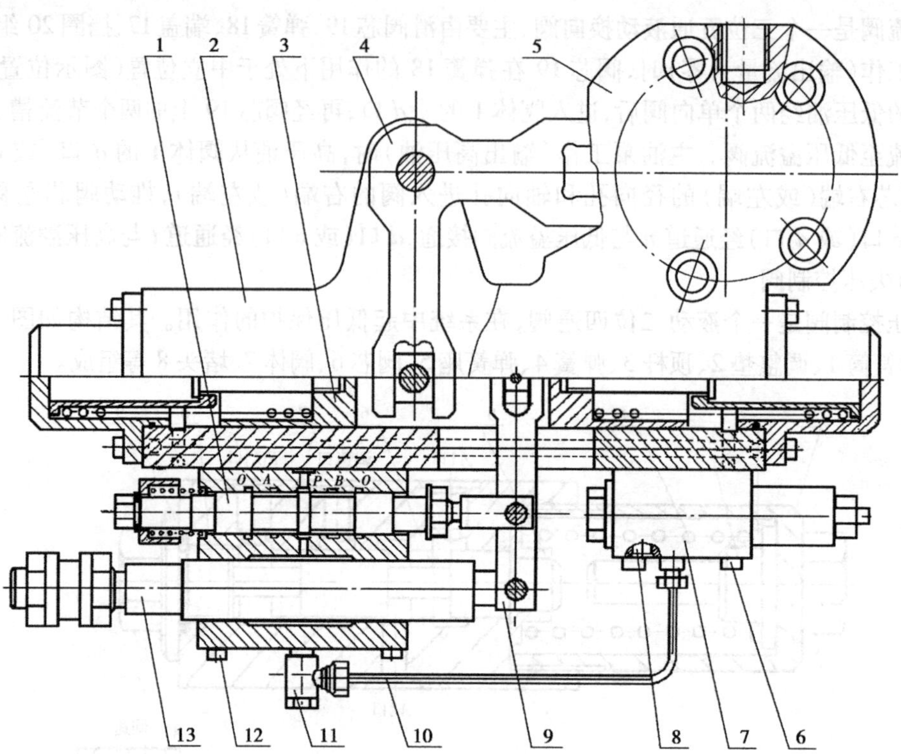

图 1.60　调速机构结构原理

1—伺服阀；2—变量油缸；3—活塞；4—拨叉；5—壳体；6、12—螺钉；7—失压控制阀
8—进油口；9—杠杆；10—油管；11—管接头；13—调速杆

当操作调速手把使调速杆 13 向右移动时，通过杠杆 9 带动伺服阀芯 1 向右移动，其左阀口 *A* 与进油口 *P* 连通，控制油经伺服阀左阀口 *A* 进入变量油缸 2 的右端，推动活塞 3 左移，变量油缸 2 左端的油经伺服阀右阀口 *B* 回油池。随着变量油缸活塞 3 左移，带动拨叉 4 顺时针转动，使主油泵缸体向下摆动某一角度，泵的排油量发生变化，从而使采煤机牵引速度发生变化。在推动活塞左移的同时，又通过杠杆 9 带动伺服阀芯左移复位，将其阀口 *P*、*O*、*A*、*B* 封闭，使变量油缸的活塞停止运动，主油泵缸体停止摆动，泵的排油量便保持在一个新流量，采煤机也保持在一个新的牵引速度下运行。

同理，当操作调速手把使调速杆 13 向左移动时，通过杠杆 9 带动伺服阀芯 1 向左移动，其右阀口 *B* 与进油口 *P* 连通，控制油经伺服阀右阀口进入变量油缸 2 的左端，推动活塞 3 右移，变量油缸 2 右端的油经伺服阀左阀口 *A* 回油池。随着变量油缸的活塞右移，带动拨叉逆时针转动，使主油泵缸体向上摆动某一角度，泵的排油量发生变化，从而使采煤机牵引速度发生变化。在推动活塞 3 右移的同时，又通过杠杆 9 带动伺服阀芯右移复位，将其阀口 *P*、*O*、*A*、*B* 封闭，使变量油缸的活塞停止运动，主油泵缸体停止摆动，泵的排油量便保持在一个新流量，采煤机也保持在一个新的牵引速度下运行。

(7)粗过滤器

粗过滤器结构如图 1.61 所示，由外壳 2、滤芯 3、内壳 4、磁性环 5、隔离环 6、螺杆 7、管接头 9 等组成。过滤器的外壳 2 靠螺钉 10 固定在牵引部箱体壁上，内壳 4 靠螺钉 1 固定在外壳 2 上。内壳 4 上装有滤芯 3 和磁铁环 5。过滤器的内、外壳上均开有 4 条轴向槽，内壳可相对外壳转动。

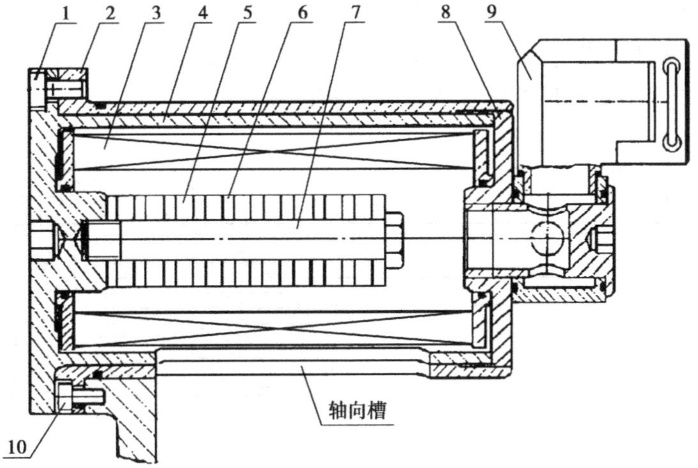

图1.61　粗滤油器结构

1、10—螺钉;2—外壳;3—滤芯;4—内壳;5—磁铁环;
6—隔离环;7—螺杆;8—盖;9—管接头

工作时,内、外壳上的4条轴向槽互相对齐,油池中的油液经4条轴向槽进入过滤器,再经滤芯3和磁铁环5后从管接头9流出。

更换滤芯时,将内壳4的固定螺钉1旋下,再用内六角扳手插入内壳4端盖上的内六角螺孔,使内壳4相对外壳3旋转45度,使内、外壳上的4条轴向槽互相错开封闭,防止油池油液外泄。滤芯的过滤精度为80 μm(200目)。

(8)精过滤器

精过滤器结构如图1.62所示,由壳体1、拉杆2、滤芯3、端盖5等组成。滤芯采用TZX—100×200型纸质滤芯,过滤精度为200 μm,额定流量100 L/min。滤芯3用压垫7和碟形螺母固定在拉杆2上,清洗滤芯时,只需将端盖打开,卸下碟形螺母6和压垫7,即可取出滤芯3。

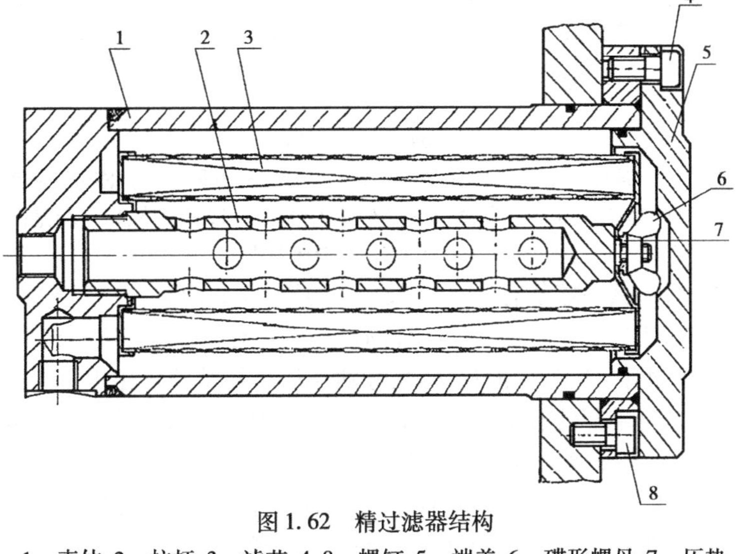

图1.62　精过滤器结构

1—壳体;2—拉杆;3—滤芯;4、8—螺钉;5—端盖;6—碟形螺母;7—压垫

(9)冷却器

冷却器结构如图 1.63 所示,主要由数片板翅式冷却片 1、外壳 2 等组成。每片冷却片之间留有一定间隙,从低压溢流阀排出的热油在冷却片内流动,而冷却水则在冷却片外部流动,将油液的热量带走。冷却器用螺栓 3 固定在泵箱的隔腔内。

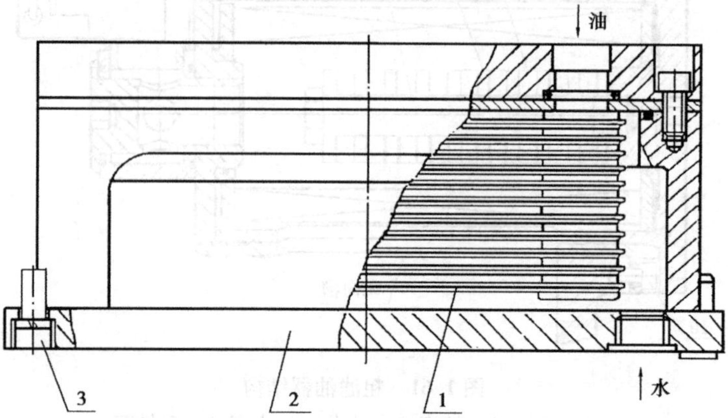

图 1.63　冷却器结构

1—板翅式冷却片;2—外壳;3—螺钉

(10)调高液压缸

调液压油缸结构如图 1.64 所示。由缸体 1、活塞 4、活塞杆 16、导向套 8、液压锁 15 等组成。

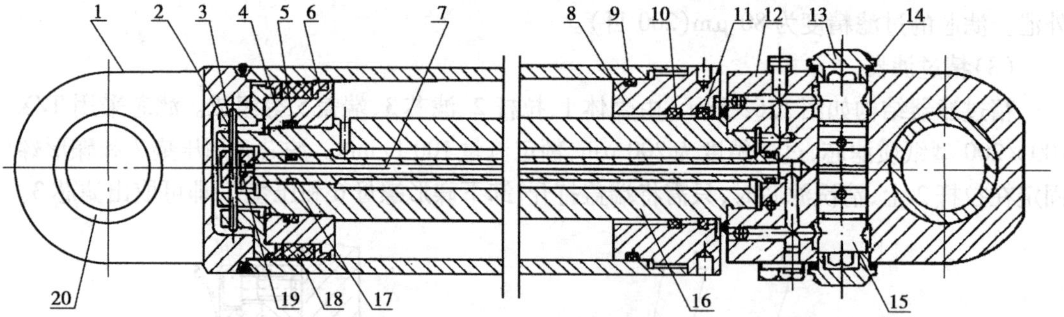

图 1.64　调高液压缸

1—缸体;2—螺母;3—销子;4—活塞;5、9、17—O 形密封圈;6—挡圈;7—油管;

8—导向套;10—蕾形密封圈;11—J 形防尘密封圈;12—锁体;13—端盖;

14—垫圈;15—液压锁;16—活塞杆;18—鼓形密封圈;19—阻尼螺钉;20—铜套

活塞杆为焊接组件,其一端装有活塞 4,鼓形密封圈 18 和两只导向环 6 装于活塞上,并用压紧螺母 2 将其压紧,用销子 3 防松。活塞杆的另一端焊有锁体 12,液压锁 15 装于其内。活塞杆的中心孔内装有钢管 7 作为导油管,两端分别与活塞杆及锁体相焊接。为使摇臂下降时速度不致太快,在活塞杆端部装有阻尼螺钉 19。工作油液经活塞杆的中心孔或导油管进入活塞右侧或左侧腔室。活塞杆表面镀有硬铬,以防腐蚀。

导向套 8 与缸体 1 采用螺纹连接,用 O 形密封圈 9 进行密封。导向套与活塞杆的接合面间采用蕾形密封圈 10 进行密封,并用 J 形防尘圈 11 进行防尘。

液压锁的结构如图1.65所示。其组成是两个对称布置的锥阀3,一个两端带推杆的滑阀5和弹簧2。油缸的进出油口*A*、*B*位于锥阀和滑阀之间,压力油从滑阀*A*(或*B*)侧油口进入,同时推动滑阀下(或上)移,将下(或上)侧的锥阀顶开,使油路畅通。停止供油时两锥阀在弹簧2的作用下关闭,进出油口被封闭,摇臂稳定在某一位置。

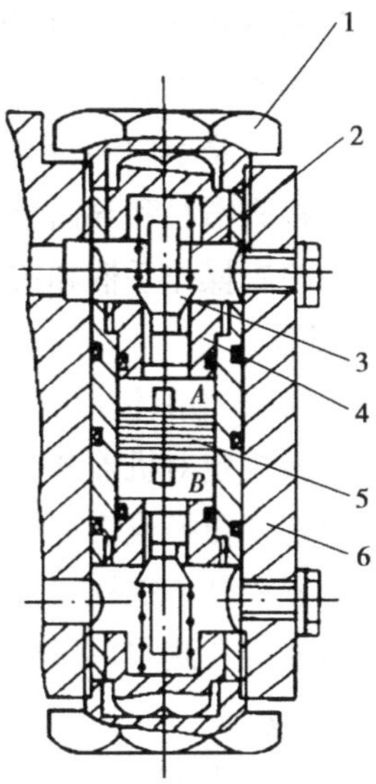

图1.65　液压锁
1—端盖;2—弹簧;3—锥阀;4—阀座;5—活塞;6—阀体

(11)调高换向阀

调高换向阀结构如图1.66所示。

它由阀体1、手把2、阀杆3、弹簧6等组成。阀体1上开有进油孔*P*,工作油孔*A*、*B*和回油孔*T*。进油孔*P*和工作油孔*A*、*B*从阀体端面引出,回油孔从阀体圆周引出。阀杆上有两个密封圆柱面和两个带切口的圆柱面。

当阀杆处于图示位置(中位)时,通过两个带切口的圆柱面使*P*、*A*、*B*、*T*均相通,形成*H*型中位机能,达到既可使调高泵卸荷,又可使液压锁控制油流出达到利于锁紧的目的,参看图1.18调高液压系统。

当手把向外拉时,阀杆通过挡圈7压缩弹簧而右移,使*P*-*B*连通,*A*-*T*连通,调高油缸推出使滚筒升高。松手后,在弹簧作用下,阀杆回到中位,调高油缸停止运动,液压锁锁紧,滚筒处于新的高度工作。

当手把向里推时,阀杆通过挡圈5压缩弹簧而左移,使*P*-*A*连通,*B*-*T*连通,调高油缸缩回使滚筒降低。松手后,在弹簧作用下,阀杆回到中位,调高油缸停止运动,液压锁锁紧,滚筒处于新的高度工作。

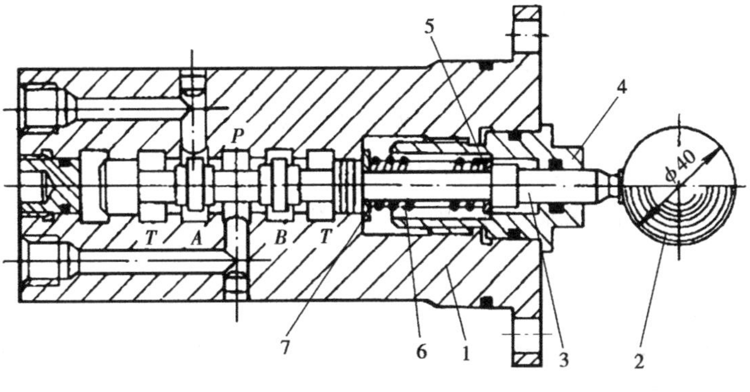

图1.66　调高换向阀
1—阀体;2—把手;3—阀杆;4—端盖;5、7—挡圈;6—弹簧

二、采煤机的日常维护与故障处理

(一)采煤机日常维护内容

1. 班检

(1)清扫、擦拭机体表面的积尘和油污,保持机体清洁卫生。

(2)检查各种仪表的指示是否准确,油位指示器的油位是否符合规定。

(3)检查各部螺栓紧固情况。

(4)检查各部有无漏油、漏水现象。

(5)检查牵引驱动轮与齿条、销轨的啮合情况。

(6)检查滑靴和导向装置与溜槽导向管的配合情况。

(7)检查操作手柄和按钮是否灵活可靠。

2. 日检

采煤机日检除包括班检的所有内容,还包括:

(1)按规定对机器各部进行注油润滑。

(2)定期更换或清洗各种过滤器及滤芯。

(3)紧固外部螺栓,特别是各大件对接螺栓。

(4)检查和测定采煤机工作时牵引部的油温。

3. 周检

采煤机的周检除包括日检的所有内容外,还包括:

(1)检查工作油液的质量是否符合要求,进行现场过滤或更换。

(2)检查牵引部的制动器,测出摩擦片的磨损量,超过 2 mm 时,成组进行更换。

4. 月检

采煤机月检除包括周检的所有内容外,还包括:

(1)从所有的油箱内排掉全部的润滑油和液压油,按照规定注入新的润滑油和液压油。

(2)按照规定向液压系统注油。

(3)检查液压和润滑系统,特别注意压力表上的压力读数。

(二)采煤机的故障处理

1. 故障分析处理的原则和依据

(1)要认真阅读采煤机有关技术资料,弄清采煤机机械、液压系统结构原理。

(2)了解采煤机故障表现形式,据此分析故障产生的原因,根据由表及里、由外到内的原则,制订出排除故障的顺序,并依次检查各机械零部件或液压元件。

(3)查出故障部位,排除故障时既要保证采煤机恢复主要性能,不影响采煤机正常工作,同时又要考虑经济性。

2. 判断故障的程序

采煤机是一个比较复杂的机器,出了故障不易查找,尤其是液压系统,因此,应遵循一定的程序进行分析判断,即听、摸、看、量和综合分析。

(1)听

听取当班司机介绍故障发生前后的运转情况,征询司机对故障的看法和处理意见。必要时开动机器听司机介绍可能故障的运转声响,但要特别注意,只有在确认机械和电气部分都没有明显的故障时,才可开动机器听其声音,判断故障点,绝不可盲目开机,否则会扩大事故范围。

(2)摸

用手触摸可能是故障点处的外壳,判断温度变化情况,紧固件松紧情况和震动情况。

(3)看

看各油标是否缺油,高、低压表指示情况,密封情况和过滤系统情况。

(4)量

测量电动机绝缘电阻,冷却水的压力和温度,液压系统高低压变化情况,液压油、齿轮油污染情况。

根据上述全过程的检查进行综合分析,确定故障的可能原因,提出可行的处理办法。

3. 处理故障的一般步骤

(1)了解故障的表现和发生经过

对于故障的情况可以直接观察了解,也可借助各种仪表,如电气仪表、温度计、压力表等进行检查测试,取得确定的数据资料,以便进行分析研究。

(2)分析故障原因

分析故障原因时,要在熟悉机器各部分的结构和动作原理的基础上,结合有关故障的具体情况来分析各种可能的原因,最后再做出判断。

(3)做好排除故障前的准备工作

排除故障前,要先把情况了解详细,原因分析清楚,并把需要的工具、备件和材料等准备齐全,同时还要把场地周围和其他准备工作做好。如需在工作面开盖检查或处理故障,还需注意以下事项:

①选在顶板条件较好,无片帮的地点停机,并要停止其他作业。

②在许可条件下适当减小风量,并在主机周围洒水,上方架起防止顶板落渣的帐篷。

③彻底清理上盖板及螺钉内的煤尘。

④拆装人员的服装、用具等必须清洁,并在拆装前和拆装后清点所用工具数目,防止遗落在机器内而造成事故。

⑤液压传动腔内不准使用棉纱、布等物品擦拭油池和液压元件,以防止造成液压传动故障,应用泡沫塑料擦拭。

(4)排除故障

打开盖板或拆卸机件时,要记住机件的相对位置和拆卸顺序。安装时要注意机件位置是否正确,连接是否牢固,连接件是否齐全等。作业中要注意保持四周环境清洁,严防杂物落入箱内。

(三)采煤机故障的一般原因

采煤机的故障可能发生在机械部分、液压部分和电气部分等。对于采煤机的各种故障,应根据实际情况具体分析处理。

采煤机故障的一般原因如下:

1. 机械部分

(1)连接件方面的故障。如因连接松动、连接件断裂或脱落,引起有关机件相对位置的变动造成的故障。

(2)传动件方面的故障。如因机件过度磨损,变形过大,甚至断裂损坏而引起的。

(3)润滑方面的故障。如因缺乏润滑油脂而造成的温度过高,甚至机件黏结、烧坏而引起的。

(4)其他方面的故障。如箱壳、座架变形和断裂等。

2. 液压部分

(1)机械方面的故障。如机件松动,磨损、黏接、变形或断裂等。

(2)液压方面的故障。如因密封失效而漏油、窜油或进气,以致压力上不去,流量不够或运转不稳定等。

(3)液压油方面的故障。如油量不足,温度过高,油中混入水、气,油液老化、污染或滤油器失效等。

3. 电气部分

(1)电气元件的机构失灵或机件损坏。

(2)电气元件的绝缘失效、短路、接地等。

(3)主回路、控制回路内的接点接触不良或断线、脱焊等。

(四)截割部故障分析及处理举例

下面以截割部摇臂不能正常升降的3种情况为例进行分析:

1. 摇臂不升不降

分析:摇臂升降油路不能供油。

可能的原因有:

(1)辅助泵损坏	处理措施:更换
(2)管路漏油	处理措施:拧紧或更换
(3)控制阀卡死在中位	处理措施:更换

2. 开机后摇臂立即升起或下降

分析:控制系统失灵。

可能的原因有:

(1)控制阀失灵	处理措施:更换
(2)控制阀卡研	处理措施:更换
(3)操作手柄松脱	处理措施:紧固或更换

3. 摇臂升起后自动下降

分析:油路密封不严。

可能的原因有:

(1)液力锁失灵	处理措施:更换
(2)油缸窜油	处理措施:更换
(3)管路漏油	处理措施:拧紧或更换
(4)安全阀整定值过低	处理措施:重调至要求值或更换

截割部调高液压系统常见故障原因及处理方法见表1.2:

表1.2 截割部调高液压系统常见故障原因及处理方法

序号	故障现象	故障原因	处理方法
1	不能供油	1. 油箱油位过低 2. 吸油管路堵塞 3. 油液黏度过高 4. 泵故障 5. 泵内有渣尘 6. 泵转向相反 7. 泵速过低 8. 通气嘴堵塞	1. 将油加至正常位置,并查出泄漏处 2. 排除堵塞物 3. 排空油箱,换用低黏度油 4. 修理或更换泵 5. 拆开泵,清洗排渣 6 改正接线并马上换向 7. 检查电动机的调定速度,检查电压是否过低 8. 清洗或更换通气嘴
2	无系统压力	1. 参见"不能供油"的故障原因 2. 安全阀工作失常 3. 阀泄漏 4. 安全阀弹簧损坏 5. 阀出口被杂质堵塞 6. 控制阀或油压缸内泄 7. 阀口保持开位	1. 参见"不能供油"的处理方法 2. 检查调整安全阀整定压力 3. 查找失效的密封元件,更换或修理 4. 更换弹簧 5. 拆开并清洗 6. 隔离失效元件,进行修理或更换 7. 检查阀芯是否卡住,清洗阀,如仍不奏效就更换
3	泵噪声过大	1. 吸入管路部分堵塞 2. 空气由管路泄漏处进入系统 3. 空气在管路中密封 4. 通气嘴堵塞 5. 元件磨损或损坏 6. 泵的密封垫损坏或盖板松动 7. 泵运行速度过高 8. 油液黏度过大	1. 排除堵塞物 2. 检查接头是否泄漏,如需要则紧固,并进一步检查管路。 3. 如需要给系统排气 4. 清洗或更换 5. 更换元件 6. 检查更换密封垫,适当紧固盖板 7. 检查电动机整定速度,检查电压是否过高 8. 换用适当黏度的油
4	泵外泄漏	转轴磨损	更换O形圈或及油封
5	磨损	1. 油液内有研磨物 2. 油液黏度低 3. 持续高压超过泵的最大值 4. 系统中有空气 5. 通气嘴堵塞	1. 清洗过滤器,更换油液 2. 检查油液黏度是否合适 3. 检查安全阀的整定压力,如有需要则重新调整 4. 检查泄漏部位,进行修理,排除系统内的空气 5. 排除堵塞物,清洗通气嘴

续表

序号	故障现象	故障原因	处理方法
6	泵内部元件损坏	1. 油压过高 2. 泵由于缺油滞塞 3. 外界异物进入泵内 4. 软管损坏	1. 检查调整安全阀的压力 2. 检查油位、过滤器及供油管路,修路或更换 3. 拆开泵,排除异物 4. 检查软管,如需要则更换
7	泵油压过高	1. 安全阀压力整定不当或阀故障 2. 内部泄漏 3. 油液黏度过高或过低 4. 在修理或维护后,泵安装过紧	1. 检查调整压力,更换失效的阀 2. 检查泵是否有泄漏,如果需要就更换 3. 检查油液黏度是否合适 4. 拆开并重新安装泵
8	摇臂蠕动	1. 液压缸或液压锁内部泄漏 2. 控制阀未返回中位	1. 更换活塞密封,如液压缸壁划伤则更换液压缸,更换阀 2. 检查修理
9	阀和液压缸过度磨损	1. 油液中有研磨性物质 2. 液压缸安装不当 3. 压力过高 4. 油液黏度过低或过高 5. 温度不适 6. 零件安装松动	1. 更换油液过滤元件 2. 检查并重新安装 3. 检查安全阀并重新调定 4. 更换黏度牌号适合的油液 5. 排出空气,检查泄漏 6. 紧固,如果损坏要修理或更换
10	液压软管或接头外部泄漏	软管长度不当,或液压元件安装不当	检查接头,合理布置
11	过滤器破裂	过滤器堵塞,过滤器接法有误	排放系统油液,重新更换过滤器

(五)液压牵引采煤机牵引部液压系统常见故障原因及处理方法

液压牵引采煤机牵引部常见故障原因及处理方法见表1.3。由于采煤机型号不同,因而故障原因及处理方法也不相同,此表仅供参考。

表1.3 采煤机牵引部液压系统常见故障原因及处理方法

序号	故障现象	故障原因	处理方法
1	牵引力太小(高压表压力过低)	1. 主油管路漏油 2. 油马达泄漏过大 3. 冷却不好 4. 高压安全阀、过压关闭阀整定值过低 5. 补油量不足 6. 液压油不合格(黏度低、黏度指数低、变质)	1. 拧紧、更换密封件或换油管 2. 更换 3. 调整供水压力,使流量达到适宜值 4. 重新整定,达到规定值 5. 清洗过滤器或更换泄漏量小的补油泵,背压阀调至规定值 6. 更换合乎规定的液压油

续表

序号	故障现象	故障原因	处理方法
2	牵引速度低（主油泵流量小）	1. 管路漏油 2. 油马达或主油泵漏油过大 3. 主油泵调节机构不正确 4. 过滤嘴堵塞	1. 拧紧或更换 2. 更换 3. 重调至要求 4. 清洗或更换
3	高压表频繁跳动	主泵柱塞卡死，复位弹簧断裂（主泵配油盘严重磨损）	更换
4	补油压力低（低压表压力过低），补油泵排量不足	1. 滤油器堵塞 2. 补油泵漏损严重 3. 油面低	1. 清洗或更换 2. 更换 3. 注油至要求
5	补油回路泄油	1. 背压阀整定值低 2. 管路漏油	1. 重调整至要求 2. 拧紧或更换
6	过载保护装置动作后，重新启动时，开关手把总跳回“关”位	主泵“零”位不正确	重新调整至要求
7	工作油温不正常，主牵引链轮一转就停	主回路漏油 1. 去高压安全阀管路漏油 2. 高压安全阀失灵或漏油	调整漏油处 1. 拧紧或更换 2. 重调或更换
8	牵引力超载时采煤机不停	保护油路失灵（包括各保护阀失灵，开关活塞受卡，过压关闭阀受卡，高压安全失灵，伺服阀、伺服电动机失灵）	重调或更换
9	牵引部发出异常声响	主油路系统不正常（缺油、漏油、混入空气、油马达损坏）	加油，排空气，拧紧，更换
10	牵引部油乳化	油中进水 1. 冷却器漏水 2. 牵引部上盖封闭不严渗水 3. 有湿空气吸入 4. 油质低劣	1. 更换 2. 换密封，涂密封胶 3. 定期从排油孔排出一定的含水油 4. 更换合格油品
11	牵引部机头齿轮箱发热	1. 油品不合格（混入水、杂质及低劣油质） 2. 油位过低 3. 轴承等摩擦副卡研或损坏 4. 齿轮传动件研损、擦伤	1. 更换合格油品 2. 注新油 3. 更换 4. 更换

三、任务考评

1. 截齿的更换

《煤矿矿井机电设备完好标准》规定：截齿缺少或截齿无合金的个数超过 2 个为不完好。一般规定截齿齿尖的硬质合金磨去 1.5～3 mm 或与煤的接触面积大于 1 mm^2 时，应及时更换截齿。其他失效形式出现时，也必须及时更换，以保证采煤机的工作效率。

(1)更换截齿前的准备工作

①准备好使用的工具(锤子、钳子、扳手等)和截齿。

②将滚筒调整到适当的位置。

③将截割部离合器打到“离开”位置。

④将采煤机的电气隔离开关打到“断开”位置。

⑤将采煤机附近清理干净。

⑥维护好维修工作空间。

(2)更换截齿

①用专用工具拆下残损的截齿。

②将齿座清理干净。

③装入完好的截齿。

④用专用工具将截齿固定好。

⑤清点工具，清理现场。

2. 评分标准

评分标准见表 1.4。

表 1.4　更换截齿评分标准

序号	考核内容	考核项目	配分	检测标准	得分
1	准备工作	1. 准备好使用的工具和截齿 2. 将滚筒调整至适当的位置 3. 将截割部离合器打至“离开”位置 4. 将采煤机的电气隔离开关打至“断开”位置 5. 清理采煤机附近的浮煤	20	每错一项扣 4 分	
2	更换截齿	1. 拆下残损的截齿 2. 清理齿座 3. 装入截齿 4. 固定截齿	60	按照指令操作。每缺一项扣 15 分	
3	安全文明操作	1. 遵守安全规程 2. 清理工具 3. 清理现场卫生	20	1. 不遵守安全规程扣 10 分 2. 不清理现场卫生扣 10 分	
总计					

3. 调高液压系统故障分析

表1.5　调高液压系统故障分析评分标准

序号	考核内容	考核项目	配分	检测标准	得分
1	不能供油	1. 故障原因 2. 处理方法	25	缺一小项扣1分	
2	无系统压力	1. 故障原因 2. 处理方法	30	缺一小项扣1分	
3	泵噪声大	1. 故障原因 2. 处理方法	30	缺一小项扣1分	
4	摇臂下沉	1. 故障原因 2. 处理方法	15	缺一小项扣1分	
总计					

四、思考与练习

1. 采煤机班检、日检的内容有哪些？
2. 采煤机分析判断故障的程序有哪些？
3. 采煤机机械、液压、电气方面的一般故障原因有哪些？
4. 处理采煤机故障的一般步骤有哪些？
5. 试分析采煤机一个方向能牵引而另一个方向不能牵引的故障原因。

学习情境 2
液压支护设备

任务1　液压支架的操作

知识目标:★液压支架的工作原理
★液压支架的结构
★液压系统
能力目标:★液压支架的操作

教学准备

准备好液压支架挂图,实训室准备好液压支架及液压系统。

任务实施

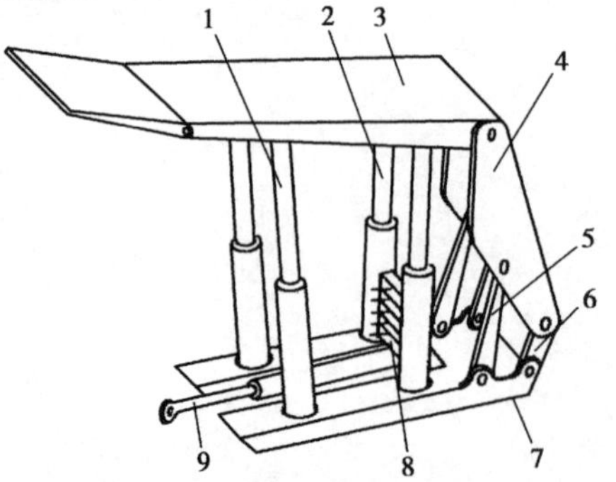

图2.1　液压支架的外形图
1—前立柱;2—后立柱;3—顶梁;4—掩护梁;5—前连杆;6—后连杆;7—底座;8—操纵阀;9—推移装置

1. 老师下达任务:分析目前常用支架的结构和工作原理,操作、使用液压支架,完成其相关动作。

2. 制订工作计划:学生以小组为单位,根据任务要求,提前查阅液压支架相关资料。

3. 任务实施:学生能够正确操作、使用液压支架,完成其相关动作。

相关知识

图2.1所示为液压支架的外形图。液

压支架通常是几个或多个组合使用,主要用于综采工作面支护顶板,提供安全的作业空间,如图2.2所示。通过正确操作液压支架操作阀手柄可以使液压支架完成升降、推移等动作。

图2.2 液压支架的使用

该任务要求学生能够正确操作、使用液压支架,完成其相关动作。

为了正确操作液压支架,首先必须了解液压支架的组成、结构以及各部分的位置(如手柄、顶梁、立柱等)。其次,液压支架动作时,为了防止支架误动作(如卡住、别弯等),还要学习液压支架的工作原理,了解各部分之间的内在联系。下面就从这两个方面入手介绍液压支架的相关知识。

一、液压支架的工作原理

液压支架的种类很多,按支架与围岩的相互作用关系分为支撑式、掩护式和支撑掩护式三类;按使用地点的不同可分为工作面支架和端头支架两类。本课题主要讲解支撑掩护式液压支架。

液压支架的工作原理如图2.3所示,其中1为液压支架的顶梁,2为液压支架的立柱,4为推移千斤顶,液压支架通过液压系统提供的压力液体,推动立柱和推移千斤顶伸缩,即可实现立柱升降和推溜移架两方面的基本动作。下面就从这两方面入手说明液压支架的工作原理。

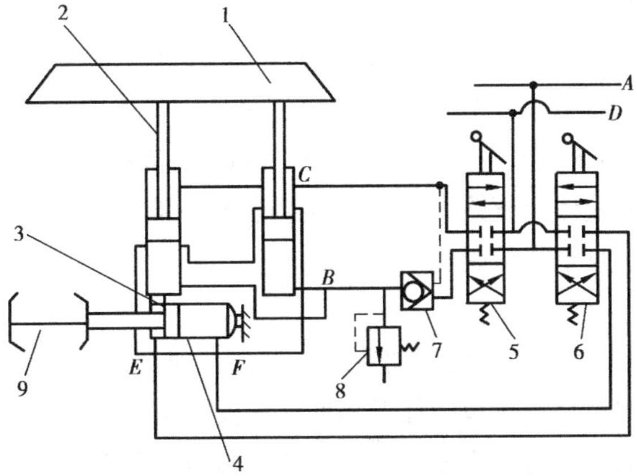

图2.3 液压支架的工作原理

1—顶梁;2—立柱;3—底座;4—推移千斤顶;5—立柱操纵阀;
6—推移千斤顶操纵阀;7—液控单向阀;8—安全阀;9—输送机;
A—主进液管;*B*、*C*、*E*、*F*—管路;*D*—主回液管

(一)升降

升降是指液压支架升起支撑顶板到下降脱离顶板的整个工作过程,这个工作过程包括初撑、承载和降架3个动作阶段。

1. 初撑阶段

将操纵阀5的手柄扳到升架位置(即操纵阀5上位接入系统),由乳化液泵站来的高压液体流经主进液管A和操纵阀5,打开液控单向阀7,经管路B进入立柱下腔;与此同时,立柱上腔的乳化液经管路C和操纵阀5流回到主回液管D。在压力液体的作用下,立柱活塞伸出使顶梁升起支撑顶板。顶梁接触顶板后,立柱下腔液体压力逐渐增高,压力达到泵站自动卸荷阀调定压力时,泵站自动卸载,停止供液,液控单向阀关闭,使立柱下腔的液体被封闭。这一过程称为液压支架的初撑阶段。

2. 承载阶段

支架达到初撑力后,顶板随着时间的推移会缓慢下沉,从而使顶板作用于支架的压力不断增大。随着压力的增大,封闭在立柱下腔的液体压力也相应增高,呈现增阻状态,这一过程一直持续到立柱下腔压力达到安全阀动作压力为止,称之为增阻阶段。在增阻阶段中,由于立柱下腔的液体受压,其体积减小使立柱刚体弹性膨胀,支架要下降一段距离,把这段下降的距离称为支架的弹性可缩值,下降的性质称为支架的弹性可缩性。安全阀动作后立柱下腔少量液体经安全阀溢出,压力随之减小。当压力低于安全阀关闭压力时,安全阀重新关闭,停止溢流,支架恢复正常工作状态。

在这一过程中,支架由于安全阀卸载而引起下降,这种性质称为支架的永久可缩性(简称可缩性),支架的可缩性保证了支架不会被顶板压坏。以后随着顶板下沉的持续作用,上面的过程重复出现。由此可见,安全阀从第一次动作后,立柱下腔的压力便只能围绕安全阀的动作压力而上下波动,支架对顶板的支撑力也只能在一个很小的范围内波动,可近似地认为它是一个常数,所以称这一过程为恒阻阶段,并把这时的最大支撑力叫做支架工作阻力。

3. 降架阶段

降架是指支架的顶梁脱离顶板而不再承受顶板压力的过程。当采煤机将工作面一部分的煤开采完毕需要移架时,就要将液压支架卸载,使其顶梁脱离顶板。把操纵阀5的手柄扳到降架位置(即操作阀5下位接入系统),由泵站输出的高压液经主进液管A、操作阀5、管路C进入立柱上腔;与此同时,高压液流分路进入液控单向阀7的液控腔,将单向阀推开,为立柱下腔回液构成通路,立柱下腔液体经管路B、被打开的液控单向阀7、操纵阀5向主回液管回液。此时,立柱下降,支架卸载,直至顶梁脱离顶板为止。

(二)推移

在工作面一部分的煤开采完毕要移动液压支架到其他部位时,就要推移液压支架向前或者向后移动,液压支架的推移动作包括移架和推移刮板输送机(推溜)两个阶段。根据支架的形式不同,移架和推溜的方式也各不相同,但其基本原理都相同,即支架的推移动作是通过推移千斤顶的推、拉来完成的。如图2.3所示为支架与刮板输送机互为支点的推移方式,其移架和推溜共用一个推移千斤顶4,该千斤顶的两端分别与支架底座和输送机连接。

1. 移架

支架降架后，将操纵阀6的手柄扳到移架位置（即操纵阀6下位接入系统），从泵站输出的高压液经主进液管 *A*、操纵阀6、管路 *E* 进入推移千斤顶4的左腔，其右腔的液体经管路 *F*、操纵阀6流入到主回液管 *D*。此时，千斤顶的活塞杆受输送机的制约不能运动，所以千斤顶的缸体便带动支架向前移动，实现移架。当支架移到预定位置后，将操纵阀手柄放回零位。

2. 推移输送机

移到新位置的支架重新支撑顶板后，将操纵阀6的手柄放到推溜位置（即将纵阀位接入系统），推移千斤顶4的右腔进液，左腔回液，因缸体与支架连接不能运动，所以活塞杆在液压力的作用下伸出，推移输送机向煤壁移动。当输送机移到预定位置后，将操纵阀手柄放回零位。

采煤机采煤过后，液压支架依照降架→移架→升架→推溜的次序动作，称为超前（立即）支护方式。该方式有利于对新裸露的顶板及时支护，但缺点是支架有较长的顶板梁（用以支撑较大面积的顶板），所以承受的顶板压力大。与此不同，液压支架依照推溜→降架→移架→升架动作，称为滞后支护方式。该方式不能及时支护新裸露的顶板，但顶梁长度可减小，承受顶板的压力因而减小。上述两种支护方式各有利弊，为了既能对新裸露的顶板及时支护，有能使顶板承受较小的压力、减小顶梁长度，可以用采煤机采煤过后，前伸梁立即伸出支护新裸露的顶板，然后依次推溜→降架→移架（同时缩回前伸梁）→升架的方式进行支护。

二、液压支架的结构组成

下面以ZZ4000/17/35型（原型号为ZY35型）支撑掩护式液压支架为例，说明液压支架的结构组成。ZZ4000/17/35型液压支架适用于采高为2 000～3 200 mm，煤层倾角小于25°，顶板中等、稳定且较平整的煤层。要求移架后的顶板能自动垮落，且地质构造简单，煤层赋存稳定，没有影响支架通过的断层。这种支架可在采用全部垮落法管理顶板的走向长壁式工作面内使用。

（一）液压支架型号的含义

Z——（液压）支架

Z——支撑掩护式（Y——掩护式）

4 000——支架工作阻力4 000 kN

17——支架最小高度1 700 mm

35——支架最大高度3 500 mm

（二）液压支架的结构

ZZ4000/17/35型支撑掩护式液压支架的结构如图2.4所示，由承载结构件、辅助装置、液压缸和液压控制元件等组成。

1. 承载结构件

承载结构件包括前梁2、主梁5、掩护梁6和底座7等。

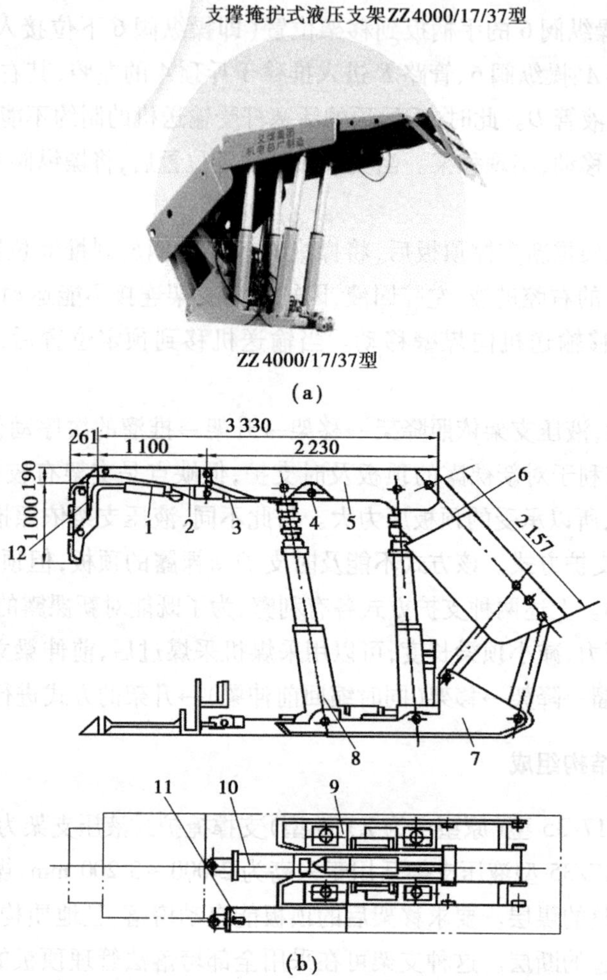

图 2.4　ZZ4000/17/35 型支撑掩护式液压支架结构

(a)实物图　(b)结构图

1—护帮千斤顶;2—前梁;3—前梁千斤顶;4—侧推千斤顶;5—主梁;6—掩护梁;

7—底座;8—立柱;9—推移千斤顶;10—框架;11—导向梁;12—护帮装置

(1)前梁

图 2.5　前梁结构

如图 2.5 所示,前梁为钢板焊接件,它与主梁铰接,并以主梁为支点,通过前梁千斤顶的伸缩,可向上摆动 15°,向下摆动 19°。从而不仅改善了接顶状况,也使靠近煤壁的顶板得到了有效地支撑和防止工作面前端顶板产生切顶及窜矸现象。在前梁下盖板前端设置有起吊环,用于工作面维修设备时起吊重物,其允许起吊重量为 50 kN。前梁梁端耳座连接有护帮装置,提高了生产的安全性。

(2)主梁

主梁如图 2.6 所示,为焊接箱形结构,其前端与前梁铰接,后端与掩护梁铰接,并起着切顶作用。在主梁腹板上焊有 4 个与立柱的球形柱头连接的柱窝,在主梁两侧装有侧护板。

(3)掩护梁

掩护梁如图2.7所示,为中空等截面焊接梁,其顶端通过销轴与主梁铰接,下端通过前、后连杆与底座铰接。掩护梁两侧有侧护板。

图2.6　主顶梁结构

(4)底座

底座为焊接箱形整体结构,如图2.8所示。在底座前端两侧焊有千斤顶转架,供安装防滑装置时使用。前端中间焊有供安装推移千斤顶的耳座。底座两侧箱体上布置有4个柱窝,供连接立柱用。中部有一个平台,可以安装阀组框架,供操作人员在平台上进行操作,后部焊有较高的连接支座,供安装前、后连杆用。底座前端下部为圆弧过渡,以利于减小移架阻力。

图2.7　掩护梁结构

图2.8　底座结构

2. 辅助装置

辅助装置包括推移装置、侧推装置、护帮装置、防滑装置和防倒装置等。

(1)推移装置

如图2.9所示为液压支架的推移装置。它采用长框架的形式,主要由连接头、圆杆、连接耳和销轴等构成。该框架各主要构件间用销轴和固定卡连接,从而使拆卸和安装都很方便。框架连接耳10通过40 mm的立装销轴与推移千斤顶的活塞杆连接,框架座1则通过40 mm的横装销轴与输送机连接。

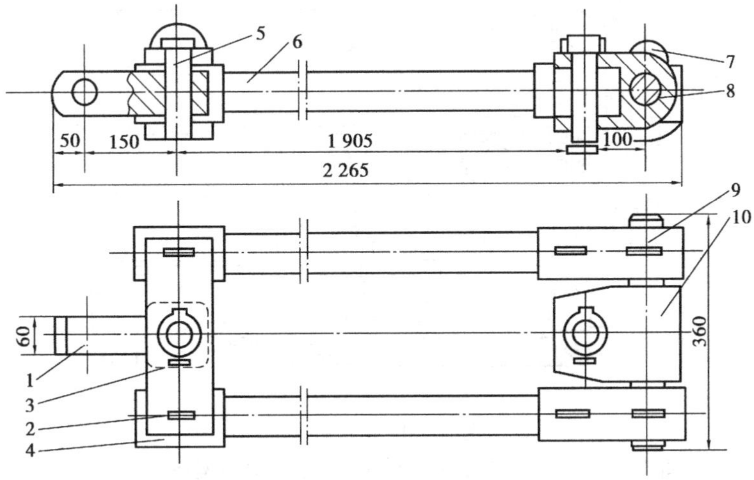

图2.9　推移装置

1—框架座;2—长固定卡;3—开口销;4—连接头;5—销轴;6—圆杆;7—短固定卡;8—连接轴;9—长连接块;10—连接耳

(2)侧推装置

该支架在顶梁和掩护梁的两侧均装有可伸缩的活动侧护板。使用时,根据需要用销轴将一侧活动侧护板固定,而使另一侧保持活动,以起到挡矸和调架的作用。支架在运输过程中,要将其两侧的活动侧护收回到最小尺寸并用销轴固定。该支架的侧推装置主要由顶梁、掩护梁两侧的侧护板,以及梁内的侧推千斤顶和推出弹簧组成。正常情况下,靠推出弹簧使活动侧护板向外伸出;需要调架时,可通过侧推千斤顶使侧护板伸缩。

(3)护帮装置

护帮装置由护帮千斤顶和护帮板等组成。护帮板用钢板压制而成,在其与煤壁的接触面加焊了加强板,以提高强度。护帮千斤顶与前梁焊接耳座连接,活塞杆与连接杆连接。护帮装置伸出时,经连杆使护帮板紧贴煤壁;缩回时,将护帮板摆回到前梁下面。护帮千斤顶采用双向液压锁锁紧,省去了机械锁。在护帮千斤顶活塞腔内设有安全阀,用于限压,以防护帮板超载损坏。

(4)防滑装置

防滑装置如图 2.10 所示。液压支架的防滑装置分为 3 种形式:

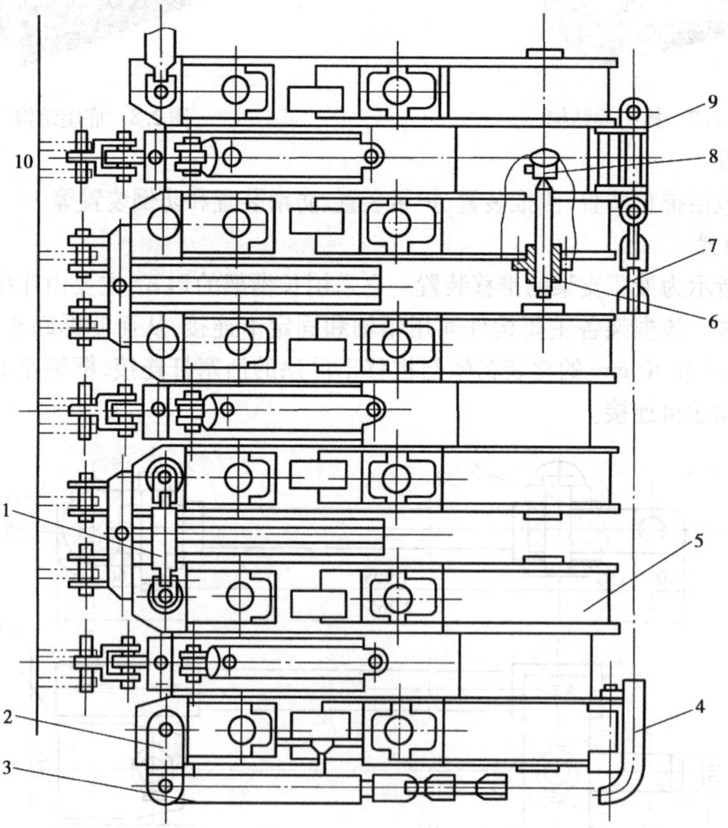

图 2.10　防滑装置

1—调架装置;2—拉紧架;3—防滑千斤顶;4—导向架;5—首架支架;
6—顶轴;7—圆环链;8—调架千斤顶;9—固定架;10—输送机

①以工作面下端的 3 架支架为一组,在首架支架和第三支架的后连杆之间设置一套防滑千斤顶装置。防滑千斤顶的活塞杆通过圆环链与第三支架的后连杆连接,缸体连接在首架支

架底座的下侧。首架支架底座后部安设了为圆环链导向的导向架。移动首架支架时,通过操纵阀使防滑千斤顶活塞杆伸出,松弛圆环链,以减小移架阻力。如发现底座下滑,则缩回千斤顶活塞杆,拉紧圆环链,迫使底座向上移动,达到防滑的目的。

②若工作面倾角较大,则每10架支架设置一套防滑千斤顶装置。该装置的千斤顶缸底用圆环链连接在支架底座前端,活塞杆通过圆环链与输送机连接。平时,千斤顶活塞杆收缩,圆环链稍微紧张;推溜时,由于推动力大于防滑千斤顶的拉力,因而使防滑千斤顶活塞杆伸出,此时靠防滑千斤顶液路中的大流量安全阀保持圆环链的拉力,使输送机不能下滑,直至推溜结束。

③以每2架支架为一组,在其底座前部设置一个调架千斤顶,千斤顶的缸体和活塞杆分别固定在相邻两架支架的连接座上,靠千斤顶的伸缩调整支架间距。此外,在每组支架之间设置有调架装置,调架装置由调架千斤顶8、顶轴6和顶盖安设在下侧支架相对应的部位。

(5)防倒装置

当工作面倾角大于15°时,为了防止支架倾倒,可采用2种防倒措施:

①靠支架的活动侧护板来防倒。活动侧护板一般安装在支架靠近下顺槽的一侧。

②用防滑倒千斤顶连接支架来防倒。在正常情况下,若首架支架不倒,则其余支架也不易倾倒。为了防止首架支架倾倒,可在其顶梁上部与第三支架底座间设置千斤顶。当移动首架时,因第三支架是固定的,所以收缩千斤顶便能拉住首架支架的顶梁,使其不至于倾倒。移架后,升柱能够支撑住顶板,使千斤顶卸载。

3. 液压缸

液压缸包括立柱、前梁千斤顶、推移千斤顶、侧推千斤顶、护帮千斤顶、防倒千斤顶等。

(1)立柱。立柱为双作用液压缸,结构如图2.11所示。立柱的缸口结构为螺纹连接式,活塞头结构为卡键式。为了适应顶板的变化和改善其受力状况,立柱两端均采用球面结构以便更好地承受顶板压力。

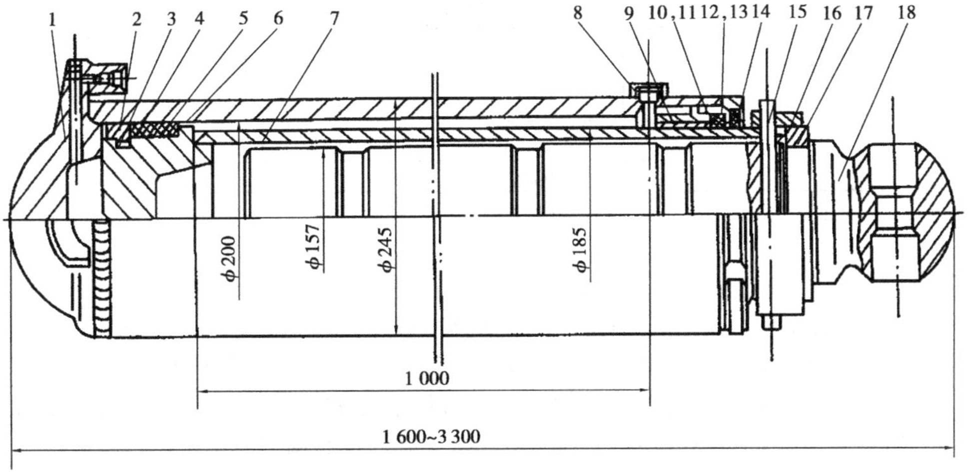

图2.11　立柱

1—缸体;2—卡塞;3—外卡键;4—支撑环;5—鼓形密封圈;6—活塞导向环;7—活塞壁;8—导向套;9—导向环;10—O形密封圈;11,13—挡圈;12—蕾形密封圈;14—防尘圈;15—销轴;16—挡套;17—卡环;18—加长杆

为了补充立柱液压行程的不足,立柱带有机械加长杆。在煤层变化不大的工作面内,可在立柱安装时一次将加长杆调节到所需要的高度,在回采工作中不再调节加长杆长度。加长杆调节长度为750 mm,分5挡,每挡150 mm。

拉出加长杆的方法:

①根据高的要求,首先确定加长杆所需伸出的长度,然后升柱,伸出长度稍大于所需长度。

②用单体液压支柱或木支柱撑住顶梁。

③按顺序拆卸开口销、销轴、挡套和卡环。

④使立柱下降,加长杆即可从活柱中伸出,直到所需要的高度为止。

⑤按顺序装上卡环、挡套、销轴和开口销。

缩短加长杆的方法:

①决定了缩短加长杆的长度后,使立柱下降,下降高度稍大于所需长度。

②用单体液压支柱或木支柱撑住顶梁。

③按顺序拆除开口销、销轴、挡套和卡环。

④伸出活柱,使加长杆缩进活柱套筒内,直至所需长度。

⑤按顺序装上卡环、挡套、销轴和开口销。

(2)前梁千斤顶。该千斤顶为活塞式双作用外供液式结构,如图2.12所示。千斤顶的导向套与缸体之间使用钢丝挡圈固定,活塞与活塞杆之间利用压紧帽通过螺纹连接。

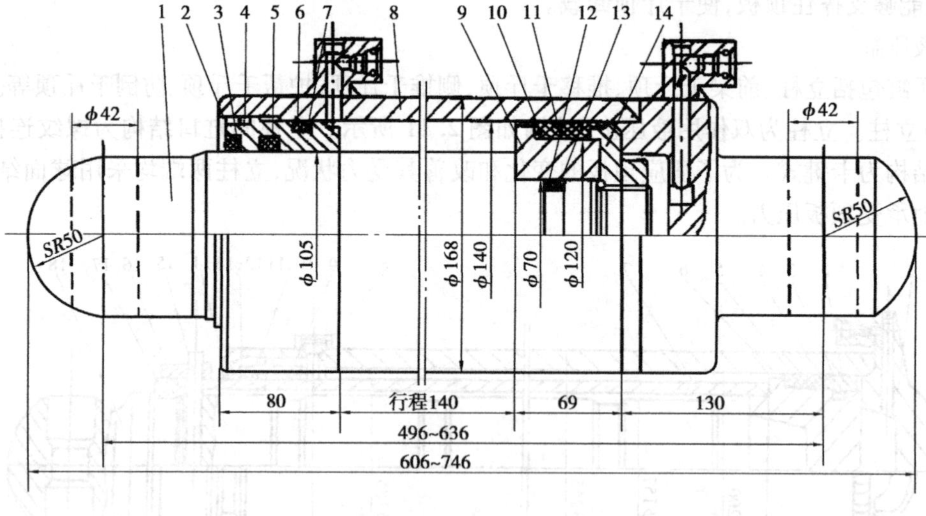

图2.12 前梁千斤顶

1—活塞环;2—防尘圈;3—导向套;4—钢丝挡圈;5—蕾形密封圈;6,12—挡圈
7,13—O形密封圈;8—缸体;9—活塞;10—活塞导向环;11—鼓形密封圈;14—压紧帽

(3)推移千斤顶。推移千斤顶在支架内采用倒置方式,即缸体与支架底座前连接,而活塞杆与长框架后端连接,长框架另一端与输送机连接。其内部结构与前梁千斤顶相同。

(4)侧推、护帮和防倒千斤顶。这3个千斤顶结构相同,均采用活塞式双作用外供液式结构。千斤顶导向套与缸体之间使用钢丝挡圈固定,活塞与活塞杆之间利用压紧帽通过螺纹连接。

4. 液压控制元件

液压控制元件包括：

(1)ZC(7)A 型组合操纵阀组，它安装在阀座架上。7 片阀中有一片备用，另外 6 片阀可实现 12 个动作。

(2)立柱上有 2 组控制阀，分别控制前排和后排立柱。每组控制阀由 2 个 KDF1B 型液控单向阀、2 个 YFB 型安全阀和 1 个 CYF1B 型测压阀通过 1 块双连板组合在一起。

(3)在推移千斤顶液路中设置了 1 个 DSF 型单向锁。

(4)前梁千斤顶控制阀由一个 KDG1B 型液控单向阀和 1 个 YF5A 型大流量安全阀通过连接板组合而成。

(5)在护帮千斤顶液路中设置了 SSF 型双向锁和 YF1B 型安全阀。

(6)1 组过滤器和 2 个 DJF13/25 型平面截止阀。

三、基本控制回路

(一)换向回路

如图 2.13 所示，用来实现支架各液压缸工作腔液流换向，完成液压缸伸出或缩回动作，其控制元件是操纵阀。

图 2.13 中操纵阀 1 由数个三位四通阀(4/3 阀)组成，每个三位四通实现一个液压缸换向，用一个手柄操作，这是简单换向回路。简单换向回路中各阀可以独立操作，不影响其他液压缸的工作；可以根据具体情况合理调配各液压缸的协同动作。不过，要求操作人员应具有较高的操作水平和熟练的操作技能，否则会发生误动作，造成支架损坏。

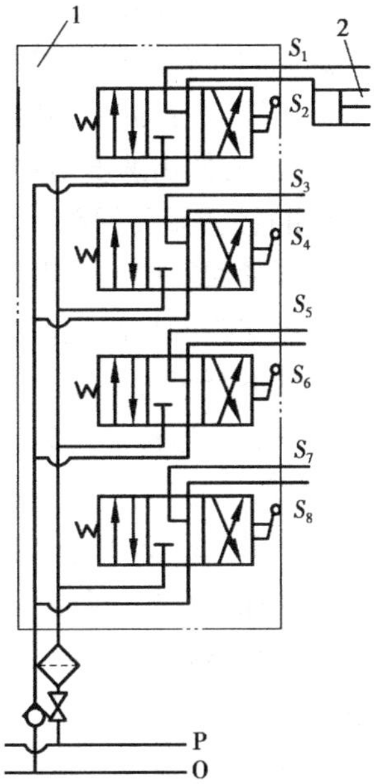

图 2.13　换向回路
1—操纵阀；2—液压缸

(二)阻尼回路

阻尼回路可以使液压缸的动作较为平稳，可以使浮动状态下的液压缸具有一定的抗冲击负荷能力。它是通过在液压缸的工作支路上设置节流阀或节流孔组成的，如图 2.14 所示。

若液压缸两侧都设置有节流阀，称为双向节流；只有一侧有节流阀，则称为单向节流。图 2.14 中液压缸前腔支路设置的节流阀 2 起双向节流作用，即无论进液还是回液均起节流作用，则称为双向节流阀，它可以使液压缸的伸出或缩回动作都比较平稳。图 2.14 中液压缸后腔支路设置的节流阀并联了一个单向阀，起单向节流作用，即进液时，液流主要通过单向阀，故不起节流作用，只有在回液时起节流作用，它使液压缸的缩回动作比较平稳，能承受一定的推进冲击。在液压支架中，阻尼回路多用于对调架千斤顶、侧推千斤顶或防倒千斤顶等进行控制。

(三)差动回路

差动回路如图 2.15 所示，它采用交替逆止阀作为控制元件。差动回路能减小液压缸的推力，提高推出速度。

操作阀 2 左位接通时，在压力液进入液压缸左腔的同时，使交替逆止阀 1 的 *B* 口断开，把

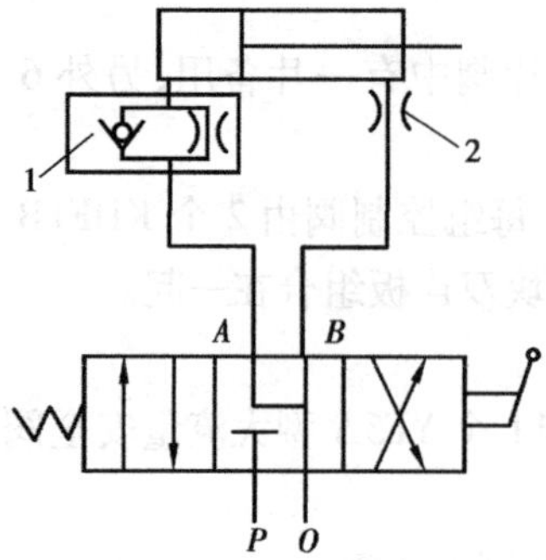

图 2.14　阻尼回路

1—单项节流阀;2—双向节流阀

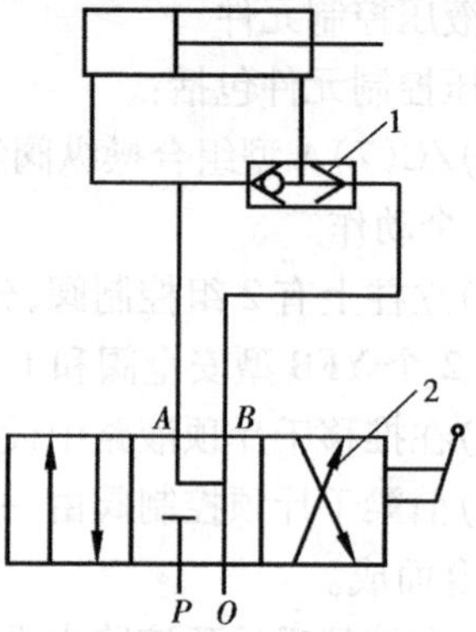

图 2.15　差动回路

1—交替逆止阀;2—操纵阀

A 口与前腔接通,这样,液压缸前腔向回液管回液的通道被堵死,前、后腔同时供液体压力。若忽略交替逆止阀的流动阻力,液压缸两腔液体压力相等,由于左腔活塞作用面积大于右腔环形作用面积,故活塞及活塞杆还是向右运动(伸出),但其推力减小。在液压缸活塞杆伸出过程中,由于右腔的回液通道被堵死,右腔的液体只能返回到左腔,增加了左腔的供液量(供液量大于泵站所提供的流量),使得推出速度加快。

操纵阀 2 右位接通时,压力液从交替逆止阀 1 的 *B* 口进入液压缸右腔,液压缸左腔回液压力小于供液压力,因而不能打开交替逆止阀 *A* 口,只能通过操纵阀 2 回液,所以,采用差动回路时,液压缸的伸出速度增加,但是缩回速度不变。

(四)锁紧限压回路

在锁紧回路中增设限压支路就构成了锁紧限压回路,如图 2.16 所示。

限压支路的控制元件是安全阀,它能限制被锁紧工作腔的最大工作压力,保证液压缸及其承载构件不至于过负荷。安全阀 4 既是一个限压元件,也是一个解锁元件,如图 2.16(c) 所示。安全阀的溢流液可以直接排入大气中,如图 2.16(e)所示;也可以直接导入回液管,如图 2.16(b)所示;还可以通过操作阀回液,如图 2.16(a)、(c)、(d)所示。

图 2.16(a)、2.16(b)和 2.16(c)所示为单向锁紧限压回路,锁紧和限压液压缸的一个腔,可以用来控制立柱、前梁千斤顶、支撑千斤顶等,为支架提高恒定的工作阻力。图 2.16(d)所示为双向锁紧限压回路,锁紧和限压为液压缸的两个腔,可作为平衡千斤顶的控制回路,保证直接撑顶掩护式支架的结构刚度。图 2.16(e)所示为双向锁紧单侧限压回路。锁紧为液压缸两腔,但限压为液压缸的一个腔,可用于控制护帮千斤顶伸出后被锁紧,千斤顶承受煤壁载荷,有安全阀防止煤壁载荷过大而损坏护帮装置,护帮千斤顶缩回后被锁紧,防止护帮板落下伤人等。因为缩回后负荷较小,故不设置安全阀限压。

四、液压支架的液压系统

ZZ4000/17/35 型液压支架的液压系统如图 2.17 所示。

(一)液压系统的特点

①控制方式为手动全流量本架控制。

②液压主管路采用二级整段供液,供液压力管路 *P* 的压力为 14.7 MPa。

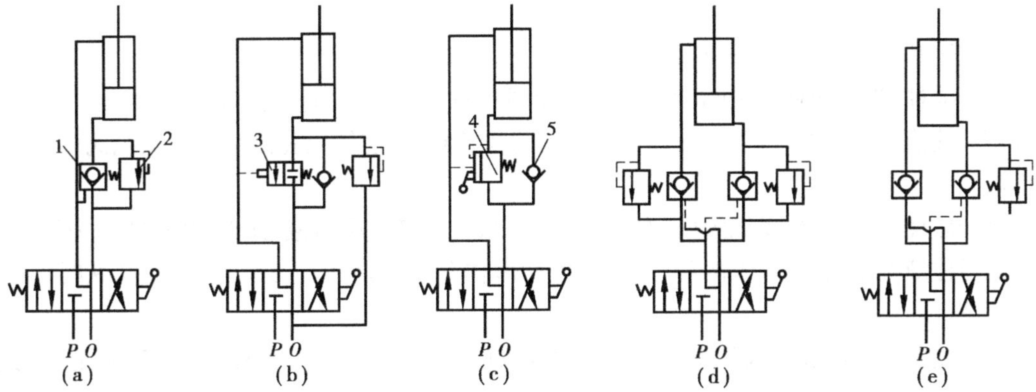

图2.16　锁紧限压回路

(a)、(b)、(c)单向锁紧限压回路　(d)双向锁紧限压回路　(e)双向锁紧单侧限压回路

1—液控单向阀;2—安全阀;3—卸载阀;4—可解锁的安全阀;5—单向阀

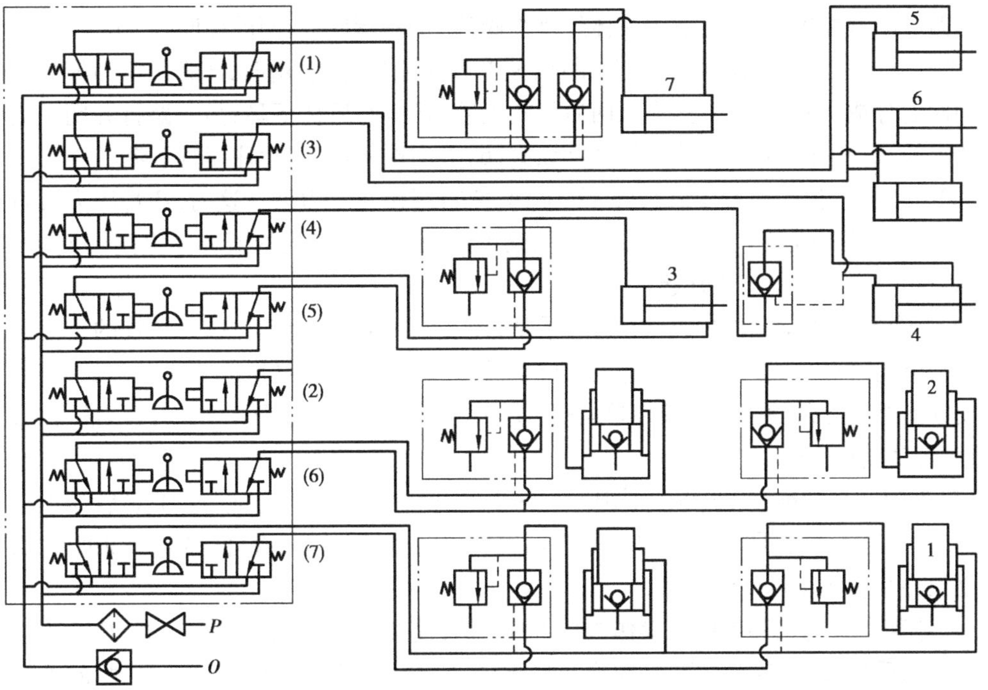

图2.17　ZZ4000/17/35型液压支架的液压系统

1—前柱;2—后柱;3—前梁千斤顶;4—推移千斤顶;5—掩护梁侧推千斤顶;

6—顶梁侧推千斤顶;7—护帮千斤顶;(1)—护帮千斤顶操纵阀;(2)、(3)—侧推千斤顶操纵阀;

(4)—推移千斤顶操纵阀;(5)—前梁操纵阀;(6)—后柱操纵阀;(7)—前柱操纵阀

③各立柱和千斤顶由片式组合操纵阀构成简单换向回路。

④立柱和前梁千斤顶采用单向锁紧限压回路,推移千斤顶采用单向锁紧回路、护帮千斤顶采用双向锁紧单侧限压回路。

(二)支架的动作及其液压回路

该系统可完成立柱升降、前梁升降、推溜、移架、侧护板推出和收回、护帮板推出和收回等动作。

(1)升柱。升柱可分为升前柱和升后柱。

①升前柱:扳动前柱操纵阀(7)的手柄,使图示右阀接通压力液,这时,*P* 管的压力液直接打开两前柱液控单向阀,进入两前柱下腔使两前柱升起,两前柱上腔的液体经操纵阀(7)的左阀回液。

②升后柱:扳动后柱操纵阀(6)的手柄,使图示右阀接通压力液,这时,*P* 管的压力液直接打开两后柱液控单向阀,进入两后柱下腔,使两后柱升起,两后柱上腔的液压经操纵阀(6)的左阀回液。

若要使前、后柱同时升起,则可同时扳动操纵阀(6)、(7)手柄,使两右阀同时接通压力液即可。

(2)降柱。降柱也可以分降前柱和降后柱。

①降前柱:扳动前柱操作阀(7)的手柄,使左阀接通压力液。这时,*P* 管的压力液到前柱液控单向阀后分成两路:一路直接进入两前柱的上腔,强迫两前柱下降;另一路打开闭锁前柱下腔液路上的液控单向阀,使下腔液体经操纵阀(7)的右阀回液,两前柱同时下降。

②降后柱:扳动后柱操纵阀(6)的手柄,使左阀接通压力液,这时,*P* 管的压力液到后柱液控单向阀后分成两路:一路直接进入两后柱的上腔,强迫两后柱下降;另一路打开闭锁后柱下腔液路上的液控单向阀,使下腔液体经操纵阀(6)的右阀回液,两后柱同时下降。

(3)升前梁。扳动前梁操纵阀(5)的手柄,使右阀接通压力液。这时,*P* 管压力液直接打开液控单向阀进入前梁千斤顶的活塞腔,前梁千斤顶活塞杆腔内的液体操纵阀(5)的左阀回液,前梁千斤顶伸出,使前梁升起。

(4)降前梁。扳动前梁操纵阀(5)的手柄,使左阀接通压力液。这时,*P* 管的压力液到前梁的液控单向阀后分成两路:一路进入前梁千斤顶的活塞杆腔,强迫前梁千斤顶回缩;另一路打开闭锁前梁千斤顶活塞腔的液控单向阀,使活塞腔液体经操纵阀(5)的右阀回液,前梁千斤顶回缩,带动前梁下降。

(5)推溜。扳动推移千斤顶操纵阀(4)的手柄,使右阀接通压力液,这时,*P* 管压力液打开液控单向阀,进入推移千斤顶的活塞杆腔,活塞腔的液体经左阀回液,推移千斤顶缩回,通过推移长框架将刮板输送机推向煤壁。

(6)移架。扳动推移千斤顶操作阀(4)的手柄,使左阀接通压力液。这时,*P* 管压力液到液控单向阀后分成两路:一路进入推移千斤顶活塞腔;另一路打开闭锁活塞杆腔的液压单向阀,使活塞杆腔的液体经操纵阀(4)的右阀回液,推移千斤顶伸出,通过长框架拉动支架前移。

(7)推出侧护板。扳动侧推千斤顶操纵阀(3)的手柄,使右阀接通压力液。这时,*P* 管压力液同时进入 3 个侧推千斤顶的活塞腔,侧推千斤顶活塞杆腔的液体经左阀回液,侧推千斤顶伸出,将侧护板推出。

(8)收回侧护板。扳动侧推千斤顶操纵阀(2)的手柄,使左阀接通压力液。这时,*P* 管压力液进入侧推千斤顶活塞杆腔,侧推千斤顶活塞腔的液体经右阀回液。3 个侧推千斤顶同时缩回,收回侧护板。

(9)推出护帮板。扳动护帮千斤顶操纵阀(1)的手柄,使右阀接通压力液。这时,*P* 管压力液到达护帮千斤顶液控双向锁,打开锁紧护帮千斤顶活塞腔的单向阀,进入护帮千斤顶活塞腔。同时,压力液还将闭锁护帮千斤顶活塞杆腔的液控单向阀打开,接通活塞杆腔回液路,使活塞杆腔的液体经左阀回液,护帮千斤顶伸出,将护帮板推出贴紧煤壁。

(10)收回护帮板。扳动护帮千斤顶操纵阀(1)的手柄,使左阀接通压力液。这时,P 管压力液到达护帮千斤顶液控双向锁,打开锁紧护帮千斤顶活塞杆腔的单向阀,进入护帮千斤顶活塞杆腔。同时,压力液还将锁紧护帮千斤顶活塞腔的液控单向阀打开,接通活塞腔回液路,使活塞腔的液体经右阀回液,护帮千斤顶缩回,收回护帮板。

五、液压支架的使用

(一)液压支架的使用与操作

1. 操作前的准备工作

操作液压支架前,应先检查管路系统和支架各部件的动作是否受阻,要清除顶、底板的障碍物。注意管件不要被矸石挤压或卡住,管接头要用 U 形卡插牢,不能漏液。

开始操作支架时,应提醒周围工作人员注意或让其离开,以免发生事故。并要观察顶板的情况,发现问题时处理。

2. 液压支架的操作

(1)移架

在顶板条件较好的情况下,移架工作要在滞后采煤机后滚筒约 1.5 m 处进行,一般不超过 3 ~5 m。当顶板较破碎时,移架工作则应在采煤机前滚筒切割下顶煤后立即进行,以便及时支护新暴露的顶板,减少空顶时间,防止发生底板抽条和局部冒顶。此时,应特别注意与采煤机司机密切联系和配合,以免发生挤人、顶板落石和割前梁等事故。

移架的方式与步骤主要根据支架的结构来确定,其次是工作面的顶板状况和生产条件。

在一般条件下,液压支架的移架过程分为降架、移架和升架 3 个动作。为尽量缩短移架时间,降架时,当支架顶梁稍离开顶板就应立即将操作阀扳到移架位置使支架前移。当支架移到新的支撑位置时,应憋压一下,以保证支架有足够的移动步距,并调整支架位置,使之与刮扳机输送机垂直且架体平稳。然后,操作操纵阀,使支架升起支撑顶板。升架时,注意顶梁与顶板的接触状况,防止点接触破坏顶板。当顶板凹凸不平时应先塞顶后再升架,以免顶梁接顶状况不好,导致局部受力过大而损坏。支架升起支撑顶板后,也应憋压一下,以保证支架对顶板的支撑力达到初撑力。

在移架过程中,如发现顶板卡住顶梁,不要强行移架,可再将操纵阀手柄扳到降架位置,使顶梁下降之后再移架。

根据顶板的情况和支架所用的操纵阀结构可采用下列方法移架:

①如果顶板的情况平整、较坚硬,支架操纵阀有降移位置时,可操作支架降移,等降移动作完成后,再进行升柱动作。这种方法降移时间短,顶板下沉量少,有利于顶板管理,但要求拉力较大。如果有带压移架系统,操作就更方便,控顶也更有效。

②如果顶板坚硬、完整,顶板起伏不平时,可选择先降支架后再移架的方式。这种方法可使顶梁脱离顶板一定距离,拉架省力,但移架时间长。

总之,在移架过程中,要适应顶板条件,满足生产需要,加快移设速度,以保证安全。

(2)推溜

当液压支架移过 8 ~9 架后,距采煤机后滚筒 10 ~15 m 时,即可进行推溜。推溜可根据工作面的具体情况,采用逐架推溜、间隔推溜或几架支架同时推溜等方式。为使工作面刮扳输送机保持平直状态,推溜时,应注意随时调整推溜步距,使刮扳输送机除推溜段有弯曲外,其他部分保持平直,以利于采煤机正常工作,减小刮扳输送机的运行阻力,避免卡链、掉链事故发生。在推溜过程中如果出现卡溜现象应及时停止推溜,待检查出故障原因、处理完毕后再进行推溜,不许强行推溜。以免损坏溜槽或推移装置,影响工作面正常生产。

(二)液压支架使用中的注意事项

①操作过程中,当支架的前柱和后柱单独升降时,前、后柱之间的高度差应小于 400 mm。还应注意观察支架各部分的动作状况是否良好,如管路有无出现死弯、别卡、挤压、损坏等;相邻支架间有无卡架及相碰现象;各部分连接销轴有无拉弯、脱出现象;推移千斤顶是否与底座别卡;液压系统有无漏液以及支架动作是否平稳。发现问题应及时处理,避免发生事故。

操作完毕后,必须将操作手柄放到停止位置,以免发生误动作。

②在支架前移时,应清除掉入架内、架前的浮煤和碎矸,以免影响移架。如果遇到底板出现台阶时,应积极采取措施,使台阶的坡度减缓。若底板松软,支架底座下陷到刮板输送溜槽水平以下时。要使用木楔垫好底座,或用抬架机构调整底座。

③移动过程中,为避免空顶面积过大造成顶板冒落,相邻两支架不能同时进行移架。但是,当支架移动速度跟不上采煤机前进的速度时,可根据顶板与生产情况,在保证设备正常运转的条件下进行隔架或分段移架,但分段不宜过多,因为同时动作的支架数过多会造成泵站压力过低而影响支架的动作质量。

④移架时要注意清理顶梁上面的浮煤和碎石,以保证支架顶梁与顶板有良好的接触,保持支架实际的支撑能力,有利于管理顶板。若发现支架有受力不好或歪斜现象,应及时处理。

⑤移架完毕后支架重新支撑顶板时,要注意梁端距离是否符合要求。如果梁端距离太小,采煤机滚筒割煤时很容易切割前梁;如果梁端距离太大,则不能有效地控制顶板,尤其是当顶板比较破碎时,管理顶板更为困难,这就对梁端距离提出了更高的要求。

⑥操作液压支架手柄时,不要突然打开或关闭,以防液压冲击损坏系统元件或降低系统中液压元件的使用寿命。要定期检查各安全阀的动作压力是否准确,以保证支架有足够的支撑能力。

⑦当支架正常支撑顶板时,若顶板出现冒落空洞,使支架失去支护能力,则需及时用坑木或板皮塞顶,使支架顶梁能较好的支撑顶板。

⑧应根据不同的水质选用适宜牌号的乳化油,并按 5% 的乳化油与 95% 的中性清水配制乳化液后使用。同时,应对所用水质进行必要的测定。不符合要求的要进行处理,合格后才能使用,以防止乳化油腐蚀液压元件。在使用过程中,应经常对乳化油进行化验,检查其浓度及性能,把浓度控制在 3% ~5% 之内。支架液压系统中,必须设有乳化液过滤装置。过滤器应根据工作面支架使用的条件,定期进行更换和清洗,以免污物堆积造成阻塞。尤其是在液压支架新下井运行初期,更应该定期注意更换与清洗过滤器。

⑨如果工作面出现较硬夹石层、断层或有火成岩侵入而必须放炮时,应对放炮区域内受影响的液压支架的各种液压缸、阀件、软管及照明设备等零件采取可靠的保护措施,并认真检查

后才可以放炮，放炮后应认真检查崩架情况。

⑩在工作面内运送材料、器材、工具，应防止擦伤、碰坏立柱和千斤顶的活塞杆表面以及各阀件与管理路接头等零件。

六、任务考评

评分标准见表2.1。

表2.1　评分标准

项目	考核内容	考核项目	配分	检测标准	得分
1	操作前的准备工作	检查设备连接、动作部位是否牢靠，有无阻碍	10	检查不全扣5分，不检查不得分	
2	液压支架的操作	1. 升柱，降柱 2. 升前梁，降前梁 3. 推溜 4. 移架 5. 推出、收回侧护板 6. 推出、收回护帮板	60	每项10分，操作不正确扣5~10分	
3	操作注意事项	1. 注意前后柱高度差 2. 清楚浮煤、碎矸 3. 不能同时移动相邻两架 4. 正确选择乳化油牌号	20	每项5分，操作不正确扣2~5分	
4	安全文明操作	1. 遵守安全规程 2. 清理现场	10	1. 不遵守安全规程扣5分 2. 不清理现场扣5分	
总计					

七、思考与练习

1. 液压支架在工作过程中有哪几个基本动作？
2. ZZ4000/17/35型支撑掩护式液压支架由哪些主要部件组成？
3. 液压支架的辅助装置有哪些？
4. 简述立柱的结构和特点。
5. 操作液压支架前应该注意哪些问题？
6. 推移工作面刮板输送机时应注意什么问题？

任务2 液压支架的维护及故障处理

知识目标:★液压支架故障诊断的方法

能力目标:★液压支架的维护

★常见的故障分析与处理

教学准备

1. 准备好液压支架挂图和相关录像资料;
2. 准备好液压支架及乳化液泵站。

任务实施

1. 老师下达任务:处理液压支架的常见故障;
2. 制订工作计划:学生以小组为单位,根据任务要求,提前查阅液压支架相关资料;
3. 任务实施:由学生描述液压支架的常见故障分析及处理方法,处理液压支架的常见故障。

相关知识

液压支架在工作过程中经常会出现各种故障,故障主要出现在以下7个部位:管路系统、立柱或前梁千斤顶、推移千斤顶、操纵阀、安全阀和侧压阀。例如,管路无液压;供液时活塞杆伸出,停止供液后自动收缩;缸体变形;操作阀转动费力;安全阀达不到额定压力就开启等。发生故障后液压支架不能正常工作,会影响生产的正常进行,所以要及时处理故障。另外,对液压支架的日常维护也是非常重要的,日常维护能延长液压支架的使用寿命,尽量减少故障的发生率,提高生产率。

为了能准确、及时地判断、分析产生故障的原因,使故障得到准确、有效地处理,恢复液压支架的正常工作状态,必须学习判断故障的过程和方法,液压支架完好的标准等相关知识。

一、判断故障的过程和方法

(一)检验

(1)检查外部零件及零件外露部分有无损伤(如缸体表面有无损伤),零件的连接部位是否松动脱落(如钢铰接销子、高压软管接头等),密封部位是否严密(如密封磨损产生泄露),运动部位是否有卡阻现象。

(2)在工作状态下观察设备上已有各种仪表的测量值,必要且可能时对某些状态要进行专门测量。

(3)凭感官收集设备在运行中的表现,主要方法有问、闻、听、望、触。

①问诊是指询问操作及日常维护人员,了解设备的工作状况。

②闻诊是指由嗅觉感受到某些气体的刺激来发现设备的某些缺陷(如油液泄漏等)。

③听诊是指由设备所产生的声音特点来发现、判断设备缺陷。

④望诊是指通过观察或观测来发现设备和零件的缺陷(如运动部件发生卡阻现等)。

⑤触诊是指用手触及设备机体和零件时的感官发现设备的缺陷(如机体温度等)。

(二)缺陷的定性与定位

根据上一步测出的或感觉的信息来判断哪一个零件(或部件)有什么缺陷,确定其性质。如果有多种缺陷或多种零件都产生同一种现象时,就要掌握这些零件故障的全部现象,通过分析进行筛选,最后做出判断。

(三)定限

把发现的缺陷与相应的已知界限进行比较,判定或大体判断它是否已经超过了或是接近于允许的界限,是否需要修理或更换。比较时,可通过实验或实践后确定的数值,或者由检修人员的经验来进行判断。

二、故障处理前的准备工作

①资料的准备(设备的结构图、设备的完好标准、设备的检修质量标准)等。

②工具材料的准备。

③场地的清理。

三、液压支架的完好标准

①支架的零部件齐全、完好,连接可靠、合理。

②立柱和各种千斤顶的活柱、活塞杆与缸体动作可靠,无损坏、无严重变形,密封良好。

③承载结构件上无影响正常使用的严重变形,焊缝上无影响支架安全使用的裂纹。

④各种阀密封良好,不窜液、漏液、动作灵活可靠。安全阀的压力符合规定数值,过滤器完好无缺,操作时无异常声音。

⑤软管与接头完整无缺、无漏液、排列整齐、连接正确、不受挤压、U 形卡完整无缺。

⑥泵站供液压力符合要求,所用液体符合标准。

四、液压支架的维护及故障处理

(一)液压支架的维护

综采设备投资较大,特别是液压支架的投资约占整个综采工作面全套设备投资的一半。为了延长其服役期限,保证支架可靠地工作,减少非生产停歇时间,充分发挥设备效能,除了严格遵守操作规程外,还必须对液压支架进行维护保养,使支架处于完好状态。

1. 支架的维护和检查项目

(1)日常维护和检查

①检查各连接销、轴是否齐全,有无损坏,发现严重变形或丢失时应及时更换或补上。

②检查液压系统有无漏液、窜液现象,有漏液的地方要及时处理或更换部件。

③检查各运动是否灵活,有无卡阻现象,如果有应及时处理。

④检查所有软管有无卡扭、堵塞、压埋和损坏现象,如果有应及时处理或更换。

⑤检查立柱和前梁有无自动下降现象,如果有应及时寻找原因并及时处理。

⑥检查立柱和千斤顶,如有弯曲变形和严重擦伤要及时处理,影响伸缩时要更换。

⑦当支柱动作缓慢时,应检查其原因,及时更换堵塞的过滤器。

(2)周检

除了日检的全部内容外,还包括以下内容:

①检查顶梁与前梁的连接销、轴及耳座,如发现有裂纹或损坏,应及时更换。

②检查顶梁与掩护梁、掩护梁与前后连杆的焊缝是否有裂缝,如有应及时更换。

③检查各受力构件是否有严重的塑性变形及局部损坏,如发现要及时更换。

④检查阀件的连接螺钉,如松动应及时拧紧。

⑤检查立柱复位橡胶盒的紧固螺钉,如松动应及时拧紧。

(3)工作面搬家时的检修

包括周检的全部内容,如有损坏应全部更换新件。

①检查承载结构件有无变形、开焊现象,如有应进行整修。

②每半年对安全阀轮流进行一次性能试验。

③断路阀、过滤器等液压元件应全部升井清洗。

2. 维护与管理的注意事项

①支架在工作面进行部件拆装和更换时,应注意防止顶板冒落,做好人身和设备的防护工作。更换立柱、前梁千斤顶、各控制阀等元件时,要先临时用支柱撑住顶梁后再进行。

②支架上的液压部件及管路系统在有压力的情况下,不能进行修理和更换,必须在卸载后进行。拆卸时严防污物进入。

③在支架拆装和检修过程中,必须使用合适的工具,禁止硬打乱敲,尤其要防止损伤各种液压缸的活塞杆表面、导向套、各种阀件的阀芯与密封面、管接头以及连接螺纹等,避免增加检修的困难。对拆装的液压元件的部件要标上记号并量取必要尺寸,要将他们分别放在适当的地方。拆下的小零件、开口销及密封圈等,应装入工作袋内,防止丢失。

④支架上使用的各种液压缸和阀件等液压元件,一般不允许在井下拆装,如发现问题不能继续使用时,必须整件更换,送井上进行修理。各种液压缸在井下拆装、搬运过程中,应先收缩至最低位置,并将缸体内的液体放出,避免在搬运过程中损伤活塞杆表面。

⑤备换的各种软管、立柱、千斤顶与各种阀件的进、出液口,必须用适当的堵头保护,并在存放与搬运过程中注意防止堵头脱落。

⑥支架检修后应做检修记录,包括检修内容、材料和备件消耗、所需工时、质量检查情况和参加检修人员等,以便积累资料,分析情况,为日后的维修创造条件。检修后的支架还应进行整架动作性能试验。

⑦支架的存放与配件储备要有计划,设专人负责保管,加强防尘、防锈和防冻措施。支架和配件应尽量放在库房内,对存放在地面露天的待检修或暂不下井的支架,应集中在固定的地方进行保管,并将支架各液压缸、阀件内的乳化液全部放掉。冬季要注入防冻液,以防液压元件冻裂。

⑧软管在储存过程中应盘卷或平直捆扎,盘卷弯曲半径不能小于 200 ~ 500 mm。橡胶件和尼龙件应避免阳光直射、雨雪侵淋,存放温度应保持在 -15 ~ 40 ℃,存放相对湿度应在 50% ~ 80%,严禁与酸碱油类及有机溶剂等物质接触,并应远离发热装置 1 m 以外。

(二)液压支架的故障处理

液压支架常见故障及处理方法见表2.2。

表2.2　液压支架常见故障及处理方法

序号	部位	故障现象	原　因	处理方法
1	管路系统	管路无液压，操作无动作	1. 断路阀未打开 2. 软管被堵死，油路不通，或软管被砸、挤而破裂泄液 3. 软管接头脱落或扣压不紧，接头密封件损坏、漏液 4. 进液侧过滤器被堵死，液路不通 5. 操作阀内密封损坏，高低压腔窜液	1. 打开断路阀 2. 排除堵塞物，更换损坏部分 3. 更换、检修软管 4. 更换、清洗过滤器 5. 更换、检修密封环
2	立柱或前梁千斤顶	供液后不升也不降，或升得太慢	1. 供液软管或回液软管打折、堵死 2. 管路中压力过低或泵的流量较小 3. 缸体变形，上下腔窜液 4. 活塞密封圈损坏卡死 5. 活塞杆弯曲变形卡死 6. 操作阀漏液 7. 液控单向阀顶杆密封损坏、漏液	1. 排除障碍，畅通液路 2. 检修乳化液泵站 3. 检修缸体 4. 更换密封圈 5. 更换活塞杆 6. 检修操作阀 7. 更换、检修液控单向阀
		供液时活塞杆伸出，停止供液后自动收缩	1. 操纵阀关闭太早，初撑力不够渗漏 2. 活塞密封件损坏，高低压腔窜液，失去密封性能 3. 缸体焊缝漏液或有划伤 4. 液控单向阀密封不严，阀座上有脏物卡住，或密封件损坏 5. 安全阀未调整好或密封件损坏 6. 高压软管或高压软管接头密封件损坏、漏液	1. 按操作规程操作 2. 更换密封件 3. 检修焊缝或缸体 4. 使操纵阀动作进行冲洗，无效时更换或检修 5. 重新调整或更换、检修 6. 检修该部位管道
		不能卸载，或卸载后不收缩及收缩困难	1. 活塞杆或缸体弯曲变形，别死或划伤 2. 柱内密封圈反转损坏，或相对滑动表面间被咬死 3. 液控单向阀顶杆折断，弯曲变形，或顶端缩粗，使阀门打不开 4. 液控单向阀顶杆密封件损坏、泄漏 5. 高压液路工作压力低或阻力大，使单向阀打不开 6. 回液管路截止阀未打开，或回液管路堵塞 7. 回液管路截止阀、顶杆或密封圈损坏 8. 立柱内导向套损坏	1. 更换、检修活塞缸 2. 更换、检修密封圈 3. 更换、检修液控单向阀 4. 更换、检修密封圈 5. 更换泵站及液压系统，找出原因，进行处理 6. 打开截止阀或找出堵塞处，进行处理 7. 更换损坏件 8. 更换导向套
		缸体变形	1. 安全阀堵塞，缸体超载 2. 外界碰撞	1. 检修安全阀 2. 更换缸体
		导向套漏液	密封件损坏	更换、检修密封件

续表

序号	部位	故障现象	原　因	处理方法
3	推移千斤顶	供液后无动作或动作缓慢	1. 活塞的密封件损坏,高低压腔窜液 2. 活塞杆弯曲变形,或焊接处断裂 3. 控制阀、交替逆止阀或液控单向阀的密封不严,有脏物卡住或密封件损坏 4. 进液管路压力低阻力大,或回液管路堵塞 5. 采煤机割出套界,或支架、输送机靠近煤壁侧有矸石、大快煤卡住 6. 千斤顶与支架连接销或连接块折断	1. 在一时难以确定故障原因是阀还是缸的情况下,可将有疑问的千斤顶上的软管拆下,与邻架正常的阀组对调操作,进行判断 2. 确定故障原因后拆换损坏件并进行检查。如果是由外部原因引起的故障,应该及时清除杂物
		导向套漏液	密封圈损坏	更换、检修密封圈
		领架移架时,本架不供液的推移千斤顶随之动作	推溜回路的液控单向阀密封不严	更换密封零件或密封圈
4	操纵阀	手柄处于停止位置时,阀内能听到“咝咝”声响,或油缸有缓慢动作	1. 阀座等零件密封不好 2. 密封圈弹簧损坏 3. 阀内有脏物卡住	1. 更换密封零件 2. 更换密封圈或弹簧 3. 先使操纵阀动作冲洗几次,如果无效须更换操纵阀
		手柄打到任一动作位置时,阀内声音较大,但油缸动作缓慢或无动作	操纵阀高低压腔窜液	更换密封零件或密封圈
		操纵阀手柄周围漏液	阀盖螺钉松动,密封不严或密封件损坏	更换、检修螺钉和密封件
		手柄转动费力	1. 滚珠轴承损坏 2. 转子尾部变形 3. 卸压孔堵塞	1. 更换、检修滚珠轴承 2. 更换、检修转子 3. 清洗或疏通卸压孔
5	安全阀	达不到额定压力就开启	1. 未按额定压力调整,或弹簧疲劳 2. 阀垫损坏或有脏物卡住,密封不严	1. 重新调定,更换弹簧 2. 去除脏物,重新密封
		降到关闭压力时,不能及时关闭,立柱继续降缩	1. 内部有别卡现象或密封面黏住 2. 弹簧损坏	1. 检修 2. 更换弹簧

续表

序号	部位	故障现象	原　因	处理方法
6	液控单向阀	阀门打不开使立柱不能收缩	阀内顶杆折断、弯曲变形或顶端伸缩	更换、检修单向阀
		渗液引起立柱自动下降	弹簧疲劳或顶杆歪斜，损坏了阀座	更换、检修弹簧
7	侧压阀	侧压阀滚花螺母打开时，漏液严重，立柱随之下缩	1. 钢球和阀座密封件间的密封面损坏 2. 阀座上有脏物附着	1. 更换、检修密封件 2. 检修

（三）注意事项

（1）液压支架在进行液压系统故障处理时，应先关闭进、回液断路阀，以切断本架液压系统与主回路间的连接通路。然后将系统的高压液体释放，再进行故障处理。故障处理完毕后，再将断路阀打开，恢复供液。如果主管路发生故障需要处理时，必须与泵站司机取得联系，待停泵后才能进行。

（2）当工作面刮板输送机出现故障，需要用液压支架前梁起吊中部溜槽时，必须将该架及左、右邻架影响的几个支架推移千斤顶与刮板输送机连接销脱开，以免在起吊过程中将千斤顶的活塞杆别弯（垛式支架还应将支架与邻架的防倒千斤顶脱开），起吊完毕后将推移装置和防倒装置连接好。

（3）液压支架在使用过程中要随时注意采高的变化，防止支架被“压死”即活柱完全被压缩而没有行程，支架无法降柱，也不能前移。使用中要及早采取措施，进行强制放顶或加强无立柱空间的维护。一旦出现“压死”支架情况，有以下 3 种处理方法：

①增加液压支架立柱下腔的液体压力，利用一根辅助千斤顶（推移千斤顶或备用的立柱）与被“压死”的立柱液路串联，作为被“压死”的立柱的增压缸，增大进入该立柱下腔的液压力，进行反复增压，使顶板有松动。当活柱有小量进程时，就可拉架前移。

②放炮挑顶。在用上述方法仍不能移架时，在顶板条件允许的情况下，可采用放小炮挑顶的办法来处理。放炮要分次进行，每次装药量不宜过大。只要能使顶板松动，立柱稍微升起，就可拉架前移。

③放炮拉底。在顶板条件不好不适于挑顶时，可采用拉底的办法。它是在底座前的底版处打浅炮眼，装小药量进行放炮，将崩碎的底版岩石掏出，使底座下降。当立柱有小量进程时，就可拉架前移。在顶板破碎的情况下，用拉底的办法处理压架时，为了防止局部冒顶，可在支架两侧架设临时抬棚。

五、任务考评

评分标准见表 2.3。

表 2.3　评分标准

序号	考核内容	考核项目	配分	检测标准	得分
1	准备工作	1. 资料准备 2. 工具材料准备 3. 场地清理准备	10	缺一扣 1 ~ 5 分	
2	液压支架的维护保养	1. 日检 2. 周检 3. 工作面搬家时的检修	20	缺一扣 2 ~ 5 分	
3	故障分析及处理	1. 管路系统故障 2. 立柱或前梁千斤顶故障 3. 推移千斤顶故障 4. 操纵阀故障 5. 安全阀故障 6. 液控单向阀故障 7. 侧压阀故障	60	能够正确分析故障原因，及时处理故障，根据操作情况酌情扣分	
4	安全文明操作	1. 遵守安全规程 2. 清理现场卫生	10	1. 不遵守安全规程扣 5 分 2. 不清理现场卫生扣 5 分	
总　计					

六、思考和练习

1. 液压支架的故障分析过程分哪几步？
2. 液压支架的维护包括哪几个方面的内容？
3. 液压支架供液后不升不降或升得太慢是什么原因引起的？
4. 液压支架操作手柄转动费力是什么原因引起的？

任务 3　单体液压支柱及铰接顶梁的操作与维护

知识目标：★内注式单体液压支柱的结构及工作原理
★外注式单体液压支柱的结构及工作原理
★铰接顶梁的结构及使用方法

能力目标：★单体液压支柱的操作
★铰接顶梁的正确使用
★单体液压支柱的故障处理

教学准备

准备好目前常用单体液压支柱的结构图和工作原理图、单体液压支柱。

任务实施

1. 老师下达任务：操作目前常用单体液压支柱、单体液压支柱故障处理；
2. 制订工作计划：学生以小组为单位，根据任务要求，提前查阅单体液压支柱相关资料；
3. 任务实施：由学生描述单体液压支柱的操作及故障处理。

相关知识

单体液压支柱简称为单体支柱，其外形如图2.18所示，它与金属铰接顶梁配套供高档普采工作面支护使用，也可供综采工作面端头支护和两顺槽超前支护或临时支护使用。它们在工作面内的布置方式如图2.19所示。正确地使用单体液压支柱及铰接顶梁，能够确保综采工作面端头和顺槽的安全，是综采工作面支护的重要内容。

该任务要求学生掌握单体液压支柱的升柱和回柱操作，并能够正确维护和保养单体液压支柱及铰接顶梁。

根据供油方式的不同，单体液压支柱分为内注式和外注式两种类型。内注式通过操作手摇泵摇柄升柱，操作卸载手柄回柱；外注式通过操作注液枪升柱，操作卸载手柄回柱。下面就来学习单柱的结构及原理，熟悉相应的手柄，掌握单体液压支柱及铰接顶梁的使用与维修方法。

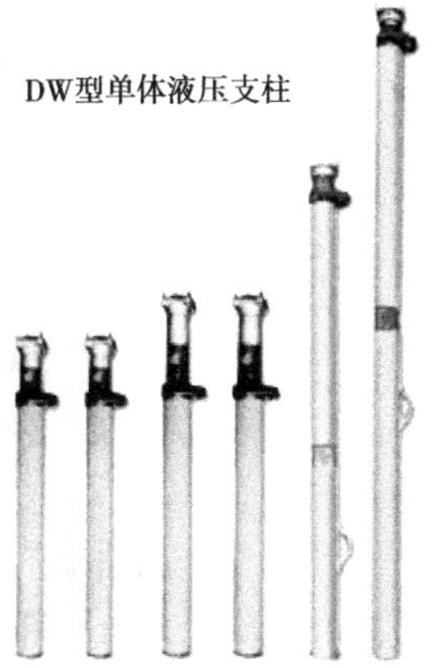

图2.18　单体液压支柱外形

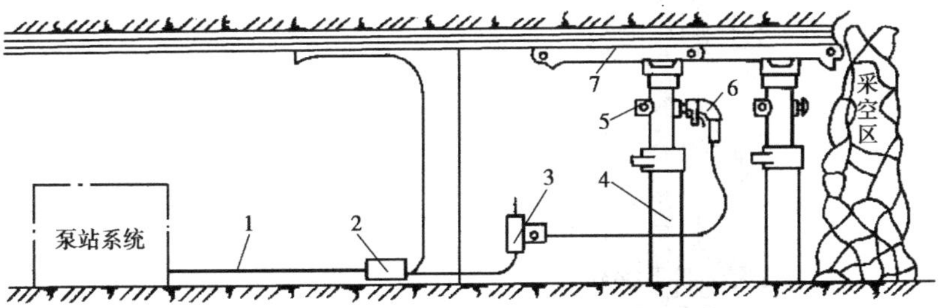

图2.19　单体液压支柱在工作面的布置图

1—主管路；2—总截止阀；3—分管截止阀；4—单体液压支柱；5—三用阀；6—注液枪；7—铰接顶梁

一、单体液压支柱的结构和工作原理

内注式和外注式单体液压支柱的结构和工作原理、性能和回柱方式基本相同，只是在结构、工作介质上有所不同。下面分别以NDZ型内注式单体液压支柱和DZ型外注式单体液压支柱为例，介绍它们的结构和工作原理。

（一）NDZ型内注式单体液压支柱

国内外生产的各种类型的内注式单体液压支柱在结构上大同小异，差别不大。其型号的含义如下（以NDZ18—25—80型为例）：

N D Z 18—25—80

- 80：油缸直径为80 mm
- 25：支柱额定工作阻力为25 kN
- 18：支柱最大高度为1 800 mm
- Z：支柱
- D：单体液压
- N：内注式

1. 内注式单柱的结构

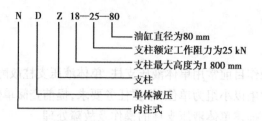

NDZ 内注式单体液压支柱的结构如图 2. 20 所示，它由顶盖、通气阀、安全阀、卸载阀、卸载装置、活塞、活柱体、油缸、手把体和手摇泵等部分组成。

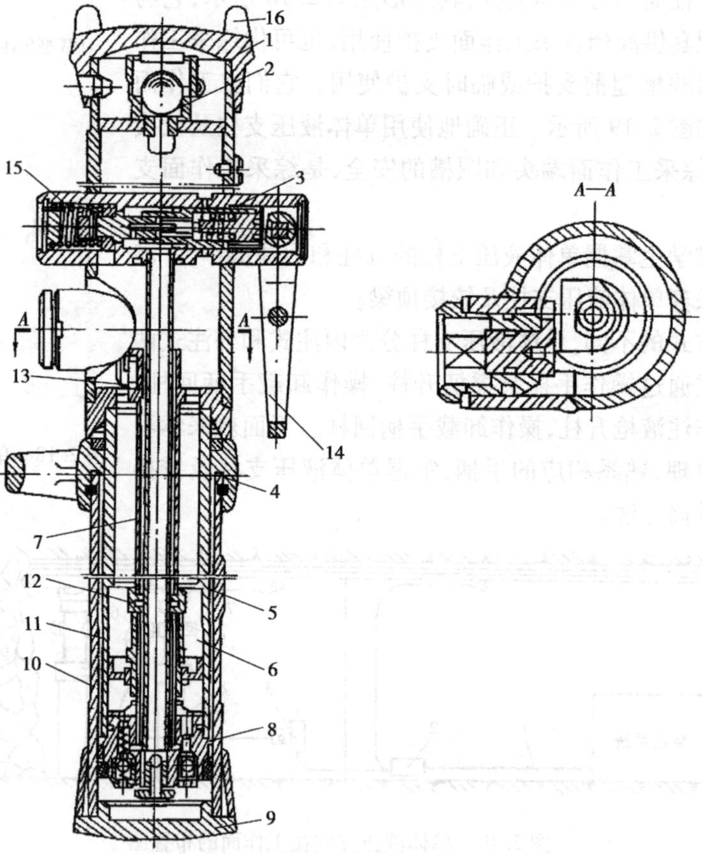

图 2. 20　NDZ 型内注式单体液压支柱

1—顶盖；2—通气阀；3—安全阀；4—手把体；5—活柱体；6—油缸；7—柱塞；8—活塞；
9—缸底；10—泵活塞；11—泵套；12—连接头；13—滑块；14—曲柄；15—卸载阀弹簧；16—柱爪

(1)顶盖。如图 2. 20 所示，单柱的顶盖 1 是将顶板岩石的压力传递到支柱上的部件，其作用为直接承受载荷。利用顶盖上面的柱爪 16，可防止顶板来压时支柱滑倒失效。支柱采用锻造而成的球面形顶盖，这种顶盖比摩擦式金属支柱常用的铰接活顶盖的零件少，强度高，又不易损坏和丢失，还可减少加工和维修的工作量，从而改善了支柱的受力状况。

(2)通气阀。内注式单体液压支柱是靠大气压力进行工作的。如图 2. 20 所示，活柱体 5 升高时，活柱内腔储存的液压油不断压入油缸 6，需要不断地补充大气；活柱体下降时，油缸内液压油排出活柱内腔，活柱内腔的多余气体通过通气阀排出；支柱放倒时，通气阀自动关闭，防止内腔液压油漏出。NDZ 型内注式单柱采用重力式通气阀，其结构如图 2. 21 所示，它由端盖 1、阀体 2、钢球 3、密封圈 4、顶杆 5、阀芯 6 和弹簧 7 等部件组成。

端盖 1 在装有两道过滤网，以防止吸气时煤尘等脏物进入活柱体内腔。支柱在直立时，钢球 3 的重力作用在顶杆 5 和阀芯 6 上，并压缩弹簧 7，使阀芯 6 离开通气阀体 2，从而使通气阀被打开。这时，空气经过滤网进入阀体，从阀芯和阀体之间再进入活柱体上腔，补充随着支柱升高而使活柱体上腔存油减少所需的空气。回柱时，油缸中的液压油流回活柱体上腔，活柱内腔的空气便从通气阀排出。当支柱倾斜或放倒时，钢球 3 靠重力自动离开顶杆 5，阀芯 6 在弹簧 7 的作用下关闭通气阀，以防止活柱内腔的液压油漏掉。

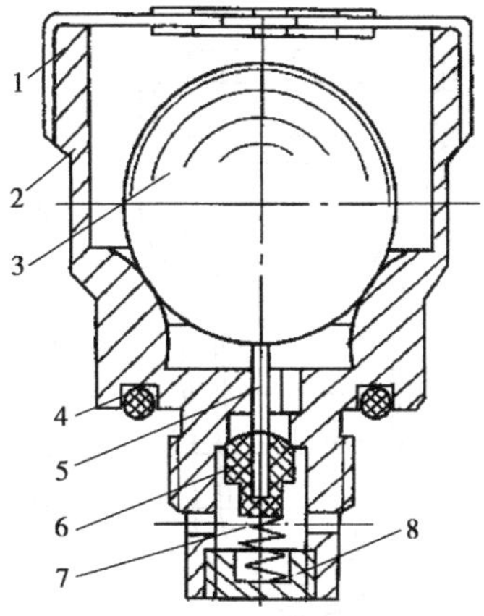

图 2. 21　通气阀

1—端盖；2—阀体；3—钢球；4—密封圈；5—顶杆；6—阀芯；7—弹簧；8—螺母

(3)安全阀。安全阀的结构如图 2. 22 所示。内注式单体液压支柱随着顶板的下沉，活柱体要下降一点，但要求支柱对顶板的作用力基本上保持不变，即支柱的工作特性是恒阻力，这一特性是由安全阀来调定保证的。同时安全阀起着保护作用，使支柱不至于因超载过大而受到损坏。

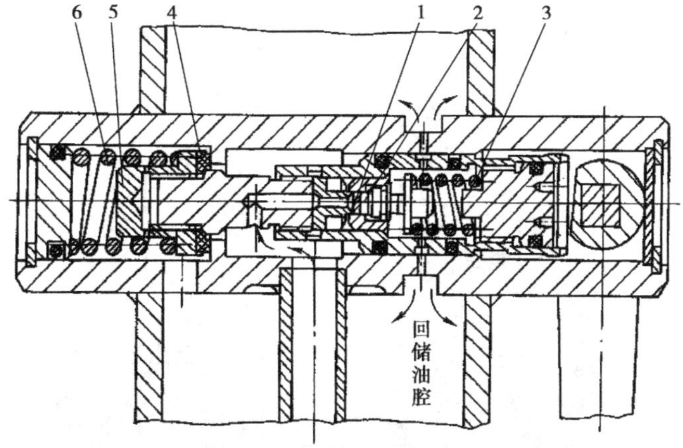

图 2. 22　安全阀和卸载阀

1—安全阀；2—导向套；3，6—弹簧；4—卸载阀垫；5—卸载阀座

(4)卸载阀。卸载阀的结构如图 2. 22 所示。内注式单体液压支柱在正常工作时要求卸载阀关闭。当回柱时，将卸载阀打开，使油缸中的高压液体经该阀流回到活柱体内腔，从而达到降柱的目的。卸载阀由卸载阀垫 4、卸载阀座 5 和弹簧 6 等部件组成。为了减少卸载时高压液体的运动阻力，提高密封性能，要将卸载阀垫密封面制成圆弧形。

(5)卸载装置。不论是内注式还是外注式单体液压支柱，都是采用人工方式回柱。NDZ 型支柱的卸载装置如图 2. 23 所示，它由卸载环 1、凸轮 2、方销 3 和开口销 4 等部件组成。当扳动卸载环 1 时，通过方销 3 与凸轮 2 将卸载环的旋转运动转变为卸载阀垫的直线运动，从而

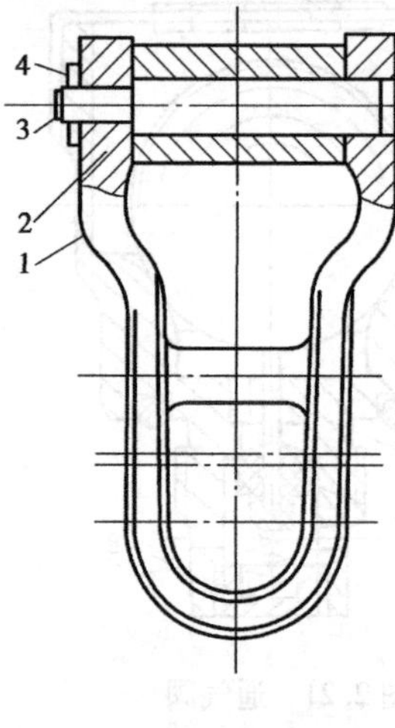

图 2.23　卸载装置

1—卸载环；2—凸轮；

3—方销；4—开口销

达到回柱的目的。

(6)活塞。活塞可以为密封油缸和活柱体的运动导向，其上装有手摇泵和有关阀组。活塞的结构如图 2.24 所示，它由进油阀 15、单向阀 16、活塞头 3、泵套 1、过滤网 2 和导向环 7 等部件组成。支柱工作时，活塞靠导向 7 导向，可减少摩擦和损坏，保护油缸镀层。耐油橡胶制成的 Y 形密封圈起密封油缸的作用。随着油缸中液体压力的增大，作用在 Y 形密封圈唇边上的力也逐渐加大，从而保证了唇边紧贴在油缸上，提高了支柱的密封性能。为了避免 Y 形密封圈在高压液体的作用下挤入活塞与油缸之间的空隙中，在 Y 形密封圈上装设了皮碗防挤圈 8，从而提高了 Y 形密封圈的强度，使其不易损坏。

(7)活柱体。活柱体的结构如图 2.25 所示。它由长接管 1、阀体 2、芯管 3、连接环 4 等部件组成。由于井下湿度大、淋水多，并存在硫化氢等各种有害气体以及矿水中含有酸碱性，因而为了延长支柱和防尘圈的使用寿命，在活柱体表面采用复合镀层，即用含锡 10% ~18% 的锡青铜打底，表面再镀硬铬，以防支柱锈蚀并提高其强度。

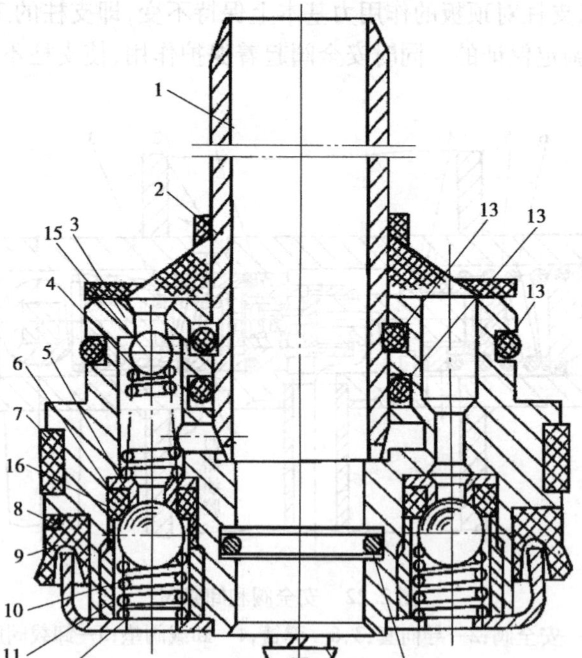

图 2.24　活塞

1—泵套；2—过滤网；3—活塞头；4—锥形托簧；5—限位套；6—单向阀套；

7—导向环；8—皮碗防挤圈；9—Y 形密封圈；10—单向阀弹簧；11—衬套；12—托碗；

13—O 形密封圈；14—半圆头螺钉和轻型弹簧垫圈；15—进油阀；16—单向阀

活柱体是支柱上部的承压杆件，顶板对支柱的压力经活柱体传递到油缸内的液压油和底座上。支柱在使用过程中,由于各种原因,如顶板不平、支设角度不当等,使支柱往往处于偏心受力状况。因此,活柱体在工作过程中不仅要承受压应力,还要承受弯曲应力的作用。同时活柱体内腔是储存液压油的油池,因此要求活柱体必须有足够的强度。活柱筒采用27SiMn热轧无缝钢管加工而成,经热处理后的抗拉强度可达1 000 MPa,屈服点为820 MPa。

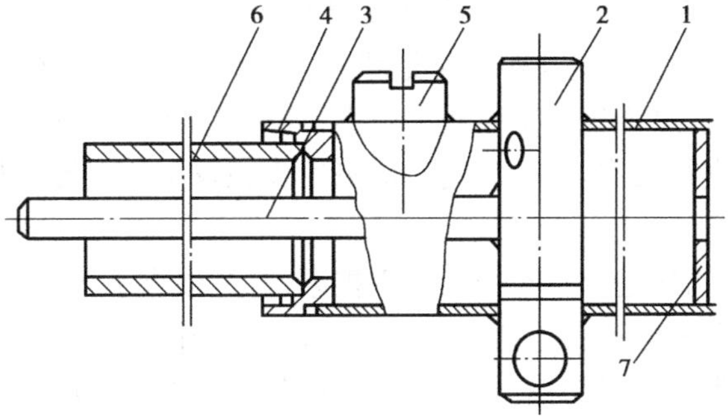

图2.25 活柱体

1—长接管;2—阀体;3—芯管;4—连接环;5—曲柄;6—活柱筒;7—底托板

(8)油缸体。油缸体是支柱下部的承载杆件。顶板压力经它传递到底板上。它由油缸1、底座套筒2和底座3等部件组成,如图2.26油缸体采用27SiMn热轧无缝钢管加工而成,为防止油缸内壁锈蚀,延长使用寿命,在油缸内表面镀一层锡青铜。底座套筒2与底座3焊接在一起。为了便于回收时拔柱,底座套筒的斜度不宜过大,否则支柱可能被矸石卡住,增加回柱时的困难。

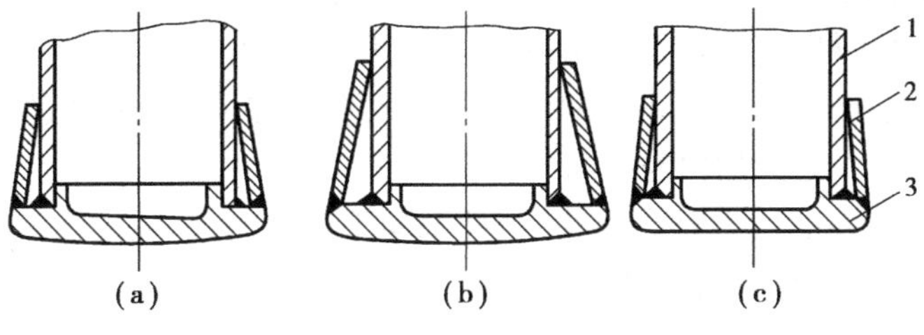

图2.26 油缸体

(a)底座 (b)加大底座 (c)平底座

1—油缸;2—底座套筒;3—底座

单体液压支柱的底座有平底座,圆弧底座和加大底座3种。如图2.26实践证明,平底座虽然在支设时稳定性较好,在角度较大的煤层中使用时不易下滑,但由于工作面底板不可能很平整,往往使平底座中部被压成凹坑。造成油缸焊缝开裂,更主要的是使支柱的受力状况恶化,增大支柱受力的偏心距。圆弧底座克服了平底座的缺点,改善了支柱受力状况,所以使用的较多。底座面积的大小完全由底板岩石的性质和支柱工作阻力的大小所决定。对于软岩底板,为防止支柱压入底板造成回柱困难,应采用较大面积的加大底座。

(9)手把体。手把体通过连接钢丝装在油缸上,便于搬运和回收支柱。手把体也是活柱上部的导向装置,在手把体内槽上装设防尘圈,活柱下缩时其防尘圈可将活柱上的煤粉等脏物刮掉,以防煤粉和其他脏物进入油缸上腔。

(10)手摇泵。内注式单柱的升降与对顶板产生的初撑力都是靠手摇泵来完成的。手摇泵按结构不同一般分为单级泵和双级泵。单级手摇泵为了减少初撑时的操作力,油泵直径不可能设计的过大,故此泵的活塞面积小,每动作一次排出的油量少,升柱速度慢,但结构简单,体积小。

NDZ 型内注式单柱采用的是双级结构的手摇泵。活柱升高时,主要利用活柱内腔与泵活塞组成的一级泵工作。由于泵的活塞面积大,排油量大,所以升柱速度较快。一般手摇泵上下运动一次。活柱可升高 20 mm 以上。尽管泵的面积大,但由于升柱时所需要的压力很低(0.3 MPa),因此操作力很小。支柱初撑时是芯管,柱塞的连接头和泵套组成的二级泵起主要作用。在初撑时需要手摇泵产生的工作压力较高,如果泵的活塞面积较大,作用在手摇泵摇柄上的力就非常大,无法进行工作。所以,这时应采用面积较小的连接头与泵套等组成的二级泵来实现这一操作。

无论采用单级泵结构还是双级泵结构的手摇泵,都是依靠手摇柄、曲柄和滑块等组成的曲柄滑块机构,使手柄的上下摆动变成活塞的直线运动来工作的。升柱过程完全靠人工的操作来实现,能否按操作规程操作对初撑力的大小影响很大,所以在使用时要特别注意这个问题。

2. 内注式单柱的工作原理

NDZ 型内注式单体液压支柱的动作包括升柱和初撑、承载、回柱 3 个过程。

(1)升柱和初撑

升柱和初撑的动作过程如图 2.27,支柱立起来以后,通气阀中的钢球靠自重将橡胶阀芯打开,活柱上腔 A 即与大气相通。将手摇泵摇柄套在曲柄方头上,然后上下摇动手柄,通过曲柄滑块机构,柱塞连接头 1 带动泵活塞 2 沿中心管上下往复运动。柱塞向上运动时,B 腔产生负压,A 腔内的油液在大气压力作用下,沿活塞 2 与柱塞连接头 1 之间的间隙进入 B 腔,完成一次吸油过程;柱塞向下运动时,B 腔内的油液经过进油阀 3、单向阀 4 压入工作腔 C,使活柱升起。如此连续摇动手柄,直到顶盖接触顶板,完成升柱过程。

在液压泵活塞上升时,储油腔 A 内的液压油进入低压腔 B 时,也经过进油阀 2 和活塞环形槽,进入柱塞和泵套 6 之间的内腔空间。

继续摇动手柄,C 腔的压力升高很快,当柱塞向下运动时,B 腔的油液虽被一级泵活塞 2 压缩,但压力较低,打不开单向阀 4,而是经液压泵活塞 2 上的两个阻尼孔和泵活塞与活柱之间的间隙,返回到储油腔 A,以减轻操作阻力。同时,柱塞和泵套 6 之间的内腔空间的油液受到压缩,经环形槽迫使进油阀 3 关闭,单向阀 4 打开,进入工作腔 C 内。使 C 内的油压继续升高。就这样连续摇动手柄,直到感到很费劲时,即支柱已经获得了规定的初撑力,并完成了初撑过程。

(2)承载

随着工作面的推进、支护空间的扩大和支护时间的延长,综采工作面的顶板将产生不同程度的下沉,使作用在支柱上的顶板压力逐渐增加。当支柱所承受的载荷未达到额定工作阻力时,支柱呈刚性状态。一旦达到额定工作阻力,工作腔 C 内的高压油经芯管进入安全阀(见图 2.21),作用在安全阀垫 1 上,使导向套 2 向右移动压缩弹簧 3,高压油经阀垫和阀座间的间隙和小孔流回到储油腔 A。这时活柱就均匀下缩,顶板微量下沉,而顶板压力形成新的平衡。当顶板作用在支柱上的载荷降低到支柱额定工作阻力以下时,工作腔 C 内的油压同时下降,安全阀自行关闭,工作腔 C 内的油液就停止向储油腔 A 回流。支柱在整个过程中,上述现象反复出现,使支柱始终处于恒阻状态,从而达到有效地管理顶板的目的。

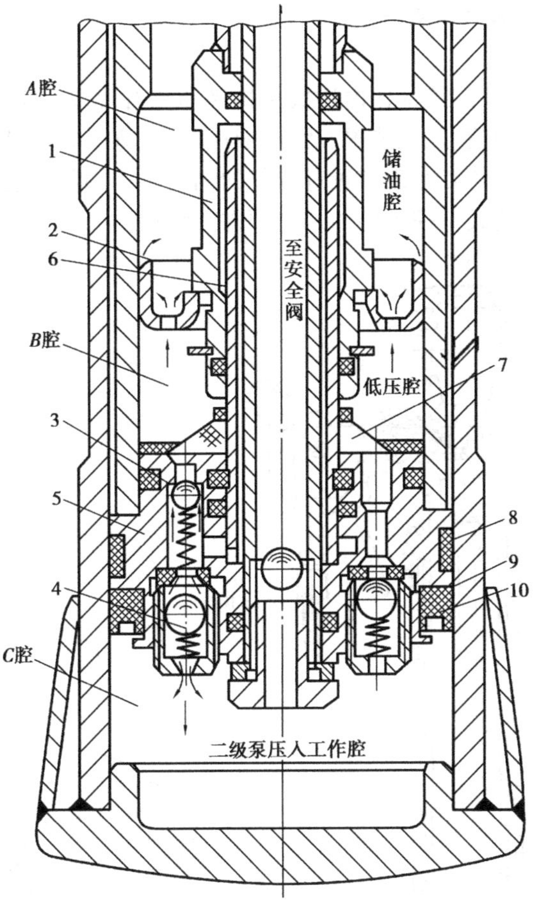

图2.27　升柱和初撑过程

1—柱塞连接头;2—泵活塞;3—进油阀;4—单向阀;5—活塞头;6—泵套;7—滤油网;8—导向环;9—皮碗防挤圈;10—Y形密封圈

(3)回柱

工作面放顶回收支柱时,可根据顶板状况的好坏采用远距离方式或近距离方式回柱。顶板条件较好时,采用近距离回柱,其回柱过程如图2.28所示。将卸载手柄插入卸载环中,然后再扳动手柄,带动凸轮3转动,迫使安全阀向左移动,压缩卸载阀弹簧1,打开卸载阀,于是工作腔C内的高压油经芯管2、卸载阀垫与阀体接触平面之间的间隙及阀体上的3个$\phi12$ mm的径向孔流回储油腔A。这时活柱在自重的作用下快速降柱,而储油腔A内的气体经通气阀排出柱外,从而完成回柱过程。

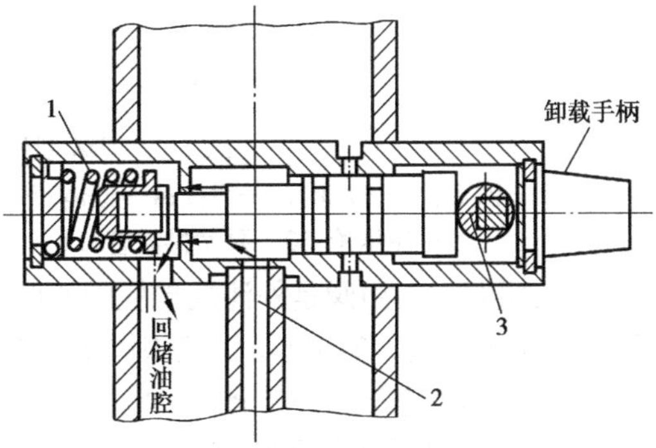

图2.28　回柱过程

1—卸载阀弹簧;2—芯管;3—凸轮

（二）DZ 型外注式单体液压支柱

1. 外注式单体的结构

外注式单体液外压支柱的结构比内注式单体液压支柱简单，如图 2. 29 所示。它由顶盖、三用阀、活柱、缸体、复位弹簧、限位装置、活塞、液压枪、底座、卸载装置等部件组成。外注式单柱的油缸、活柱、活塞、手把体和卸载装置等部件的结构及作用与内注式单柱相同，这里就不再叙述了，下面仅学习与内注式单柱不同的几个部件的结构。

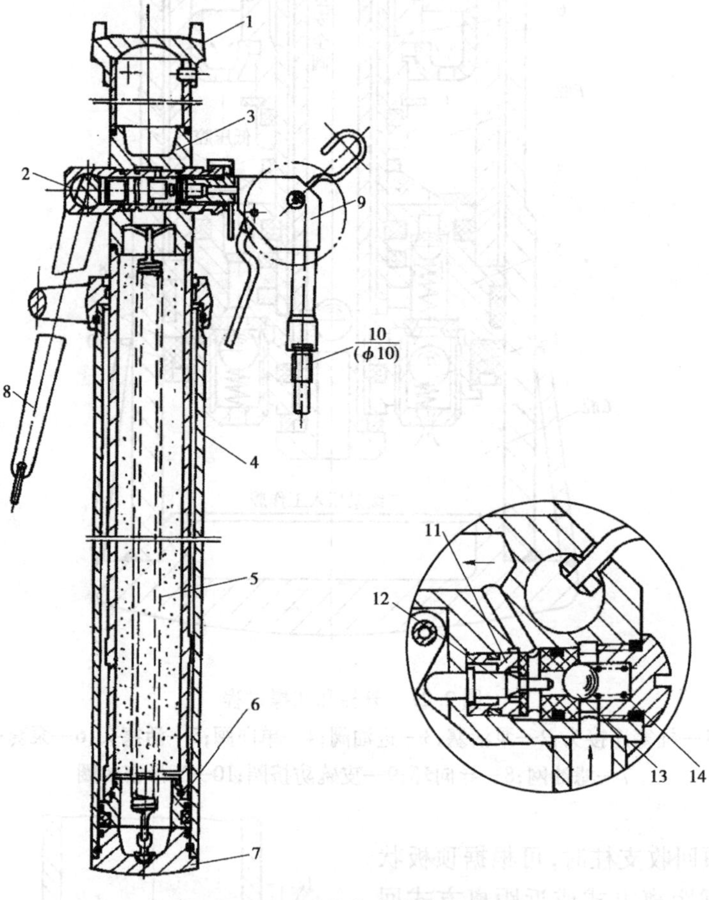

图 2. 29　DZ 型外注式单体液压支柱

1—顶盖；2—三用阀；3—活柱；4—缸体；5—复位弹簧；6—活塞；7—底座；8—卸载手柄；9—注压枪；10—泵站供液管；11—隔离套；12—顶针；13—钢珠；14—弹簧

（1）三用阀。三用阀是外注式单柱的心脏，其结构如图 2. 30 所示，它由单向阀、卸载阀和安全阀 3 部分组成。单向阀由注液阀体 2、钢球 3 等组成；卸载阀由卸载阀垫 4、卸载弹簧 5、连接螺杆 6 等组成；安全阀由安全阀针 8、安全阀垫 9、导向套 10、安全阀弹簧 11 等组成。单向阀供单柱注液用。卸载阀供单柱卸载回柱用，安全阀保证单柱具有恒阻特性。DZ 型外注式单柱采用与 NDZ 型内注式单柱相同的安全阀、卸载阀及单向阀，所不同的是外注式单柱的 3 个阀组装在一起，便于井下更换和维修。使用时，利用左右阀筒上的螺纹将三用阀连接组装在支柱柱头上，依靠阀筒上的 O 形密封圈与柱头密封。

（2）限位装置。内注式单柱靠活柱内腔储存油量的多少来限制活柱行程，保证油腔与活柱具有一定的重合长度，防止活柱拔出。而外柱式单柱靠活柱上的限位装置来限制活柱的行

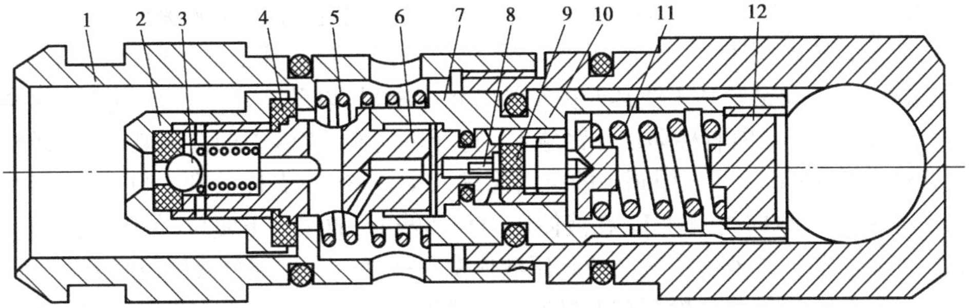

图2.30　三用阀

1—左阀筒;2—注液阀体;3—钢球;4—卸载阀垫;5—卸载阀弹簧;6—连接螺杆;
7—阀套;8—安全阀针;9—安全阀垫;10—导向套;11—安全阀弹簧;12—调压螺钉

程。限位装置有限位套、限位环、钢丝挡圈和活柱上限位台阶等多种形式。2 m 以上的外注式单柱采用活柱上的限位台阶限位,1.8 m 以下的外注式单柱则采用钢丝挡圈限位。

升柱时,当活柱上的限位装置碰到手把体后,如果继续供液,活柱也不再升高,以防止活柱超高或自油缸中拔出。因此,限位装置必须具有一定的强度。承受初撑力时,限位装置也不允许损坏。

(3)复位弹簧。采用复位弹簧回柱可加速活柱的下降速度。复位弹簧的一头挂在柱头上, 另一头挂在底座上。安装时应使复位弹簧具有一定的预拉力。由于使用复位弹簧复位, DZ 型外柱式单柱的底座不能像内柱式单柱一样焊在油缸上,而应采用活接,即用钢丝连接在油缸上。

(4)注液枪。注液枪的种类很多,但结构原理都一样。注液枪的用途是将管路来的高压乳化液提供给单柱。注液枪的结构如图2.31 所示。它主要由注液管2、锁紧套3、手把4、枪体7、顶杆8、隔离套10、压紧螺钉15、弹簧16、钢球17、单向阀座18 等组成。

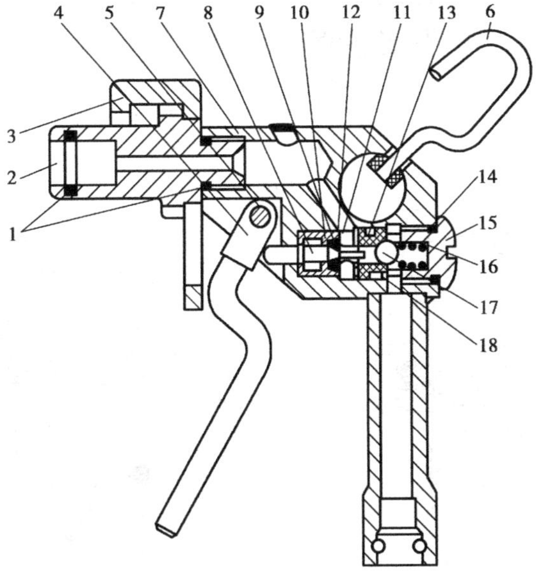

图2.31　注液枪

1,9,11,13,14—O 型密封圈;2—注液管;3—锁紧套;4—手把;5—柱销;6—挂钩;
7—枪体;8—顶杆;10—隔离套;12—防挤圈;15—压挤螺钉;16—弹簧;17—钢球;18—单向阀座

使用时将高压胶管用 U 形卡接在注液枪直管上。不注液时，由泵站来的高压乳化液将单向阀钢球 17 压在单向阀座 18 上，关闭单向阀，液体不能通过。注液升柱时，将注液管 2 插入三用阀注液嘴上，转动锁紧套 3 使其卡在左阀筒相应槽里，以防止注液枪被高压液体推出；然后扳动手把 4，使顶杆 8 向右移动顶开钢球 17，打开单向阀，胶管中的高压乳化液就经过单向阀、注液管进入三用阀，顶开三用阀中的单向阀进入支柱，迫使支柱上升。当支柱达到额定初撑力后，松开手把 4，单向阀钢球 17 在液体压力和弹簧 16 的作用下复位，关闭单向阀，停止向支柱供液。与此同时，注液管中残余的高压液体使顶杆复位。这部分液体经隔离套 10 与顶杆之间的间隙溢出，达到使注液枪卸载的目的。一般工作面每隔 9 ~ 10 m 装备一支注液枪，支完一根支柱后，可拔下注液枪再支设另一根支柱。注液枪不用时，可用挂钩 6 将注液枪挂在支柱手把上，或者不从支柱上拔下来，以免弄脏。

2. 外柱式单柱的工作原理

DZ 型外柱式单柱的工作原理与内柱式单柱相似，其动作过程分为升柱与初撑、承载、回柱 3 个过程，其工作原理如图 2.32 所示。

(1)升柱与初撑。将注液枪插入三用阀的单向阀，卡好注液枪的锁紧套，然后操作注液枪的手把[见图 2.32(a)]，从泵站来的高压乳化液由供液管经注液枪、单向阀和阀筒上的径向孔进入单柱下腔，活柱上升。当单柱顶盖使金属顶梁紧贴顶板，活柱不再上升时，松开注液枪手把，切断高压液体的通路，拔出注液枪。这时单柱内腔的压力为泵站的工作压力，单柱给予顶板的支撑力为初撑力，即完成了升柱与初撑过程。

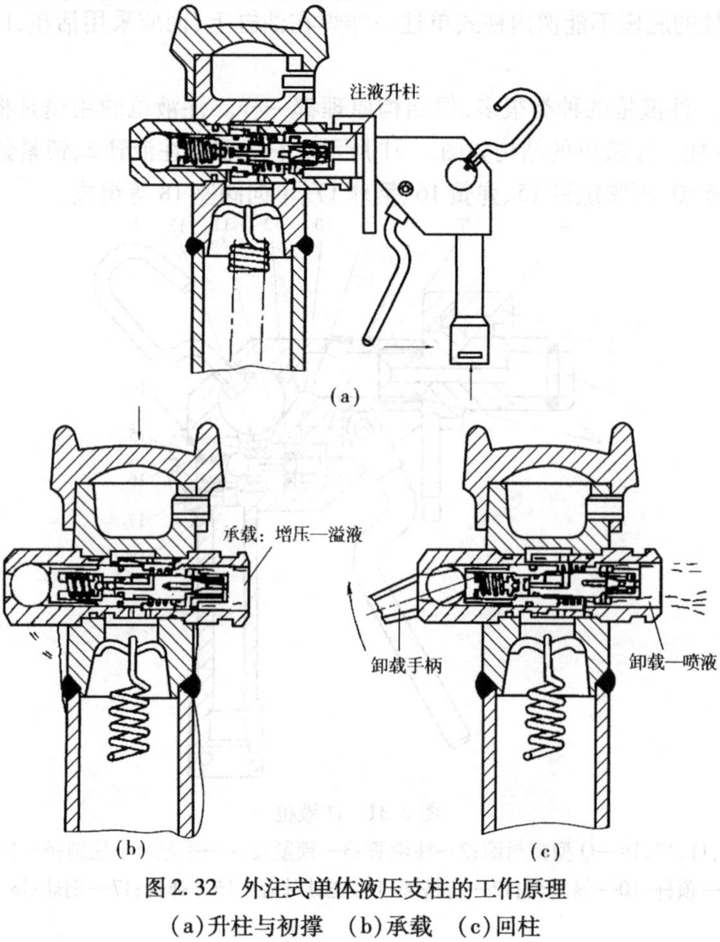

图 2.32　外注式单体液压支柱的工作原理

(a)升柱与初撑　(b)承载　(c)回柱

(2)承载。随着支护时间的延长,工作面顶板作用在支柱上的载荷增加。当顶板压力超过支柱的额定工作阻力时,支柱内腔的高压乳化液将三用安全阀打开[见图2.32(b)],高压乳化液从左阀筒和安全套之间的间隙溢出,支柱下缩,使顶板压力形成新的平衡。若支柱所承受的载荷低于额定工作阻力时,支柱内腔压力降低,在安全阀的弹簧作用下,将安全阀关闭,腔内液体停止外溢,使支柱对顶板的阻力始终保持一致。上述现象在支柱支护过程中重复出现,使支柱的载荷始终保持在额定工作阻力左右,从而实现支柱的恒阻特性。

(3)回柱。回柱时,将卸载手柄插入三用阀左阀筒的卸载孔中,转动卸载手柄,使安全阀轴向移动[见图2.32(c)],打开卸载阀,支柱内腔的高压乳化液经卸载阀、右阀筒与注液阀体之间的间隙喷到工作面采空区,乳化液不能收回,活柱在自重和复位弹簧的作用下缩回复位,从而完成回柱过程。

二、单柱的使用范围和优缺点

(一)单柱的使用范围

单体液压支柱适用于倾角小于25°的水平或缓斜角煤层(当采用可靠的安全措施时,煤层倾角可增至35°),并且要求底板不宜过软,顶板周期压力明显,直接顶易于跨落的围岩条件。在底板过软、地质条件复杂或分层的工作面使用单柱时,应采取相应的措施。

单体液压支柱不准在下列条件下使用:

1. 淋水过大的工作面。
2. 使用其他性能支柱的工作面。
3. 使用木顶梁(帽)的工作面。
4. 有严重酸碱性淋水的工作面。
5. 暂不适用于炮采工作面(公司有防护及安全措施经批准者例外)。

内、外注式单体液压支柱都可以用于一般条件的工作面,若将安全阀改为大流量安全阀也可用于具有冲击地压的工作面。

(二)单柱的优缺点

内、外注式单体液压支柱的工作原理、性能和回柱方式均相同,只是结构、工作介质有所不同,其各自的特点如下:

1. 外注式单体液压支柱的工作液为乳化液,回柱时乳化液排至采空区。内注式单体液压支柱的工作液为液压油,回柱时油缸中的液压油流回活柱内腔形成闭式循环。

2. 外注式单体液支柱用的乳化液由设在巷道中的泵站经高压胶管、注液枪供给,并给支柱一定的初撑力,初撑力由泵站压力保证。内注式单体液压支柱是靠支柱本身的手摇泵来获得初撑力的。所以初撑力是由操作者来决定的。

3. 外注式单体液压支柱靠柱体自重和复位弹簧降柱。内注式单体液压支柱靠自重降柱。

4. 内注式单体液压支柱在升、降柱时,需要进气、排气,要求设通气装置。而外注式单体液压支柱则不需要。

5. 外注式单体液压支柱的活柱升到最大高度时依靠限位装置限位。内注式单体液压支柱的活柱升到最大高度时依靠活柱体内装油量的多少来限位。

6. 外注式单体液压支柱上的所有阀都装在一起,便于井下更换和井上维修。内注式单件体液压支柱的安全阀、单向阀和卸载阀分别装在不同的位置上,在井下无法更换。

两种单体液压支柱各有优缺点，外注式单件液压支柱的优点是：

1. 结构简单。除三用阀外，支柱内腔零件少，不像内注式单体液压支柱装有手摇泵以及通气装置等，因此加工容易，成本低。

2. 维护方便。支柱一般故障大多发生在三用阀上。在井下更换一个好的三用阀后，支柱即可投入使用，无须整体升井。因此零件发生故障的可能性少；而内注式单件液压支柱的任何内部零件的损坏都需要支柱升井解体修理，维修工作量大。

3. 初撑力由油泵保证。可靠性高，初撑力完全由泵站压力和油缸直径的大小决定，与人工操作无关；而内注式支柱的初撑力是依靠人工操作支柱的手摇泵获得的，并受多种因素的影响，如工人的责任心、精神状态等。因此不易保证，每根支柱的初撑力也很难一致。

4. 升柱速度快。一般外注式单件液压支柱的升柱速度为 70 ~ 80 mm/s。泵站压力越高，升柱速度也就越快，而内注式单体液压支柱的升柱靠人工来完成，每摇一次手柄，升柱行程一般只有 20 ~ 30 mm。在升柱行程相同的情况下，外注式支柱的升柱速度快 4 ~ 5 倍。

5. 工作行程大，适应煤层变化范围大，外注式单柱行程不受升柱限制，可设计得大些，因此适应煤层变化的范围大；而内注式单件因手工操作升柱，每次行程又小，所以支柱行程不可能设计得太大，否则影响工人操作。

6. 重量较轻，外注式单柱零件少，所以重量较轻，相同高度的内、外注式的重量相差 3 ~ 5 kg。

外注式单件液压支柱的缺点是：

1. 增加了一套泵站和管路系统，系统多，环节多，管理较复杂；而内注式单柱就不需要这些设备，在没有电源和泵站的地方也可以使用，灵活性强，管理较简单。

2. 消耗乳化液，吨煤成本有提高，外注式单柱在回柱时，将单柱内腔的乳化液排在采空区，不能回收使用，使吨煤成本提高 0.1 元左右。

3. 外注式单柱是开式系统，单向阀、卸载阀暴露在外表，容易被煤粉等物质污染，造成污染失效；而内注式单柱的阀全部装在支柱内腔，受外界污染的可能性小，所以可靠性较高。

4. 劳动条件较差，外注式单柱在注液前要冲洗注液嘴。操作不当就容易弄湿工作服；而内注式单柱的液压系统为闭式系统，油液不易外漏，所以劳动条件好些。

内、外注式单体液压支柱由于具有不同的特点，各矿可根据具体条件和习惯通过实践来选用，但是在采高为 2.2 m 以上的煤层中，考虑到内注式单柱的重量较大，所以选用外注式单柱为好。

三、铰接顶梁

单体液压支柱必须与铰接顶梁配合使用才能有效地用于工作面顶板支护，目前我国广泛使用的铰接顶梁为 HDJA 型顶梁，它适合在 1.1 ~ 2.5 m 的缓倾斜煤层中与单体液压支柱配合使用，支护顶板。

HDJA 型顶梁的结构如图 2.33 所示，它由梁身 1、楔子 2、销子 3、接头 4、定位块 5 和耳子 6 等组成。梁身 1 的断面为箱形结构，它是用扁钢组焊而成的。

架设顶梁时先将要安设的顶梁右端接头 4 插入已架好的顶梁一端的耳子中。然后用销子穿上固定好，以使两根顶梁铰接在一起，最后将楔子 2 打入夹口 7 中，顶梁就可以悬臂支撑顶板，待新支设的顶梁已被支柱支撑时，需将契子拔出，以免因顶板下沉将楔子咬死。选用铰接

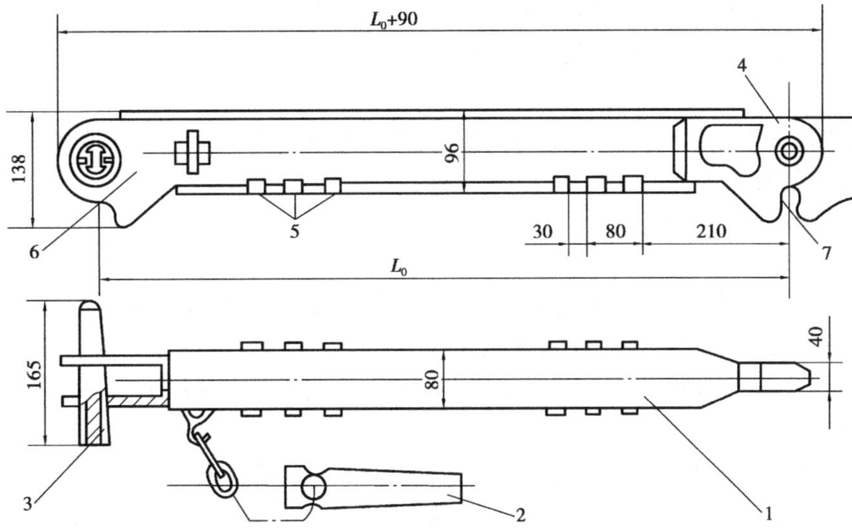

图 2.33　HDJA 型铰接顶梁

1—梁身；2—楔子；3—销子；4—接头；5—定位块；6—耳子；7—夹口

顶梁时，应使其长度与采煤机截深相适应。

HDJA 型铰接顶梁的技术特征见表 2.4。

表 2.4　HDJA 型铰接顶梁的技术特征

型　号	长度/mm	每次接长根数	许用转矩/(kN·m)		梁体承载能力/kN		各向调整/(°)		外形尺寸 长×宽×高/mm	质量/kg
			梁体	铰接部	许用	最大	上下	左右		
HDJA—600	600	1	43.7	20	≥250	≥350	≥7	≥3	660×165×138	17
HDJA—700	700	1							730×165×138	19
HDJA—800	800	1～2	43.7	20	≥250	≥350	≥7	≥3	890×165×138	23
HDJA—900	900	1～2							990×165×138	26
HDJA—1000	1 000	1～2							1 090×165×138	27.5
HDJA—1200	1 200	1							1 290×165×138	30.5

四、单体液压支柱的使用和维护

单体液压支柱使用和维护的好坏直接关系到安全生产和采煤机效率的发挥，因此要严格遵守操作规程，加强维护，充分发挥单柱的使用效果。

（一）单体液压柱的操作

1. 内注式单柱的操作

（1）升柱

将手摇泵手柄套在曲柄的方头上，然后上下摇动手柄，通过曲柄滑块机构带动手摇泵柱塞做上下往复运动，使活柱不断升高，直到支柱顶盖与顶梁或顶板接触，连续摇动手柄，直到感到很费劲时，表示支柱已经获得了规定的初撑力，即完成了升柱过程。

注意：内注式单体液压支柱的初撑力是根据操作人员的手感来确定的。

（2）回柱

将卸载手柄插入卸载环中，然后扳动手柄，这时活柱在自重的作用下快速降柱，使储油腔内的气体经通气阀排出柱外，从而完成回柱过程。

2. 外注式单柱的操作

（1）升柱

将注液枪插入三用阀的单向阀，卡好注液枪上的锁紧套，然后操作注液枪手把，由泵站来的高压乳化液经单向阀和阀筒上的径向孔进入单柱下腔，活柱上升。当单柱顶盖使金属顶梁紧贴顶板，活柱不再上升时，松开注液枪手把，切断高压液体的通路，使单柱给予顶板一定的初撑力。

（2）回柱

将卸载手柄插入三用阀左阀筒卸载孔中，转动卸载手柄，使安全阀轴向移动，打开卸载阀，支柱内腔的高压乳化液经卸载阀、右阀筒与注液阀体之间的间隙喷到工作面采空区，活柱在自重和复位弹簧的作用下缩回复位，从而完成回柱过程。

3. 单柱的使用注意事项

（1）为了防止支柱内腔的工作液体流失，支柱应直立存放，卸载手柄在不工作时应处于关闭位置。

（2）搬运支柱时，应将支柱缩到最小高度，严禁随意抛扔支柱。

（3）支设前，必须检查支柱上的零件是否齐全，柱体有无弯曲凹陷，不准使用不合格的支柱。

（4）工作面倾斜角大于25°时，要采取防止倒柱的有效安全措施，按规定的排柱距支设支柱，不准用金属物敲打支柱。

（5）支柱支设要牢固。顶盖与顶梁接触要严实平整。

（6）活柱最小伸出量不应小于顶板最大下沉量加50 mm的回撤量。

（7）不准在工作面放炮，不得已时，要采取防护措施，并报矿总工程师批准。

（8）发现死柱时，要先打临时柱，然后用掏底或刨顶的方法回收，严禁采用放炮崩或机械强行回撤的做法。

（9）支柱支护后出现缓慢下缩时，应先行卸载再重新支设，如无效则应升井检修。

（10）长时间没有使用的支柱或新的支柱，在使用前应排出柱腔内的空气。

（11）支设支柱时，支柱必须对号入座，两人配合作业，将柱子支在实底或柱靴上，并要有一定的迎山角。注液前要用注液枪冲刷注液嘴，然后插入注液枪注液。

（12）支柱时，应将三用阀中的单向阀朝向采空区侧或工作面下方，将内注式单柱的卸载手柄朝向煤壁侧。

（13）用手抓支柱手把体时应掌心向上，以防止升柱过程中从顶板掉落小块矸石砸伤手背。

（14）支柱在运输和使用过程中不许摔砸。

（15）在同一采煤工作面中，不能使用不同类型和不同性能的支柱。

（16）《煤矿安全规程》规定：单体液压支柱的初撑力，柱径为100 mm的不小于90 kN，柱径为80 mm的不小于60 kN。对于软岩条件下初撑力确实达不到要求的，在满足安全生产的条件下,必须经企业技术负责人审批。

(二)单柱的管理

1. 工作面每班应设专职管理人员,负责本班工作面的支柱及顶梁的管理工作。

2. 工作面的支持及顶梁应实行“对号入座”牌板管理。

3. 每日(班)要对植株进行一次数量、编号、完全状态和有无渗油(液)的检查,及时更换失效或损坏的支柱,换下的支柱要尽快升井检修。

4. 对内注式单柱要有专人定期分批补充规定牌号和质量合格的液压油。

5. 除支柱顶盖外,不准在井下修理支柱。

6. 支柱的检修周期应按检修规程执行。在采煤工作面回采结束后或使用时间超过 8 个月后,必须进行检修。检修好的支柱必须进行压力试验,合格后方可使用。

7. 在附近的安全、干燥地点,必须存放足够数量的备用支柱。注液枪拖拉胶管的长度必须大于主供液管路上相邻两处注液枪距离的 1/2。

(三)单体液压支柱的维护和修理

1. 单体液压支柱的完好标准

(1)柱体

①零件齐全完整,手把体无开裂。

②缸体划痕不大于 1 mm,且不影响活柱升降。

③所有焊缝无裂纹。

④支柱顶盖不缺爪,无严重变形。回撤的支柱应竖放,不能倒放在底板上。

(2)活柱

1)镀层表面缺陷应符合下列规定:

①锈蚀斑点总面积不超过 5% cm^2。

②每 50 cm^2 内镀层脱落点不超过 5 个,总面积不超过 1 cm^2,最大的点不超过 0.5 cm^2。

③伤痕面积不超过 20 mm^2,深度不超过 0.5 mm。

2)活柱伸缩灵活,无漏液现象。

(3)三用阀

①单向阀、卸载阀性能良好,实验时保证 2 min 不渗漏。内注式单柱平放时,出气孔不漏油。

②安全阀定期抽查实验,开启压力不小于 0.9pH(额定工作压力),不大于 1.1pH;关压力不小于 0.85pH。

③注液嘴无硬伤。

④支柱卸载要用专用工具。

(4)记载资料

支柱有编号,检修有记录。

2. 单柱的维护

定期维护单柱是保证单柱的良好性能和安全生产,延长单柱使用寿命的重要措施。

(1)日检

①检查、更换损坏的单柱顶盖。

②更换漏液的三用阀。

③检查单柱油缸有无凹陷。

④更换、补齐损坏和丢失的零件。

(2)大修

①清洗所有零件,更换工作液(内注式)。

②更换安全阀垫、单向阀、卸载阀垫、Y 型密封圈、防尘圈、导向环、皮碗防挤圈以及所有的 O 型密封圈。

③更换所有磨损和损坏的零件。使用单体液压的工作面回采结束后,如需将支柱转到其他工作面继续使用时,应按《单体液压支柱的工作维修暂行规程》中的维修质量标准抽查 2% 的支柱,抽试支柱根数的合格率应在 90% 以上方可使用。否则应加倍抽试,若合格率达不到 90% 以上时,应全部升井检查或大修。但支柱大修周期最长不超过:

①NDZ 型内注式单柱不超过 1.5 ~2 年。

②DZ 型外注式单柱:支柱不超过 2 年;三用阀不超过 1 年;注液枪不超过 1 年。

3. 外注式单体液压支柱常见故障及处理方法

DZ 型外注式单体液压支柱的常见故障及处理方法见表 2.5。

表 2.5　DZ 型外注式单体液压支柱的常见故障及处理方法

序 号	故障现象	产生原因	处理方法
1	注液时,活柱不从油缸中伸出或伸出缓慢	1. 泵站无压力或压力低 2. 截止阀关闭 3. 注液阀体进液孔被脏物堵塞 4. 密封失效 5. 管路滤网堵塞 6. 注液枪失灵	1. 检查泵站 2. 打开截止阀 3. 清洗注液嘴 4. 更换密封件 5. 清洗过滤阀 6. 检查密封圈
2	活柱降柱速度慢或不降柱	1. 复位弹簧松脱 2. 油缸有局部凹坑 3. 活柱表面损坏 4. 防尘圈、Y 型圈损坏 5. 导向环、防挤圈膨胀过大	1. 重新挂复位弹簧 2. 更换油缸 3. 更换活柱 4. 更换防尘圈、Y 型圈 5. 更换导向环、防挤圈
3	工作阻力低	1. 安全阀调压螺钉松动 2. 安全阀开启压力低或关闭压力低 3. 密封件失效	1. 拧紧调压螺钉 2. 检查安全阀 3. 更换失效的密封件
4	工作阻力高	1. 安全阀开启压力高 2. 安全阀垫挤入溢流间隙	1. 重新调定 2. 更换阀垫
5	乳化液从手把体中溢出	1. 活塞和活柱间密封圈损坏 2. Y 型密封圈损坏 3. 油缸变形或镀层脱落	1. 更换损坏的密封圈 2. 更换 Y 型密封圈 3. 更换或重新镀铬
6	乳化液从底座溢出	底座与油缸间 O 型密封圈损坏	更换 O 型密封圈
7	乳化液从 42 mm 柱头孔溢出	1.42 mm 密封圈损坏 2. 柱头密封面损坏	更换 O 型密封圈 更换或修理

续表

序号	故障现象	产生原因	处理方法
8	乳化液从单向阀、卸载阀溢出	单向阀、卸载阀密封面损坏或污染	清洗或更换损坏的零件
9	油缸弯曲	1. 推输送机时被损坏 2. 被采煤机损坏 3. 油缸硬度低而被损坏 4. 支柱压死时绞车拉坏油缸	1. 更换油缸 2. 改进操作方法 3. 应先挑顶或卧底、再用绞车回柱
10	活柱弯曲	1. 活柱硬度不够被压坏 2. 突然来压时安全阀来不及打开 3. 推输送机顶弯曲	1. 更换活柱 2. 根据顶板压力加大支柱密度 3. 改进操作方法
11	手柄断裂	1. 推输送机时顶坏 2. 处理压死支柱时用绞车硬拉而拉坏	1. 改进操作方法 2. 更换手柄
12	顶盖损坏	支设不当	更换顶盖
13	活柱从油缸中拔出	未装限位装置	装设限位装置
14	左阀筒卸载孔变形或安全阀套端面变形	不用专用工具回柱，被损坏	1. 按操作要求使用专用注液枪手把 2. 更换变形零件
15	注液枪漏油	1. 注液墙管螺纹松动 2. 密封圈损坏 3. 密封面损坏	1. 拧紧注液管 2. 更换密封圈 3. 更换注液枪

五、任务考评

评分标准见表2.6。

表2.6　评分标准

序号	考核内容	考核项目	配分	检测标准	得分
1	单柱的操作	1. 内柱式单柱的升柱与回柱操作 2. 外柱式单柱的升柱与回柱操作 3. 操作注意事项	30	每一项操作不正确扣10分	
2	单柱的管理	1. 对单柱编号 2. 注油 3. 定期检查 4. 储备一定数量的单柱	10	每一项操作不正确扣2～3分	
3	单柱的维护	1. 日检 2. 大修	20	每一项操作不正确扣10分	
4	单柱的故障处理	1. 升柱、降柱速度慢 2. 工作阻力高或低 3. 漏油或漏液 4. 结构件损坏	30	根据处理故障的实际情况酌情扣分	
5	安全文明操作	1. 遵守安全规程 2. 清理现场	10	1. 不遵守安全规程扣5分 2. 不清理现场扣5分	
合　计					

六、思考与练习

1. 简述内柱式单体液压支柱的结构组成及工作原理。
2. 简述外注式单体液压支柱的结构组成及工作原理。
3. 简述内、外式单体液压支柱的使用方法。
4. 单体液压支柱在使用过程中应注意哪些事项？
5. 简述单体液压支柱的使用范围。
6. 内、外注式单体液压支柱各有哪些特点？

任务4　乳化液泵站的运转、维护与故障处理

知识目标：★乳化液泵站的组成及各部分的作用
★乳化液泵的结构和工作原理
★乳化液箱的结构及其附属装置的作用

能力目标：★乳化液泵站的启动与停止
★乳化液泵站的日常维护
★乳化液泵站的常见故障分析及处理方法

教学准备

准备好乳化液泵的结构和工作原理图、乳化液泵及其附属装置。

任务实施

1. 老师下达任务：操作目前常用乳化液泵站的故障分析及处理；

2. 制订工作计划：学生以小组为单位，根据任务要求，提前查阅乳化液泵及其附属装置相关资料；

3. 任务实施：由学生描述乳化液泵站的常见故障分析及处理方法，完成乳化液泵站的启动与停止操作。

相关知识

图2.34所示为乳化液泵站的外形图，它是用来向综采工作面液压支架及其他用乳化液的液压装置输送乳化液的设备，是液压支架、单体液压支柱以及运输巷道内皮带机尾、转载机、破碎机向前拖移所用千斤顶等液压设备的动力源。本任务要求对乳化液泵站进行操作、维护和保养，并能够发现和及时排除故障，确保乳化液泵站设备能够安全、正常地运行。乳化液泵站是液压支架、单体支柱的动力源，它好比人的心脏，如果使用维护不好就会出现流量、压力不足

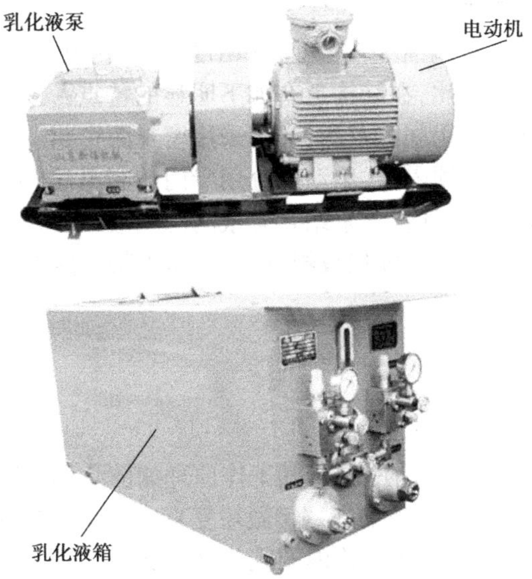

图 2.34 乳化液泵站外形图

等故障,从而影响到工作面液压支架和外注式单体液压支柱的支撑性能、工作面的顶板管理以及正常生产。不论是操作、维护乳化液泵站,还是为其排除故障,都要求学生首先掌握它的结构和工作原理。要想了解乳化液泵站对液压支架的供液过程,还要先学习乳化液泵站的液压系统。

一、乳化液泵站的组成和特点

(一)乳化液浆站的组成及作用

如图 2.35 所示,乳化液泵站由两套乳化液泵组、一套乳化液箱及附属装置等组成。

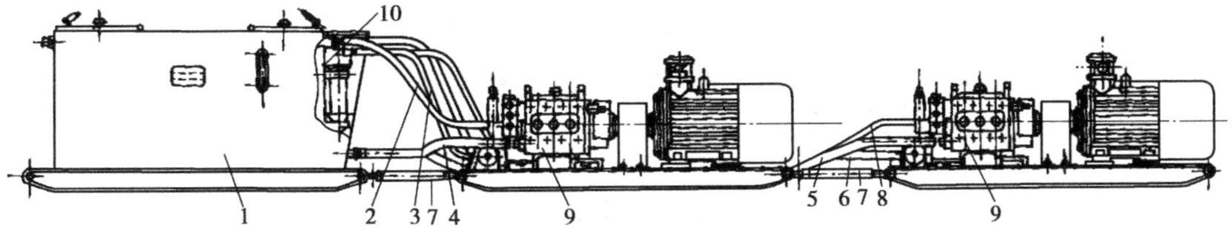

图 2.35 XRB 型乳化液泵站

1—乳化液箱;2,8—回液软管;3,6—高压软管;4,5—进液软管;7—连杆;9—乳化液泵组;10—压力控制装置

乳化液泵组 9 由两台乳化液泵、防爆电动机、联轴器和底架等组成,通过连杆 7 与乳化液箱 1 连结为一个整体。两台乳化液泵通常是一台工作另一台备用,必要时也可两台同时运行,以获得较大的流量。

乳化液箱 1 是储存、回收和过滤乳化液的装置。如在井下配置乳化液,还应在乳化液箱上附带自动配液器。

压力控制装置 10 由手动卸载阀、自动卸载阀、压力表开关以及压力表等组成,用来控制供给液压支架乳化液的压力,并可实现对液压系统的保护。

乳化液泵站通过主供液管和主回液管与液压支架的供液、回液管路沟通,形成循环的泵—缸液压系统。

（二）乳化液泵的结构特点

液压支架的工作介质是水包油型乳化液，其粘度低，润滑性能差，因此乳化液泵与一般以矿物油为工作介质的液压泵相比，在结构上有如下明显的特点：

1. 柱塞与缸体之间不能采用间隙密封，必须采用密封圈密封。
2. 传动部分与工作部分必须隔开，传动部分用专门的润滑油，工作部分使用乳化液。
3. 为满足液压支架的需要，乳化液泵站要有很高的供液压力，而且要有很大的流量。
4. 泵站要配置1台容量很大的乳化液箱，由于液压支架管路的泄漏，还必须不断地补充乳化液。

二、乳化液泵

（一）乳化液泵的工作原理

乳化液泵一般采用卧式三柱塞往复泵，其工作原理如图2.36所示。当电动机带动曲轴1转动时，曲轴通过连杆2和滑块3，带动柱塞5做往复直线运动。当柱塞向左运动时，缸体6右端的容积由小变大而形成真空，乳化液箱内的乳化液在大气压力作用下顶开进液阀9进入缸体。当柱塞向右运动时，缸体内容积减小，此时吸进的液体受到压缩而使其压力升高，打开排液阀7由排液口8经主供液管送到工作面液压支架。这样，柱塞往复运动一次，就吸、排液一次。由此可知，一个柱塞在吸液过程中就不能排液，所以单柱塞泵的排液量是很不均匀的。为了使排液比较稳定和均匀，可采用三柱塞泵或四柱塞泵、五柱塞泵等。

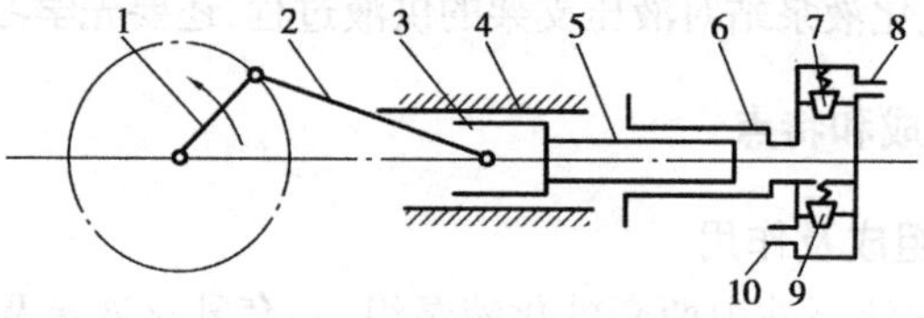

图2.36　乳化液泵的工作原理

1—曲轴；2—连杆；3—滑块；4—滑道；5—柱塞；6—缸体；7—排液阀；8—排液口；9—进液阀；10—进液口

（二）乳化液泵的流量和压力

1. 乳化液泵的流量

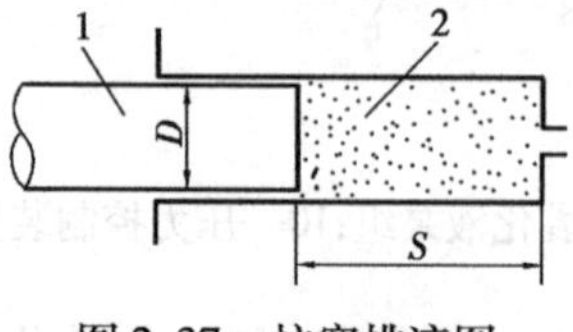

图2.37　柱塞排液图

1—柱塞；2—缸体

由乳化液泵的工作原理可知，柱塞一次排出的乳化液量，即是柱塞一次形成中柱塞所占的体积，如图2.37所示。如果在1 min内往复运动n次，且乳化液泵有Z个柱塞，那么泵在1 min内排出的乳化液量即乳化液泵的理论流量为：

$$Q=\frac{1}{4}\pi D^2\cdot S\cdot n\cdot Z\times 10^{-6}$$

式中　Q——乳化液泵的理论流量，L/min；

S——柱塞的行程，mm；

n——柱塞每分钟的往复次数；

Z——柱塞数。

从上面公式可知，乳化液的流量取决于柱塞的直径、行程、往复次数和柱塞数，与压力是无关的，因此，乳化液泵是一种定量泵。但随着压力的升高，泄漏量增大，乳化液泵的流量会有所减小，所以泵的实际流量要比理论值小一些。

2. 乳化液泵的压力

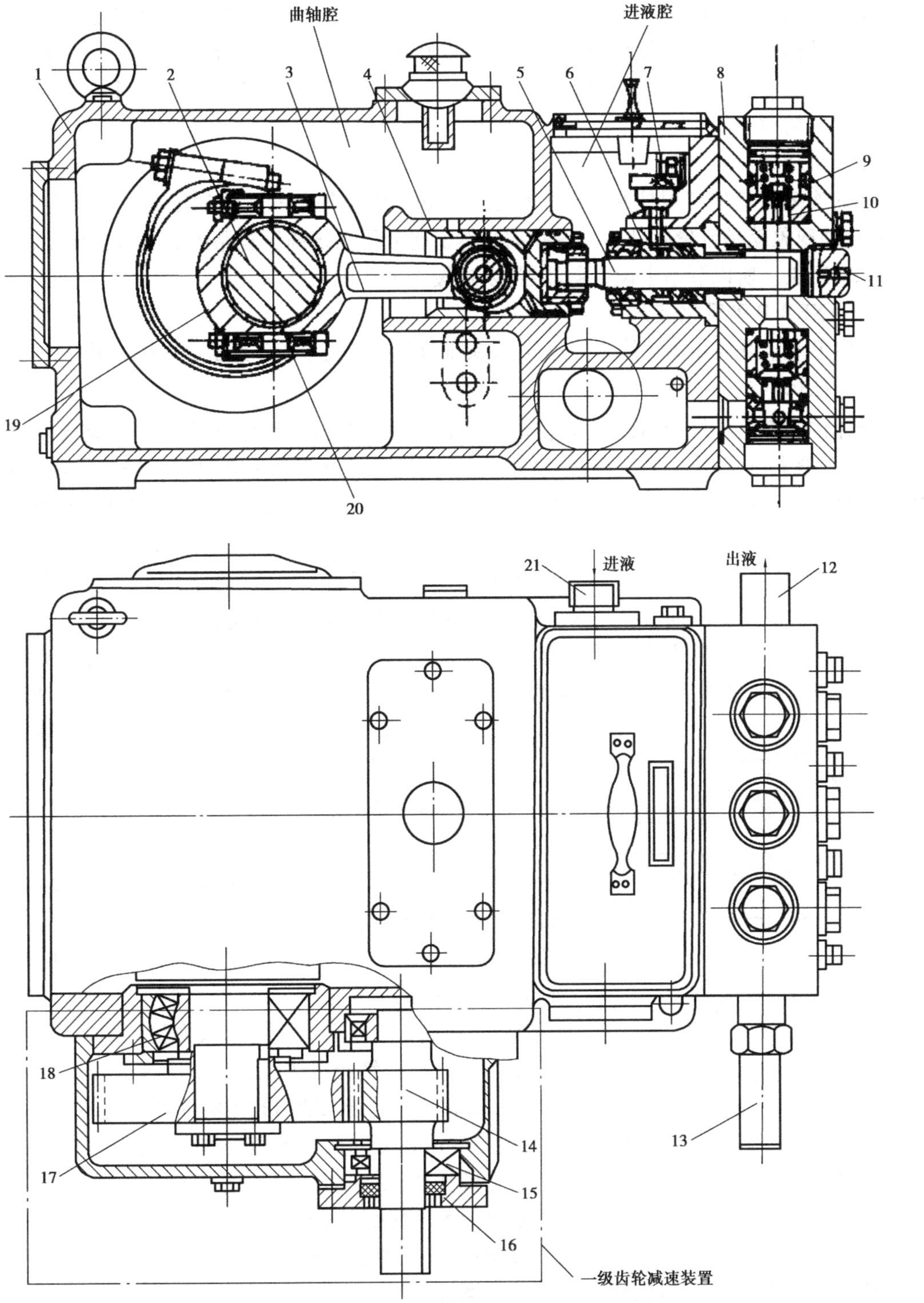

图 2.38　XRB2B 型乳化液泵

1—箱体;2—曲轴;3—连杆;4—滑块;5—柱塞;6—高压缸套;7—油杯;8—泵头;9—阀芯;10—阀座;11—放气螺钉;12—排液接头;13—安全阀;14—小齿轮;15—轴承;16—油封;17—大齿轮;18—曲轴轴承;19—后轴瓦;20—前轴瓦;21—进液接头

在乳化液泵的流量基本不变的情况下，泵的压力将随着负载和管道阻力的大小而变化。负载阻力越大，乳化液泵产生的压力就越高。但是乳化液泵产生的压力不允许无限增大，因为泵受到其结构、强度、材料及制造工艺等因素的限制，只能承受一定的压力。所以泵在出厂时规定了一个额定压力，工作中一般不允许超过这一压力。液压支架正是在这个压力下对顶板产生一定的初撑力的。

3. 流量脉动

泵的连续流量是 Z 根柱塞连续往复运动所获得流量的总和。泵的流量在不断变化，时大时小，这种现象就是流量脉动。流量脉动必然引起液压系统高压管路内的压力变化，从而发生压力脉动现象。所以泵站中设有蓄能器，以减缓流量和压力脉动。

（三）XRB_2B 型乳化液泵

XRB_2B 型乳化液泵由箱体传动部分、泵头部分和泵用安全阀等组成，其结构如图 2.38 所示。

1. 箱体传动部分

箱体传动部分包括箱体以及齿轮减速装置、曲轴、连杆和滑块。箱体 1 是安装齿轮减速装置、曲轴 2、连杆 3、滑块 4 的基架，为整体式结构，具有足够的强度和刚度。箱体有两个腔：曲轴腔和进液腔。曲轴腔底部设有放油孔，顶部设有注油孔，在注油孔上安装有过滤网和空气滤清器。曲轴腔中部有 3 个滑道孔，滑道孔上方设有盛油池，通过曲轴、连杆的运动将油“飞溅”入盛油池，经盛油池底部的 3 个小孔进入滑道孔内，给滑道孔提供润滑油。进液腔在箱体的前端，为五通腔，其中 3 个通液孔与泵头进液口相连。进液接头与进液腔相连。

一级齿轮减速装置安设在箱体侧面，小齿轮轴为主动轴，由一对圆柱滚子轴承（型号为 42310）支撑，并通过轴头平键上安装的弹性联轴器与电动机连接，大齿轮安装在曲轴端部。

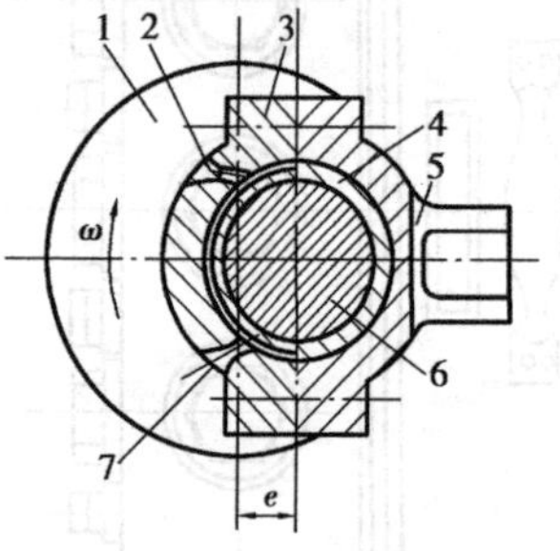

图 2.39　曲轴处润滑

1—曲轴；2—回油孔；3—连杆瓦盖；4—轴瓦；5—连杆；6—曲拐；7—进油孔

曲轴由一对调心滚子轴承（型号为 3615）支撑。曲轴上有 3 个曲拐，曲拐呈 120°均布，材料为优质钢。

连杆用球墨铸铁制成，大头为剖分式结构。为了确保连杆大头与曲拐之间的润滑良好，在连杆瓦盖上下各钻一小孔，如图 2.39 所示。曲轴旋转时，下部小孔没入油池，曲拐顺着旋转方向将润滑油从下部小孔带入轴瓦与曲拐之间的摩擦面，再经上部小孔排出，在轴瓦与曲拐的摩擦面上形成良好的油膜，实现可靠的润滑。这种形式的润滑使得乳化液泵不能反转。连杆小头为整体结构，其内压装有铜套，通过滑块销与滑块铰接。滑块表面与铜套之间的润滑是依靠盛油池进入滑道孔内的油液实现的。

滑块是连接连杆与柱塞的构件。滑块与滑道孔之间装有 3 道活塞环，起密封作用。滑块与柱塞之间采用半圆环连接，以便在井下更换柱塞，滑块与柱塞的连接如图 2.40 所示。两个半圆环 3 卡住柱塞左端的颈部，并用压紧螺母 5 将其压在承压块 2 上，承压块可两面使用。为防止压紧螺母松动，在压紧螺母处增设锁紧螺钉 4，锁紧原理如图 2.41 所示。当压紧螺母拧紧并使槽与三孔之一对准时，即可拧上锁紧螺钉。

2. 泵头部分

如图 2.42 所示，泵头部分主要由泵头体 1、吸液阀、排液阀、高压缸套 6（即缸体）和柱塞 2 等组成。

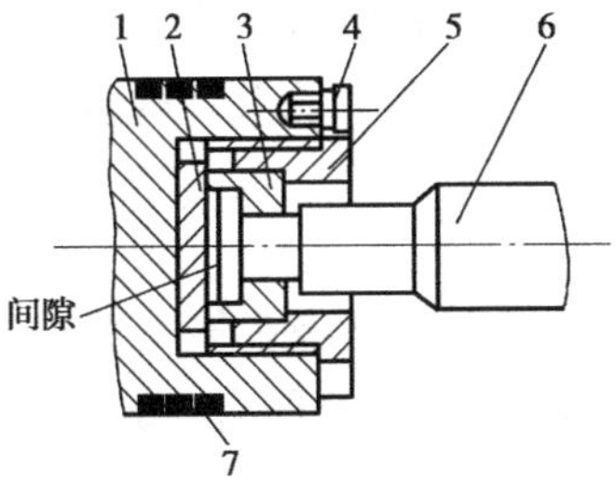

图 2.40 滑块与柱塞连接示意图

1—滑块;2—承压块;3—半圆环;4—锁紧螺钉;
5—压紧螺母;6—柱塞;7—活塞环

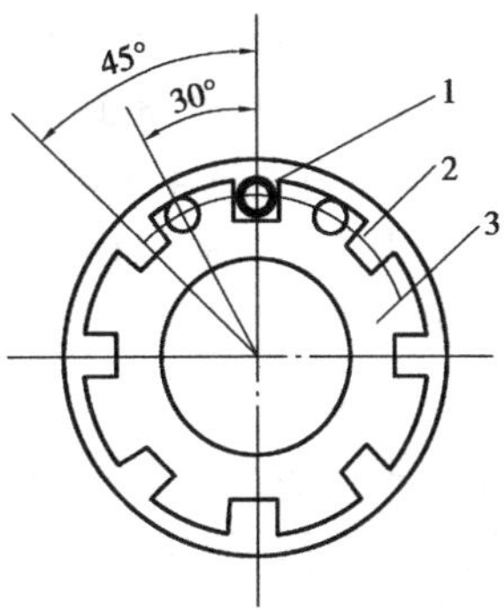

图 2.41 压紧螺母的锁紧原理

1—锁紧螺钉;2—滑块;3—承压块

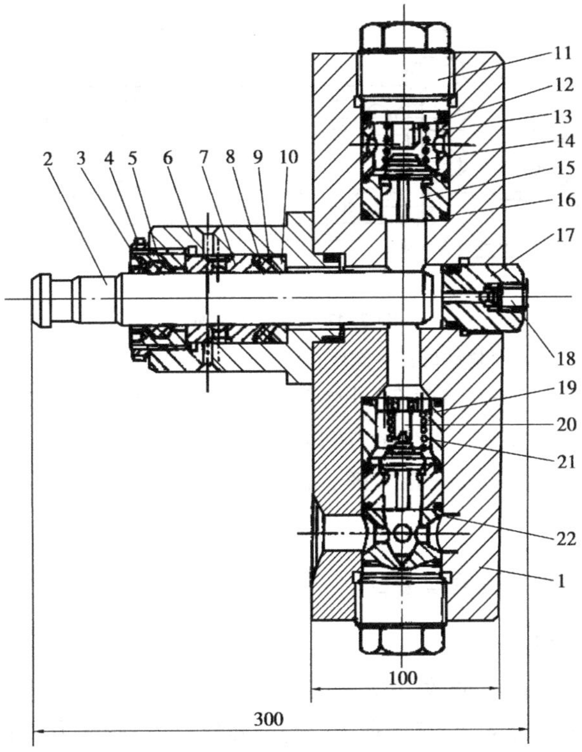

图 2.42 泵头部分

1—泵头体;2—柱塞;3—缸套丝堵;4—螺母;5—毡封油圈;6—高压缸套;7—导向钢套;8—压环;
9—密封环;10—衬环;11—排液丝堵;12—排液阀定位螺钉;13—排液阀套;14—排液阀弹簧;15—阀芯;
16—阀座;17—柱塞腔丝堵;18—放气螺钉;19—吸液阀套;20—吸液阀定位螺钉;21—吸液阀弹簧;22—吸液丝堵

泵头体 1 为 45 号锻钢制成的整体结构。泵头体上方有乳化液集液腔,端部安装放气螺钉 18,以排放缸体的空气。上、下膛孔内装有 3 组排液阀和吸液阀,左端装有高压缸套 6。

吸、排液阀套均采用有导向装置的菌形锥阀。排液阀主要由排液丝堵 11、排液阀定位螺钉 12、排液阀套 13、排液阀弹簧 14、阀芯 15、阀座 16 等组成。吸液阀的结构与排液阀基本相同。由试验可知,锥形阀泵在容积效率方面略高于球形阀泵。

柱塞2用38CrMoAIA氮化钢制成。柱塞与高压缸的密封采用多道V形丁氰夹布橡胶密封圈。该密封圈由压环8、密封环9和衬环10组成。密封圈的外侧装有导向铜套7,并用缸套丝堵3压紧,丝堵由螺母4锁紧。V形丁氰橡胶密封圈是自紧密封结构,安装时与柱塞之间有一较小的预紧力。为了确保柱塞与密封圈的使用寿命,在高压缸套上还设有黄油杯,泵运转时应经常加注黄油。

3. 泵用安全阀

泵用安全阀安装在泵头上,由阀壳、阀芯、阀座、弹簧座、橡胶阀垫及弹簧等组成,如图2.43所示。该阀为直接作用二级卸载的平面密封安全阀。阀芯外径与阀壳间有一缝隙阻尼段。该阀打开前的密封直径为ϕ6.5 mm,打开后缝隙阻尼段的直径为ϕ15 mm,因此阀以高压瞬时打开,以降低了的压力持续泄液。本阀采用浮动装配方法,首先让弹簧座靠近阀壳端面,螺套轻轻地压住阀垫,使阀垫受小的比压。在打开阀之前,阀芯先移动,从而可防止安全阀开启压力的超调。

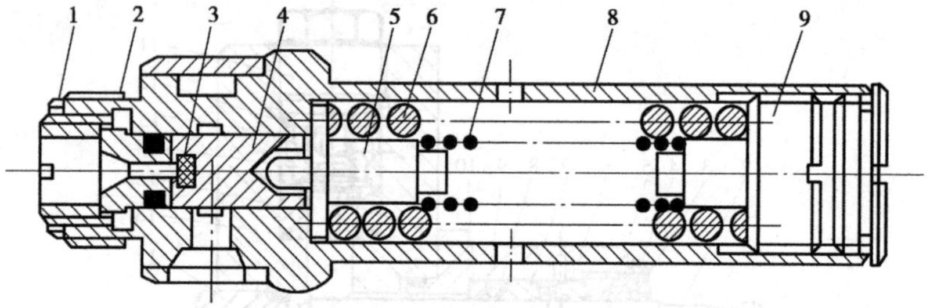

图2.43 泵用安全阀

1—锁紧螺母;2—阀座;3—阀垫;4—阀芯;5—顶杆;

6—大弹簧;7—小弹簧;8—阀壳;9—调节螺钉

该阀可根据乳化液泵站额定工作压力的大小分别采用单弹簧或双弹簧;当乳化液泵站的额定工作压力为20 MPa时,采用一根大弹簧;当乳化液泵站的额定工作压力为35 MPa时,采用两根弹簧。

三、XRXT型乳化液箱及其附属装置

(一)乳化液箱的组成

XRXT型乳化液箱是储存、回收、过滤和沉淀乳化液的设备,其结构如图2.44所示,主要由箱体、吸液断路器、回路断路器、卸载阀、蓄能器、磁性过滤器、压力表和交替阀等部件组成。

XRXT型乳化液箱的箱体由钢板焊接而成,工作容积为640 L。箱内分为4个部分,即沉淀室、消泡室、磁性过滤室和工作室。工作面支架的回液先进入沉淀室,将密度大的杂物沉淀在箱底部;再流上去进入消泡室,将气泡隔离在消泡室内;然后进入磁性过滤室,经磁性过滤器11吸附掉液体中的磁性杂质,经网状过滤器12除去其他悬浮微粒;最后进入工作室,由吸液断路器8进入乳化液泵。

箱体左端下部设有清渣孔14,上部设有支架回液接头15,支架回液从该接头进入沉淀室。箱体右端设有液位观察窗16和乳化液溢流管18,当工作室液位超过网状过滤器的安装高度时,多余的液化液可自动由溢流管排除。

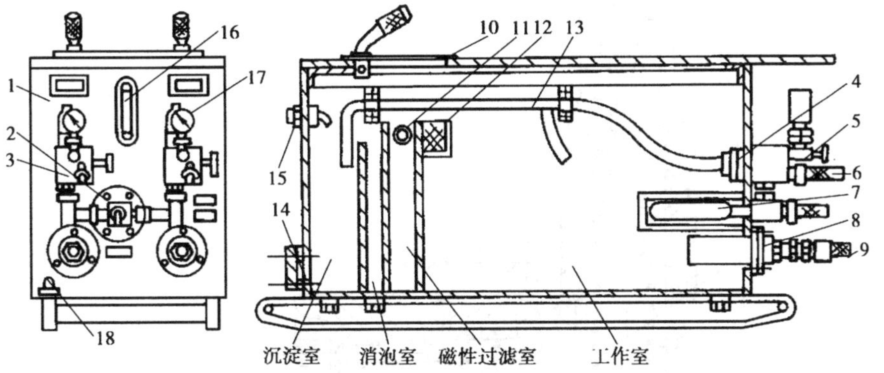

图 2.44　XRXT 型乳化液箱

1—箱体;2—交替阀;3—卸载阀;4—回液断路器;5—压力表开关;6—高压软管;7—蓄能器;8—吸液断路器;9—吸液软管;10—视孔盖;11—磁性过滤器;12—网状过滤器;13—总卸载管;14—清渣孔;15—支架回液接头;16—液位观察窗;17—压力表;18—乳化液溢流管

(二)乳化液箱的附属装置

乳化液的附属装置包括卸载阀、压力表及压力表开关、吸液过滤器、回液过滤器、蓄能器、交接阀以及用于井下自动配液器等。

1. 卸载阀

(1)卸载阀的作用

①在乳化液泵启动前先打开手动卸载阀,以使泵在空载下启动。

②当工作面支架不需要继续供给高压乳化液时,卸载阀自动卸载,泵排出的压力液经卸载阀直接流回乳化液箱,泵在空载下运行。

③当工作面支架需要乳化液时,卸载阀动作,继续向工作面支架输送高压乳化液。

(2)卸载阀的工作原理。如图 2.45 所示,卸载阀主要由单向阀 12、主阀 10、先导阀 5、顶杆 3、手动卸载阀 13 等组成。

乳化液泵排出的压力液由 P 孔进入卸载阀,推开单向阀 12,由接头 1 经交替阀送到工作面支架。同时,压力液绕过手动卸载阀,经过主阀 10 上的节流孔 11,再经孔道 6 到达先导阀下腔 4,液压力作用在先导阀 5 上。当液压力低于调压弹簧 7 的调定力时,先导阀 5 处于关闭状态。此时,孔道 6 中的压力液体不流动,节流孔 11 两侧的压力相等,主阀上部的液压力加上弹簧的作用力大于主阀下部的液压力,主阀处于关闭状态,乳化液泵不能卸载。

当工作面用液量减少或不用液时,泵排出乳化液的压力急剧升高。当达到卸载阀的调定压力时,先导阀 5 打开,先导阀下腔 4 中的压力液通过先导阀流入回液孔 R,先导阀下腔 4 压力下降,顶杆 3 在下部液压力的作用下上移并顶住先导阀。此时,一小部分经节流孔 11、孔道 6、先导阀下腔 4、回液孔 R 流回乳化液箱。由于液体流过节流孔时产生压力降,节流孔内侧压力低于外侧,使得主阀上部的液压力加上弹簧力小于主阀下部的液压力,主阀上移开启。大部分液体绕过手动载阀 13 经被打开的主阀直接由回液孔 R 流回乳化液箱。泵压立刻下降,单向阀 12 关闭,预杆 3 继续顶住先导阀,维持在打开位置,泵一直处于卸载状态。

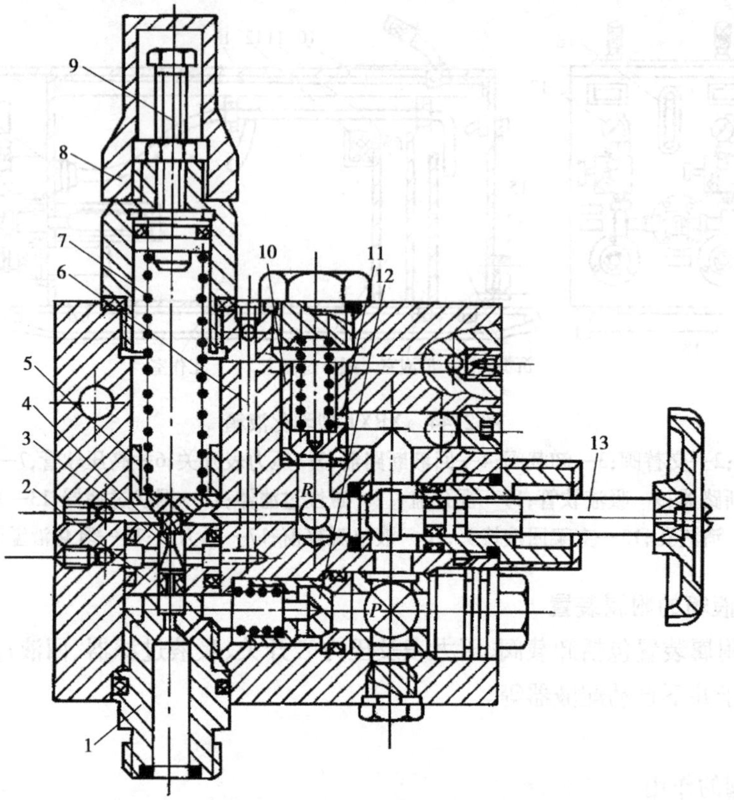

图 2.45　卸载阀

1—接头;2—先导阀座;3—顶杆;4—先导阀下腔;5—先导阀;6—孔道;7—调压弹簧

8—保护帽;9—调压螺钉;10—主阀;11—节流孔;12—单向阀;13—手动卸载阀

当工作面用液使主进液管压力低于卸载阀恢复压力时,弹簧 7 把先导阀关闭,先导阀下腔 4 与回液孔 R 断路,节流孔 11 液体不流动,节流孔内外侧压力相等,主阀在弹簧力作用下关闭。泵排液压力升高,推开单向阀 12,又继续向工作面供液。

为了能使泵在空载状态下启动,卸载阀上还装有手动卸载阀 13。乳化液泵启动时,旋转手动卸载阀 13 的手柄,可以使 P 孔与 R 孔直接相通。

2. 压力表开关

压力表开关装在卸载阀的正面,其上装有压力表,可观察支架主进液管的工作压力,也可观察蓄能器内的氮气压力。如图 2.46 所示,压力表开关由直径 6 mm 的钢球 1、阀座 2、顶杆 5、螺杆 8、手轮 9、螺套 7 以及密封元件组成。

3. 过滤器

乳化液泵站的过滤器有吸液过滤器,回液过滤器和磁性过滤器等。

(1)吸液过滤器。如图 2.47 所示为 XRXT 型乳化液箱上的吸液过滤器,由滤芯、断路阀等组成。

乳化液箱工作室的乳化液在吸入泵前应装吸液过滤器,吸液过滤器需经常卸下清洗。工作时,将吸液软管由卡口装入,顶开断路阀 1 使乳化液自由通过。当卸下吸液管时,断路阀 1

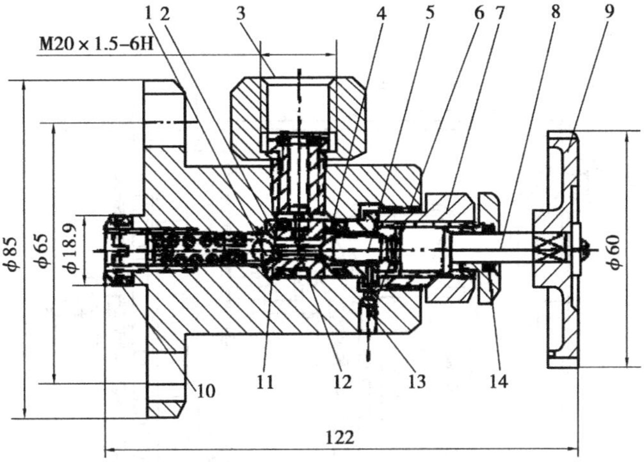

图2.46　压力表开关

1—钢球;2—阀座;3—压力表接孔;4—压套;5—顶杆;6—卸液孔;
7—螺套;8—螺杆;9—手轮;10—14—O 形封圈

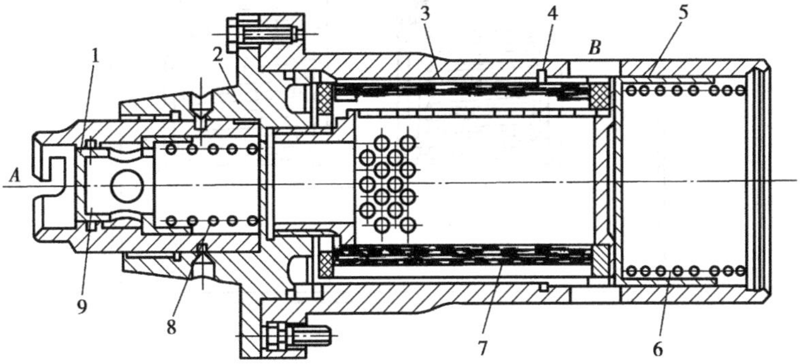

图2.47　吸液过滤器

1,5—断路阀;2—吸液过滤器;3—断路器壳;4,9—O 形密封圈;6,8—弹簧;7—过滤网

在弹簧8的作用下关闭,阻止乳化液由过滤器流出。当过滤器堵塞,需要拆下清洗时,断路阀5在弹簧的作用下复位,封闭 B 口,使乳化液箱内的乳化液不能外流。

(2)回液过滤器。为了防止乳化液中的污物随回液进入乳化液箱中,在乳化液沉淀室内设置了回液过滤器,如图2.48所示。

该沉淀室内设置了两组结构完全相同的回液过滤器,目的是增大乳化液的过滤面积,而且可以保证两组过滤器交替地进行清洗,不影响乳化液泵站的正常工作。回液过滤器主要是由断路阀和滤芯两部分组成。在两组回液过滤器的中间安装板上还装有一组低压安全阀,用于保护回液过滤器滤芯和沉淀室,不至于因回液过滤器堵塞而损坏。低压安全阀的开启压力为0.15~0.20 MPa。

工作时,工作面支架的回液从 A 口进入回液过滤沉淀室,然后由 B 口进入回液过滤器,经滤芯10过滤后由 C 腔流入储液室。

检查和清洗过滤器滤芯时,首先卸下回液过滤器拆装口处的圆盖板2,然后用手握着回液过滤器的上部手柄旋转120°,并将手柄往上提,直至提出液箱。此时,回液断路器底部的断路阀阀芯在弹簧作用下自动上升直至关闭,乳化液被封闭在沉淀室内。

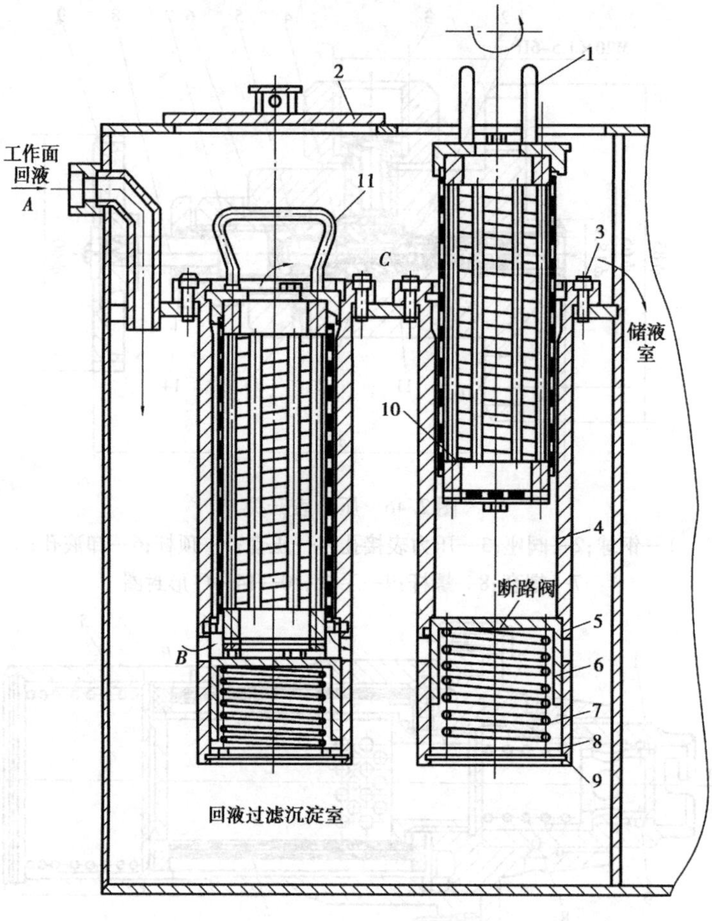

图 2.48　回液过滤器

1—滤芯提手;2—回液过滤器拆装口圆盖板;3—圆柱头内六角螺钉;4—回液过滤器壳;
5—O 形密封圈;6—断路阀阀芯;7—断路阀弹簧;8—弹簧承环;9—孔用弹簧挡圈;10—滤芯;11—手柄

4. 蓄能器

(1)蓄能器的用途。设置蓄能器的主要目的是:减小液压脉冲,降低噪声;吸收液压冲击,保证自动卸载阀等元件正常、平稳的工作;补充泄漏液,保持系统中乳化液压力平稳。

(2)结构和工作原理。乳化液泵站中一般都采用气囊式(XNQ 型)。XRXT 型乳化液箱上安设的蓄能器的容积约为 4 L,工作压力为 34.3 MPa,其结构如图 2.49 所示。蓄能器外客 4 由优质无缝钢管收口成形,内装橡胶气囊。气囊口装有充气阀 3(单向阀),由此阀向气囊中充入氮气。为防止蓄能器爆炸,气囊中严禁充氧气或压缩空气。蓄能器的进液端装有托阀 6,防止充满气体的胶囊被挤出进液口。

当蓄能器接入液压系统后,若泵压升高,则有一部分乳化液进入蓄能器,胶囊进一步被压缩,从而减缓了管路压力的升高;若泵压降低,胶囊中氮气膨胀,将一部分乳化液挤出蓄能器而进入管路系统,从而补偿了系统中压力的降低,减少了管路系统中的压力波动。

(3)充气方法

①氮气瓶直接充气法。将氮气瓶中的氮气通过充气装置直接充入蓄能器的方法称为氮气瓶直接充气法。

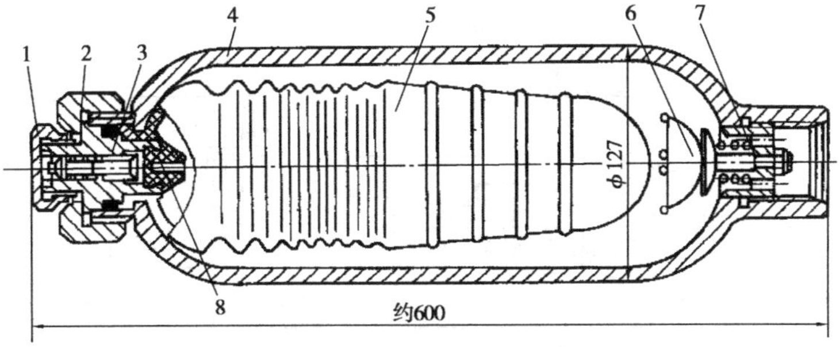

图 2.49　蓄能器

1—螺盖;2—压帽;3—充气阀;4—外壳;5—胶囊;6—托阀;7—阀座;8—橡胶塞

蓄能器充气装置如图 2.50 所示,由压力表接头 1、氮气接头 4、放气接头 5 和顶杆 3 组成。充气时将压力表接在压力表接头 1 上,氮气瓶通过软管与放气接头 4 连接,蓄能器充气阀与 M30 ×2 的螺纹口相接。

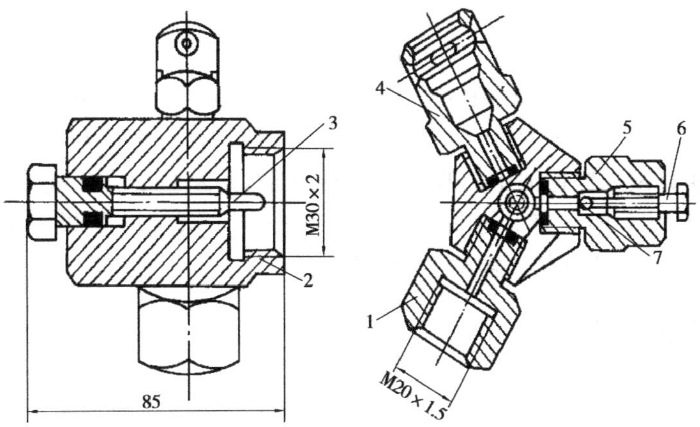

图 2.50　蓄能器充气装置

1—压力表接头;2—阀体;3—顶杆;4—氮气接头;5—放气接头;6—放气螺钉;7—钢球

②蓄能器增压法。当氮气瓶内氮气压力较低,不能满足蓄能器所需的充气压力时,可再配备 1 套充气增压装置,即 1 个蓄能器和 1 套充气装置,采用增压的方法进行充气。

(4)胶囊的更换。更换胶囊时,首先要将充气装置装上,用顶杆顶开充气阀芯,放尽胶囊内的气体,直到托阀的柄缩进为止;然后拆下充气阀,另一端的托阀也拆下来检查一下,看是否损坏。拆胶囊时用工具轻轻撬松止口,慢慢将胶囊拉出来。

胶囊装入前,首先将蓄能器内腔清洗干净,以免损坏胶囊。装入时,在胶囊和钢瓶内口涂些乳化油,把胶囊沿轴向折叠起来,慢慢塞进去。必要时,可以用 1 根适当大小的棒,将其头部削圆并伸入胶囊,然后慢慢推入。装好后用手指在胶囊内壁摸一摸,如有皱纹,则应用手指挤压抚平。蓄能器投入工作 10 天内,应检查一次囊内的气体压力,以后应每月检查一次。

5. 配液器

配液器是将中性水与乳化油混合为乳化液的装置。它主要由阀壳 4、喷嘴 5、压盖 1、节流阀杆 2、吸油管 9 以及吸油单向阀等组成,如图 2.51 所示。

配液时,在配液器右端螺纹口上拧一个供水接头,然后供入压力不低于 0.15 MPa 的中性水。当中性水流经喷嘴出口处时,流速增加,该处静压减小,形成局部真空。于是,乳化油在大

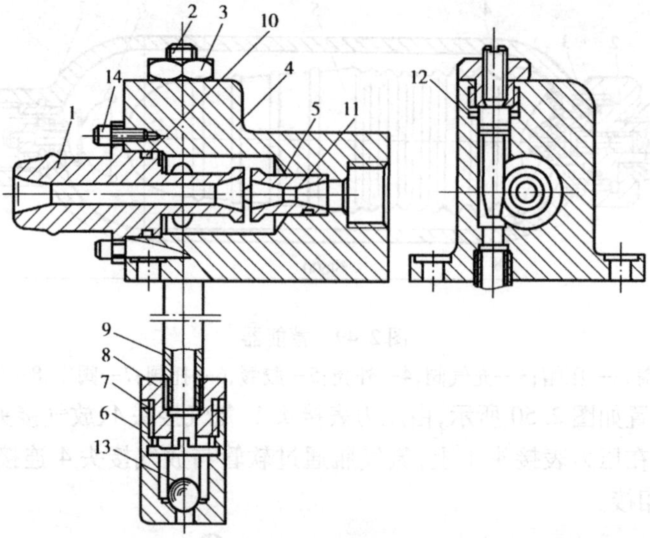

图 2.51　配液器

1—压盖;2—节流阀杆;3—螺母;4—阀壳;5—喷嘴;6—单向阀壳;
7—垫圈;8—空心堵;9—吸油管;10～12—密封圈;13—阀球;14—螺钉

气压力的作用下推开浸入乳化油中的吸油单向阀阀球 13,经吸油管 9 进入阀壳 4 内腔,与中性水混合成乳化液,然后经压盖 1 的中心孔流入乳化液箱沉淀室。如果要调整乳化油与水的配比,可以调节节流阀杆 2 获得所需浓度的乳化液。

四、乳化液泵站的液压系统

乳化液泵站的液压系统由乳化液泵、压力控制装置、保护装置、管路、乳化液箱等组成。

(一)对乳化液泵站液压系统的要求

根据液压支架的工作特点,对乳化液泵站液压系统有如下要求:

1. 泵站液压系统满足工作面支架的工作要求:当工作面支架需要用液时,能及时供给高压液体;当工作面支架暂不用乳化液时,能及时停止向工作面供液,但乳化液泵仍能照常运转,并且在低负荷状态下运转。
2. 乳化液泵站停止向工作面供液时,应保持工作面管路系统的压力;停泵时,应保证支架管路中的压力液不倒流。
3. 当泵的排液压力超过额定工作压力时,应能及时卸压,保护系统中的液压元件。
4. 保证泵能够在空载下启动,启动后能很快进入正常工作。
5. 应设有缓冲减震装置,以利于支架动作平稳。

(二)XRB_2B 型乳化液泵站液压系统

图 2.52 所示为 XRB_2B 型乳化液泵站液压系统,它由 2 台并联的乳化液泵 1(1 台工作,1 台备用)、安全阀 2、卸载阀组 3、蓄能器 5、乳化液箱 10 和管路等组成。

1. 泵站启动

首先打开手动卸载阀 e,使乳化液泵空载启动。乳化液泵经吸液断路器 4 从乳化液箱吸液,排出的压力液经高压液管 A、手动卸载阀 e、回液断路器 11、回液管 C 回到乳化液箱沉淀室。

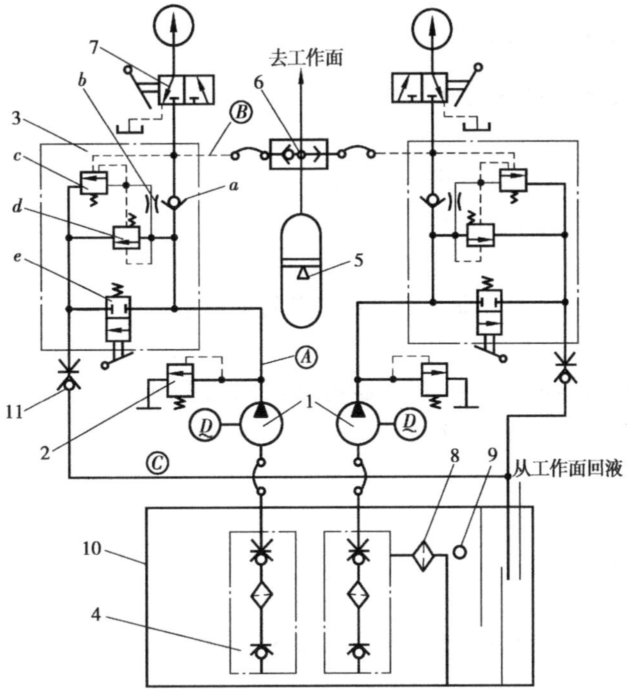

图2.52 XRB_2B型乳化液泵站液压系统

1—乳化液泵;2—安全阀;3—卸载阀组;4—吸液断路器;5—蓄能器;6—交替阀;
7—压力表开关;8—过滤网;9—磁性过滤器;10—乳化液箱;11—回液断路器;
a—单向阀;*b*—节流阀;*c*—先导阀;*d*—主阀;*e*—手动卸载阀

2. 泵站正常工作

待乳化液泵启动并运转正常后,慢慢关闭手动卸载阀,使泵的排液压力逐渐升高,直到手动卸载阀完全关闭时,泵排出的压力液打开单向阀 *a*,经高压管 *B*、交替阀6、工作面主进液管流向工作面支架;支架回液经主回液管回到乳化液箱沉淀室。

3. 泵站卸载

当工作面暂不用乳化液而泵站继续运转时,高压管路中的乳化液压力急剧升高。当升高至卸载阀的动作压力时,先导阀 *c* 和主阀 *d* 打开,单向阀 *a* 关闭。此时,乳化液泵卸载,排出的压力液经主阀 *d* 和先导阀 *c*、回液断路器具11、回液管 *C* 回到乳化液箱沉淀室。

工作面支架需要乳化液时,即主进液管压力下降至卸载阀恢复压力时,先导阀关闭,主阀关闭,泵压升高打开单向阀 *a*,恢复供液。

4. 泵站安全保护

泵站的一级压力保护由卸载阀组3实现(见图2.52)。为防止自动卸载阀失灵或系统瞬时压力超过额定工作压力面而使系统中的液压元件及乳化液泵损坏,泵站液压系统中增设了安全阀2。实现了对系统的二级超压保护。安全阀的调定压力略高于卸载阀的调定压力(约为卸载阀调定压力的110%)。泵的排液压力一旦超出安全阀的调定压力,使安全阀开启喷液时,应立即打开手动卸载阀 *e*,使乳化液泵卸载,然后停泵检查超压原因。如果是自动卸载阀失灵,则应更换卸载阀组;如果是安全阀调定值过低,则应重调定压力;如果卸载阀和安全阀均正常时,则应检查整个系统,查出原因进行处理后才可再次启动乳化液泵,否则不许重新启动。

五、乳化液泵站的使用与维护

（一）乳化液泵站的运转与维护

1. 乳化液泵站的安全运转

（1）开泵前应对如下几项内容进行检查；

①检查各部件有无损坏，连接螺钉是否松动。

②乳化液泵润滑油油量是否符合要求，不足要及时补充。

③检查乳化液箱液位。对于附有自动配液装置的液箱，要检查乳化油油位是否符合要求，不足时应补充，严禁只用清水。

④检查乳化液断路器是否接通，过滤器是否堵塞，必要时应进行清洗。

⑤检查各工作管路、电路是否接通。

（2）启动时应注意的事项

①注意泵的旋转方向。

②倾听泵的启动声音。

③注意泵压和油压。

④如果启动失灵，必须查明原因，及时处理，不准强行启动。

2. 开泵顺序

（1）打开泵的吸液截止阀以及回液管在乳化液箱上的截止阀，关闭向工作面供液的截止阀。

（2）打开手动卸载阀，使泵在空载下启动。

（3）闭合磁力启动器的换向开关。

（4）点动乳化液泵电动机的启动按钮，检查旋转方向正确后再开泵，禁止开倒车。

（5）开泵后，首先松开泵头上各排气孔的丝堵，进行放气。

（6）电动机转速正常后，先关闭向工作面供给液的截止阀，然后反复开、关手动卸载阀，使自动卸载阀多次动作，检查自动卸载阀的动作是否灵敏，动作压力是否符合要求。

（7）经检查一切正常后，打开向工作面供液的截止阀，关闭手动卸载阀，泵站正常工作。

注意：启动过程中要注意各部位有无漏液现象。

3. 停泵顺序

（1）打开手动卸载阀，关闭泵站向工作面供液的截止阀。

（2）按泵站电动机的停止按钮，使电动机停止运转。

（3）将磁力启动器的换向开关回零，并进行闭锁。

4. 泵站运转中应注意的事项

（1）当使用1台高压泵、1台低压泵时，不准2台泵同时启动。

（2）不准在运转中随意调整安全阀、卸载阀、减压阀的动作压力。

（3）不准甩开系统中的任何保护元件。

（4）注意机器的运转声音是否正常。

（5）要经常观察压力表指针是否在正确的指示范围内，发现问题立即停泵。

（6）注意卸载阀的工作状况是否正常。

（7）注意润滑油的压力是否符合要求（润滑油压力一般要高于0.2 MPa）。

(8)检查机器温度,最高不能超过60 ℃。

(9)检查乳化液温度,最高不能超过40 ℃。

(10)泵正常运转中如发现蓄能器、卸载阀、安全阀、压力表等保护装置失效,应立即停泵,进行处理;排除故障前,严禁再次开泵。

(11)注意停泵前要呼叫,停止动作要迅速,应直接停止电动机运转并切断电源。停泵期间,司机不准离开岗位。

(12)工作面呼叫停泵后,必须得到工作面呼叫人员的开泵信号后方可再次开泵;无论是本机故障停泵,还是工作面呼叫停泵,再次开泵前必须向工作面发出开泵信号。

(13)泵站周围应清洁、无杂物,工作中不准随意打开乳化液箱盖。

(二)乳化液泵站的检修与维护

1. 日检

(1)检查各部分连接螺栓、销钉是否松动。

(2)检查管路、阀门、柱塞腔、油箱的密封情况,是否有渗漏现象。

(3)检查乳化液箱内的乳化液量、乳化液的浓度以及乳化液是否变质。

(4)检查曲轴箱内的润滑油,观察油位是否在规定范围内。

(5)检查泵的运转声音是否正常,卸载阀的动作情况是否正常。

(6)检查、清洗过滤器,擦拭机器。

如发现以上检查部位出现问题时应立即处理。

2. 周检

(1)包括日检的全部内容。

(2)更换乳化液箱内的乳化液。

(3)检查吸、排液阀的工作性能,检查复位弹簧是否断裂。

(4)检查泵各运动件和连接件是否松动、变形、损坏等。

(5)检查各部位密封圈是否有损坏现象,柱塞表面是否完好。

(6)检查蓄能器的充氮压力是否符合要求。

(7)检查电气系统、防爆面、开关接触器是否完好。

3. 升井检修

泵站经半年运行后,由于磨损及锈蚀等原因失去了原有的精度和性能,应进行升井检查和维修,更换必要的易损件,调整各运动部件的间隙,恢复其原来的性能。

升井检修应注意下列事项:

(1)零件要进行清洗,发现锈点应进行防锈处理。

(2)更换损坏的过滤网。

(3)各种密封圈如发现切断、损坏、老化,应及时更换。

(4)各阀面如发现损坏,应修复或更换。

(5)升井检修后进行装配,并按出厂检验要求进行试验。

(三)乳化液泵站常见故障处理方法

乳化液泵站的常见故障及其处理方法见表2.7。

表 2.7　乳化液泵站常见故障及其处理方法

序 号	故障现象	产生原因	处理方法
1	支架停止供液时卸载阀动作频繁	1. 支架输液管道渗漏 2. 卸载阀内单向阀密封损坏 3. 卸载阀内顶杆 O 形密封圈损坏 4. 蓄能器压力过高	1. 更换管道 2. 修理或更换 3. 更换密封圈 4. 放气
2	泵启动后无流量或流量不足，压力脉动大，管路抖动厉害	1. 泵内空气未放尽，包括吸液管路系统有吸气部位 2. 柱塞密封损坏严重 3. 进、排液阀密封不好，泄漏严重或动作不灵活 4. 进、排液阀弹簧断裂 5. 吸液过滤器堵塞 6. 吸液软管过细、过长 7. 乳化液箱液位过低 8. 蓄能器无压力或压力过高 9. 卸载阀动作频繁 10. 卸载阀漏液严重	1. 放气 2. 检查、更换 3. 修复或更换 4. 更换 5. 清洗 6. 调整 7. 加乳化液 8. 充气或放气 9. 检查原因并排除 10. 检查原因并排除
3	有流量无压力或压力不足	1. 卸载阀或卸压阀密封不良 2. 先导阀密封不良 3. 卸载阀调压弹簧断裂或疲劳 4. 主阀密封不良 5. 压力表开关未打开或阀座变形、堵塞 6. 排液管道开裂	1. 修复或更换 2. 修复或更换 3. 更换 4. 修复或更换 5. 打开、更换 6. 更换
4	柱塞密封处漏液严重	1. 密封圈损坏 2. 柱塞室中心不准，柱塞表面有严重划伤、拉毛	1. 更换 2. 注意正确的装配工艺
5	运转噪声大，撞击声严重	1. 曲轴曲拐与轴瓦磨损严重，间隙过大 2. 连杆锁紧螺钉松动 3. 泵内有杂物 4. 齿轮加工精度低或齿面损坏 5. 柱塞端部与承压块之间的间隙加大 6. 泵体上轴承精度差 7. 联轴器安装不对中心 8. 连杆衬套与滑块磨损严重 9. 吸液不足	1. 更换或调整间隙 2. 拧紧 3. 清洗 4. 修复或更换 5. 更换 6. 更换 7. 调整 8. 更换 9. 检查吸液系统
6	润滑油油温升高，发热异常	1. 润滑油不足（或过多）、太脏或油质选取不符合要求，黏度低 2. 曲拐与轴瓦粘毛或轴瓦受压面不良，或配合间隙太小 3. 连杆大头侧面与曲轴限板别卡 4. 两半联轴器间隔距离过小 5. 超负荷运行时间过长	1. 按油质要求控制油量 2. 更换、调整间隙 3. 检查原因并排除 4. 调整间隙 5. 调整负荷

续表

序号	故障现象	产生原因	处理方法
7	泵压突然升高	1. 泵用安全阀失灵 2. 卸载阀、先导阀或主阀不动作 3. 系统中的故障	1. 修复安全阀 2. 检查修复 3. 检查原因并排除
8	滑块处漏油严重	1. 缸壁拉毛 2. 活塞环失效	1. 更换泵体 2. 更换活塞环
9	液箱前后液位差太大	过滤网被污物堵死	清洗过滤网

六、任务考评

评分标准见表2.8。

表2.8　评分标准

序号	考核内容	考核项目	配分	检测标准	得分
1	开泵前的准备工作	1. 各连接螺栓是否齐全、紧固 2. 润滑油箱及各润滑部位的油量是否适当，是否需要加注 3. 乳化液量是否需要补充 4. 各安全保护装置是否需要检查 5. 各过滤器是否堵塞	10	缺一项扣2分	
2	乳化液泵的启动与停止	1. 开泵顺序 2. 停泵顺序	20	缺一项扣5分	
3	泵站运转中的检查	1. 机器运转声音是否正常 2. 机器、乳化液的温度是否正常 3. 压力表指针指示是否正确 4. 润滑泵的压力是否正常 5. 泵体漏液情况 6. 卸载阀工作情况	20	缺一项扣2分	
4	乳化液泵站的“四检”内容	1. 班检 2. 日检 3. 周检 4. 月检	20	缺一项扣2分	
5	常见故障处理	现场设计两种故障进行处理	20	检修操作方法不正确一项扣5分，故障没排除不得分	
6	安全文明操作	1. 遵守安全规程 2. 清理现场卫生	10	1. 不遵守安全规程扣5分 2. 不清理现场卫生扣5分	
总　计					

七、思考与练习

1. 乳化液泵站由哪几部分组成？各部分有什么作用？
2. XRB_2B 型乳化液泵由哪几部分组成？
3. XRB_2B 型乳化液泵的滑块和曲拐处是怎样润滑的？乳化液泵能否反转，为什么？
4. 简述卸载阀在泵站系统中的作用及工作原理。
5. 对乳化液泵站液压系统的要求是什么？
6. 简述自动配液器的工作原理。
7. 试述 XRB_2B 型乳化液泵站液压系统的工作原理。
8. 乳化液泵站运转中应注意哪些问题？
9. 乳化液泵站日检、周检包括哪些内容？
10. 乳化液泵站常见故障现象有哪些？产生故障的原因是什么？如何处理？

任务5　乳化液的使用与管理

知识目标：★乳化液的组成及特性

能力目标：★乳化液的使用

★乳化液的管理方法

教学准备

准备好乳化液泵及乳化液。

任务实施

1. 老师下达任务：根据具体情况选用、配制乳化液；
2. 制订工作计划：学生以小组为单位，根据任务要求，提前查阅乳化液相关资料；
3. 任务实施：由学生描述乳化液的管理方法，根据要求选用、配制乳化液。

相关知识

乳化液是液压支架和泵站之间传递能量的一种介质，正确地选用、配制和使用乳化液可以保证泵站的液压系统工作稳定、灵敏、可靠，充分发挥其效率，延长泵站设备的使用寿命，保证液压支柱的工作性能和使用效果。本任务要求：正确地选用、配制和使用乳化液。

我国液压支护设备使用的乳化液由5%的乳化油和95%的水组成。乳化油含有动植物油脂及皂类，同时又含有某些盐类，加水配制而成乳化液后，黏度低。乳化液如果使用管理不当，就会乳化变质或浓度变低，从而影响液压系统工作的稳定性，甚至使支护设备产生锈蚀而缩短设备的使用寿命。为了正确配制、使用和管理乳化液，首先要学习乳化液的组成及特性等相关知识。

乳化液是由两种互不相溶的液体（如水和油）混合而成的，其中一种液体呈细粒状，均匀分散在另一种液体中，形成乳状液体。

一、乳化液的类型

如图2.53所示，乳化液分为油包水型和水包油型两大类。

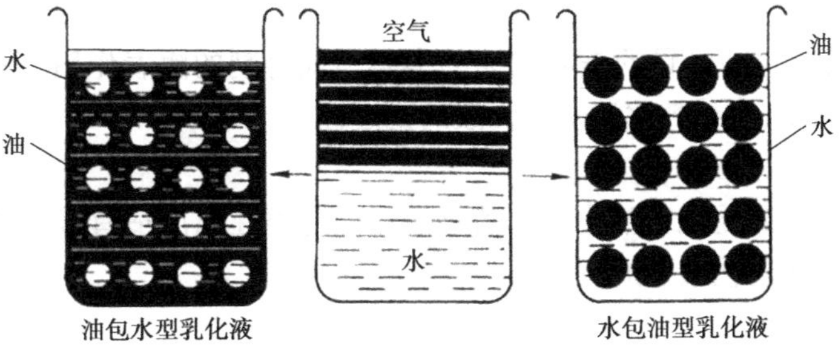

图2.53　乳化液类型示意图

(1)油包水型乳化液（以W/O表示）的主要成分是油，其中含有15%～40%的小水珠，均匀分散在油中。

(2)水包油型乳化液（以O/W表示）的主要成分是水，其中含有2%～15%的细小油滴，均匀分散在水中，小油滴的直径一般在0.001～0.005 mm范围内。

一般来说，能使油和水形成稳定乳化液的物质称为乳化剂，能与水自动形成稳定的水包油型乳化液的"油"称为乳化油。目前，国内外液压支架均采用由水和乳化油组成的水包油型乳化液，5%的乳化油均匀分散在95%的水中，其颗粒直径为0.001～0.005 mm。

二、乳化油的组成及作用

乳化油的主要成分是基础油、乳化剂、防锈剂和其他添加剂。

（一）基础油

基础油是乳化油的主要成分，当它作为各种添加剂的载体时，会形成水包油型乳化液中的小油滴，增加乳化液的润滑性，其含量一般占乳化油组成的50%～80%。

常用的基础油为轻质润滑油。为了使乳化油流动性好，易于在水分中分散乳化，多半选用黏度低的5号或7号高速机械油。常用的M—10乳化油以5号高速机械油为基础油。

（二）乳化剂

乳化剂是使基础油和水乳化而形成稳定乳化液的关键性添加剂。它是一种能强烈地吸附在液体表面或聚集于溶液表面，改变液体的性能，促使两种互不相溶的液体形成乳化液的表面活性物质。乳化剂能在基础油的油滴周围形成一层凝胶状结构的保护薄膜，阻止油滴发生积聚现象，使乳化液保持稳定。同时，它还具有清洗、分散、起泡、渗透和湿润等作用。

（三）防锈剂

防锈剂是乳化液的一个不可缺少的组成部分，用以防止与液压介质相接触的金属材料受腐蚀，或使腐蚀速度降低到不影响使用性能的最低限度。防锈剂主要为油溶性防锈剂，是一种能溶于油中，降低油的表面张力的表面活性剂。油溶性防锈剂是由极性和非极性两种基团组成。在使用过程中，极性基团吸附在金属与油的界面，同金属（或氧化膜）发生相互作用，在金属表面形成水的不溶性或难溶性化合物；而非极性基团则向外与油互溶，从而形成紧密的栅栏，阻止水、氧等其他腐蚀介质进入表面，起到防锈作用。

（四）其他添加剂

为了满足乳化油使用性能的全面要求，还要加入一些其他添加剂，如偶合剂、防霉剂、抗泡剂和络合剂。

1. 偶合剂

乳化油中应用偶合剂的目的是乳化油的皂类借偶合剂的附着作用与其他添加剂充分互溶，降低乳化油的黏度，改善乳化油及乳化液的稳定性。

2. 防霉剂

加入防霉剂后，可防止乳化油中的动植物油脂和皂类在温度适宜或使用时间较长的情况下引起霉菌生长，造成乳化液变质发臭。

3. 抗泡剂

由于乳化液中含有较多的表面活性剂，具有一定的起泡能力，在使用过程中，有时会因激烈搅动或者水质变化而产生大量气泡，严重时可造成气阻，影响液压支架的正常动作。另外，由于气泡的存在，使乳化液的冷却性能和润滑性能降低，甚至造成摩擦部位的局部过热和磨损。加入抗泡剂后，可降低乳化液的起泡性。

4. 络合剂

络合剂可在乳化油中与钙、镁等金属离子形成稳定常数大的水溶性络合物，以提高乳化液的抗硬水能力。

三、乳化液的配制

（一）配制乳化液的用水

配制乳化液所用的水的质量十分重要，它不但直接影响到乳化液的稳定性、防锈性、防霉性和起泡性，也关系到泵站和液压支架各类过滤器的工作效率和使用寿命。

我国根据矿井水质的具体条件，参照国内外使用液压支架的经验和当前国内乳化油的研究和生产情况，对配制乳化液的用水质量有如下要求：

1. 配制乳化液的用水应无色、透明、无臭味，不能含有机械杂质和悬浮物。

2. 配制乳化液用水的 pH 值在 6 ~9 范围内为宜。

3. 氯离子的含量不大于 5.7 毫克当量(200 mg/L)。

4. 硫酸根离子的含量不大于 8.3 毫克当量(400 mg/L)。

5. 水的硬度不应过高，避免降低乳化液中阴离子乳化剂的浓度和丧失乳化能力。应根据不同水质来确定乳化油的种类（抗低硬、抗中硬、抗高硬、通用型等类）。

（二）合理选用乳化油

水质选定之后，根据水的硬度选用与之相应的液压支架用乳化油。一般情况下，不要用通常的金属切削乳化液来代替。

为选用方便起见，液压支架用乳化油按适应水质的不同硬度来分类，一般分为抗低硬、抗中硬、抗高硬、通用型等。水质硬度高时不能选用抗低硬的乳化油，否则会影响乳化油的稳定性和防锈性;水质硬度低时选用抗高硬的乳化油是不合理的。抗高硬的乳化油比抗低硬的乳化油的价格高,而且在低硬水中往往会增加起泡性。乳化油选定之后,应尽量采用同一牌号的产品。如果要改用乳化油品种与牌号,则需进行乳化液相溶性试验。

(三)乳化液浓度对其性能的影响

乳化液的浓度对乳化液性能影响很大。浓度过低会降低抗硬水能力,影响乳化液的稳定性、防锈性及润滑性;浓度过高则会增加乳化液的起泡性和增大对橡胶密封材料的溶胀性。所以乳化液的浓度必须按规定进行配制,一般规定水:乳化油浓度比应等于95:5,使用过程中乳化液箱内乳化液的浓度不能低于3%。

(四)乳化液的配制方法

采煤工作面乳化液泵站所用乳化液的配液方式有地面配液和井下配液两种,由于工作面乳化液用量较大,所以大都采用井下配液方式。

1. 用称量混合搅拌法人工配液。根据乳化液配比,称出所需的乳化油和配制用水,放在液箱内由人工将其搅拌均匀。

2. 在乳化液箱内设有配液器,通过配液器进行自动配液。自动配液效果较好,不但容易调整配液浓度,而且能使油、水混合均匀。

(五)乳化液浓度的检测方法

乳化液浓度的检测常用袖珍折光仪来进行,袖珍折光仪如图2.54所示。

图2.54 袖珍折光仪

测定时,将乳化液试样滴到测定镜上,测定镜一端对准光源,人的眼睛对准折光仪的目镜观察,然后调整目镜焦距,刻度尺上暗色部分与亮色部分间的隔线的显示值就是被测定乳化液的浓度。袖珍折光仪每次测定后,要将测定镜用水反复清洗数次,然后再用软布擦干。不能用高纯度酒精和热的液体擦洗测定镜,否则会影响测定结果。

由于袖珍折光仪不能接恒温装置,所以温度低于或高于20 ℃时,测定结果需要做温度校正。表2.9列出了不同温度时的浓度校正值。

表2.9 折光仪温度校正表

温 度/℃	浓度校正值	温 度/℃	浓度校正值
13.3~14.8	-0.4	22.3~23.8	+0.2
14.8~16.3	-0.3	23.8~25.8	+0.3
16.3~17.8	-0.2	25.8~26.8	+0.4
17.8~19.3	-0.1	26.8~28.3	+0.5
19.3~20.8	0	28.3~29.8	+0.6
20.8~22.3	+0.1	29.8~31.3	+0.7

四、液压支架用水包油型乳化液的特性

(1)具有足够的安全性。水包油型乳化液含有95 %以上的中性水溶液,既不引燃,也不助燃。在要求防爆的井下具有足够的安全性。

(2)经济性好。水包油型乳化液来源广、价格便宜。

(3)黏度小,黏温性能良好。水包油型乳化液的黏度接近于水的黏度,由于黏度小,减小了支架管路中能量的损耗。良好的黏温性能有利于泵站和各种阀类工作性能的稳定。

(4)具有良好的防锈性与润滑性。由于水包油型乳化液中有一定成分的防锈剂和基础油,所以在井下使用时,支架具有良好的防锈性能和润滑性能。

(5)稳定性好。由于水包油型乳化液中有一定成分的乳化剂、偶合剂和抗泡剂,所以它不易产生气泡,并有良好的化学稳定性。

(6)对密封材料的适应性好。水包油型乳化液对常用的丁腈橡胶密封材料有良好的适应性,不会使密封材料过分收缩和膨胀,造成密封失效。

(7)对人身体无害,无刺激性;对环境污染小,冷却性好。

水包油型乳化液的缺点是:黏度小,容易漏损,润滑性不如矿物油,因此要求乳化液泵和液压阀有很好的密封性能和防锈性能。

五、乳化液的使用及管理

(一)乳化液的配制和使用

1. 乳化液的配制

(1)坚持正常使用自动配液装置,不准甩掉不用。

(2)乳化液箱清洗后或第一次配制时,应边检测浓度,边调整供水压力及吸油节流孔,直到达到配比浓度要求。一旦调定合适,不准随意改动。

(3)定期检查水箱、液箱、油箱和分离设施,至少每周清洗液箱一次,以保证乳化液的质量。

(4)每班至少检查两次乳化液浓度配比,并做好记录。

2. 乳化液的使用

(1)配液后,应严格检验配油浓度是否达到5%的规定要求,如发现浓度变化应及时分析处理。浓度检测可用折光仪,也可用计量法或化学破乳法。

(2)每周检测乳化液混溶状况和使用的水质变化情况,如发现乳化液大量分油、析皂、变色、发臭或不乳化沉淀等异常现象,必须立即更换新液,然后查明原因。

(3)泵站乳化液箱可备有容量足够的副液箱,以备大量回液和清洗液箱时储液用。要进行乳化油的相溶性、稳定性和防锈性试验,合格后才能使用。

(4)杜绝随意放泄乳化液,保持工作环境卫生,以防污染。

(5)应采用同一牌号、同一工厂生产的乳化油。如果两种牌号的乳化油混用时,要进行乳化油的相溶性、稳定性和防锈性试验,合格后才能使用。

(6)乳化液的工作温度不能高于40 ℃。

(二)乳化液的管理

1. 乳化液的检验

乳化液在配制和使用过程中应按规定进行性能检验。

(1)稳定性

将100 mL试验用乳化液装入容器瓶内,并封闭瓶口,在70 ℃温度下放置168 h,如果析出的油和脂状物量不大于0.1 mL,且无沉淀物即为合格。

(2)防锈性

将45钢试棒或62铜试棒插入温度为60 ℃的试验用乳化液中,放置24 h后取出,观察锈蚀情况。45号钢试棒以无锈蚀和无色变为合格;62铜试棒除无色变、锈蚀外,还要观察试液是否变绿,如试液变绿,尽管试棒无色变,也不合格。

(3)对橡胶密封材料的适应性

将丁腈橡胶试件放入试验用(70±2)℃的乳化液中,静置168 h后取出,计算试件的体积膨胀,如果试件体积膨胀百分数在-2~6之间为合格。

(4)消泡性

将50 mL试验用乳化液装入100 mL的量筒内,在室温条件下,上下激烈摇动1 min,静置观察消泡情况。若15 min内泡沫全消,则认为该乳化液的消泡性良好。

(5)防霉性

将50 mL试验用乳化液放入烧杯内,加入新鲜玉米粉2 g,然后在20~35 ℃的暗处静置30天,观察有无黑色或臭味产生,没有为合格。

2. 乳化油的储存和管理

(1)使用单位要有乳化油油库,不同牌号的乳化油要分类保管,统一分发,做到早生产的乳化油先用,防止超期变质。

(2)乳化油的储存期不能超过1年,凡超过储存期的,必须经检验合格后才能使用。

(3)桶装乳化油应放置在室内,防止日晒雨淋。冬季室内温度不能低于10 ℃,以保证乳化油有足够的流动性。

(4)乳化油是易燃品,在储存、运输时应注意防火。

(5)井下存放乳化油的油箱要严格密封。油箱过滤器要齐全,防止杂物进入油箱。

(6)乳化油的领用和运送应由专人负责,使用专用的容器和工具,不能使用铝容器。防止杂物混入乳化油而影响其质量。

3. 乳化液的防冻问题

水包油型乳化液是低浓度的乳化液,它的凝点在-3 ℃左右,并具有与水相类似的冻结膨胀性。受冻后,不但体积膨胀,而且稳定性也受到严重影响。3%浓度的乳化液受冻后,几乎全部破乳。因此,在寒冷季节,对液压支架(包括乳化液泵站)的地面储存、运输和检修,必须采取有效措施防止缸体管路受冻损坏。

六、任务考评

评分标准见表2.10。

表2.10 评分标准

序号	考核内容	考核项目	配分	检查标准	得分
1	乳化液的配制	乳化液的配制方法和注意事项	20	错漏一项扣5分	
2	乳化液的使用	乳化液的使用注意事项	25	错漏一项扣5分	
3	乳化液的储存和管理	乳化液的储存和管理注意事项	20	错漏一项扣5分	
4	乳化液的检验	稳定性、防锈性、对橡胶密封材料的适应性、消泡性、防霉性的检验	25	错漏一项扣5分	
5	安全文明操作	1. 遵守安全规程 2. 清理现场卫生	10	1. 不遵守安全规程扣5分 2. 不清理现场卫生扣5分	
总计					

七、思考与练习

1. 乳化液有哪几种类型？我国采用什么类型的乳化液？
2. 液压支架用乳化液有哪些特性？
3. 乳化油由哪几部分组成？各部分的作用是什么？
4. 如何根据水质合理选择乳化油？
5. 检验乳化液性能的项目有哪些？检验标准是什么？
6. 配制乳化液的方法是什么？
7. 如何使用袖珍折光仪检测乳化液的浓度？
8. 配制和使用乳化液时应注意什么问题？

学习情境 3

采区运输机械

任务1　可弯曲刮板输送机的操作

知识目标：★可弯曲刮板输送机的结构和工作原理 能力目标：★可弯曲刮板输送机运转前的准备工作 ★可弯曲刮板输送机的启动、停止准备发实训室的可弯曲刮板输送机运转前的准备工作。

教学准备

准备好实训室的可弯曲刮板输送机运转前的准备工作。

任务实施

1. 老师下达任务：操作目前常用的可弯曲刮板输送机；

2. 制订工作计划：学生以小组为单位，根据任务要求，提前查阅目前常用的可弯曲刮板输送机的相关资料；

3. 任务实施：由学生描述可弯曲刮板输送机运转前的准备工作，操作可弯曲刮板输送机。

相关知识

图3.1所示为可弯曲刮板输送机的外形图。可弯曲刮板输送机是综合机械化采煤工作面运输设备，它担负的主要任务是把采煤机破碎下来的煤从工作面全长范围内运送至顺槽转载机，再经可伸缩胶带输送机运送至采区煤仓；另外，可弯曲刮板输送机还要作为采煤机的运行轨道以及液压支架向前移动的支点。刮板输送机的启动和停止操作由布置在运输顺槽内的磁

力启动器(见图3.2)上的启动和停止按钮来进行控制。

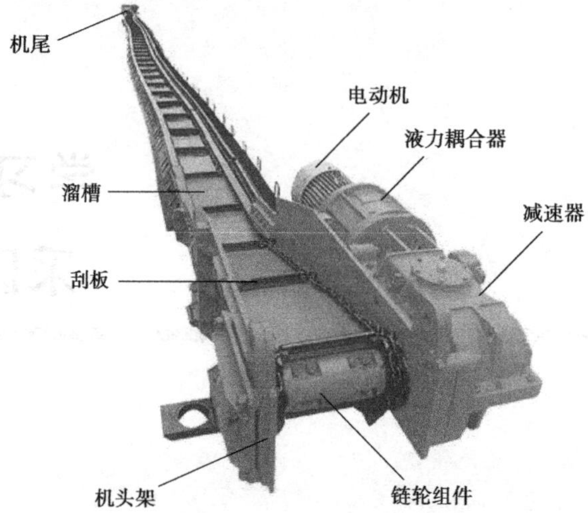

图3.1 可弯曲刮板输送机外形
1—电动机;2—液力耦合器;3—减速器;4—链轮组件;
5—机头架;6—溜槽;7—刮板;8—机尾

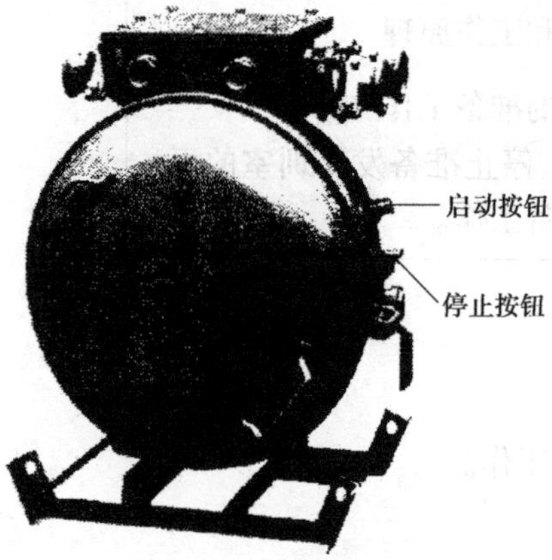

图3.2 磁力启动器外形图

能否正确操作可弯曲刮板输送机,直接影响综采工作面的正常生产。可弯曲刮板输送机的操作包括几个部分:操作前的检查、启动、停止操作等。因为开机前要对刮板输送机的各部分进行检查,所以,要先了解刮板输送机的结构、组成等知识,才能确保安全生产。

下面以SGW—250型可弯曲刮板输送机为例来分析可弯曲刮板输送机的结构和工作原理。

一、可弯曲刮板输送机的使用范围

SGW—250型可弯曲刮板输送机是一种大功率、大运输量、高强度的重型刮板输送机,它适用于地质结构比较简单、倾角在12°左右的中厚煤层采煤工作面,并与双滚筒采煤机、液压支架、桥式转载机、可伸缩胶带输送机配套使用,实现采煤工作面落煤、装煤、运煤、移溜、顶板支护等工序的综合机械化。

二、组成及工作原理

(一)组成

SGW—250型可弯曲刮板输送机的结构如图3.3所示,它主要由机头部3(包括机头架、传动装置、链轮组件等)、溜槽(包括中部槽6、调节槽7、连接槽4)、刮板链2、机尾部11(机尾架、传动装置、链轮组件等)组成。溜槽侧帮装有附件,如挡煤板8和铲煤板9;机头和机尾各设有防滑锚固装置1和12;此外还有液压紧链器10等。

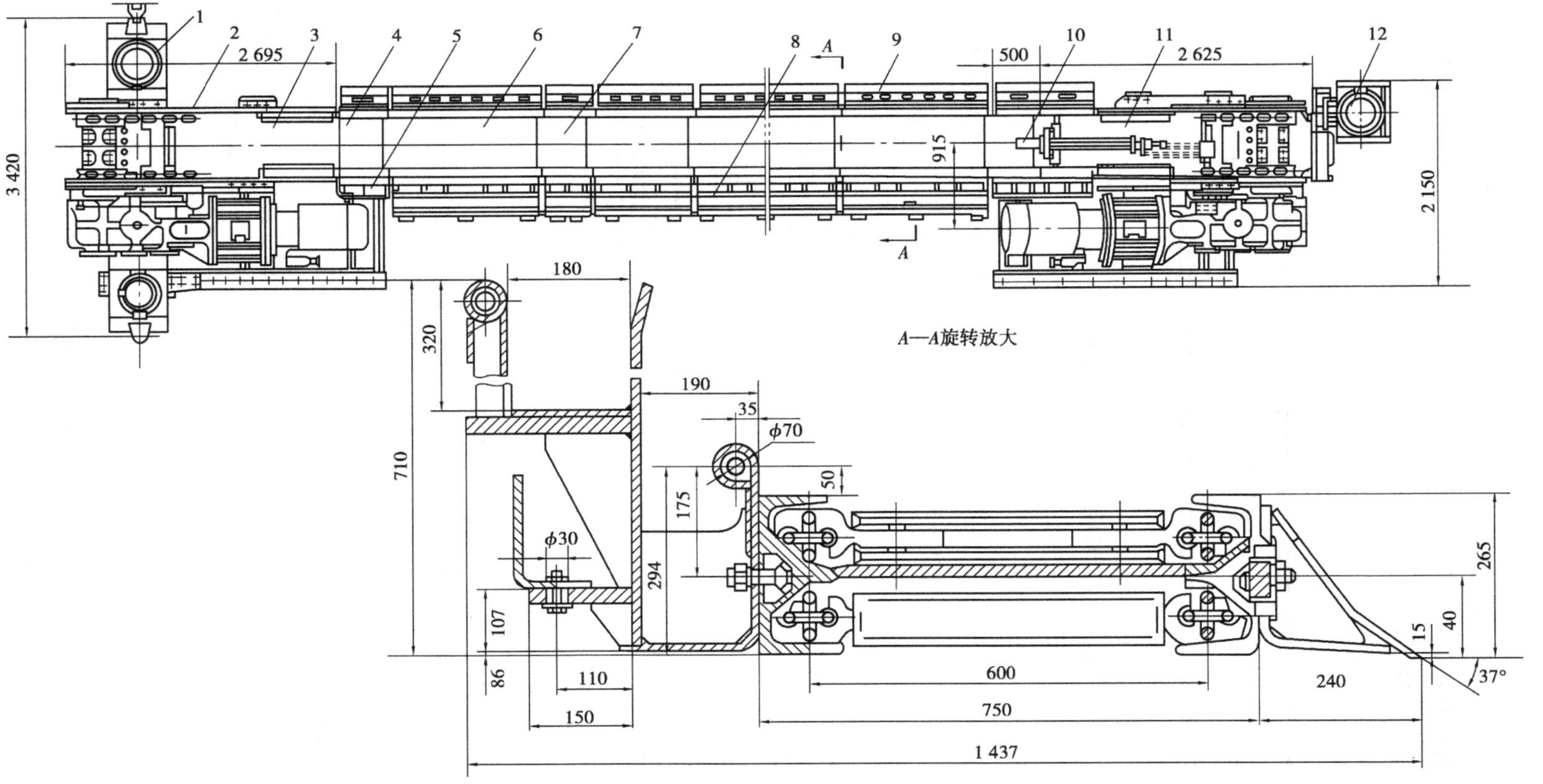

图3.3　SGW—250型可弯曲刮板输送机

1—机头防滑锚固装置；2—刮板链；3—机头部；4—连接槽；5—特殊挡板；6—中部槽；7—调节槽；8—挡煤板

9—铲煤板；10—液压紧链器；11—机尾部；12—机尾防滑锚固装置

(二)工作原理

如图3.4所示,一条无极的刮板链1被机头链轮3带动在上、下溜槽2中做循环移动,将装在溜槽中的煤运到机头并卸下来。机头链轮是由电动机经液力耦合器和减速器来驱动的。机尾链轮4可以是主动轮,也可以是导向轮。

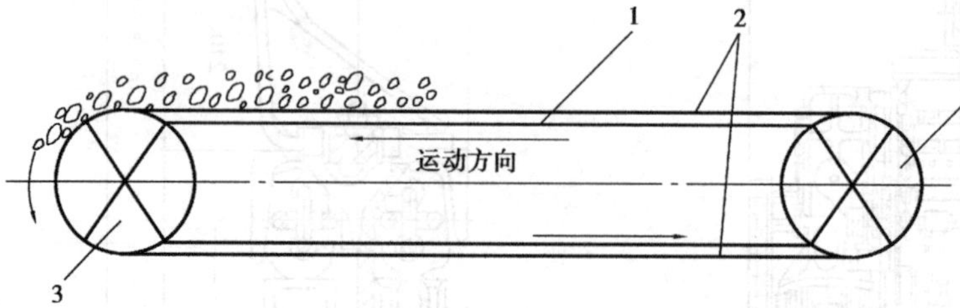

图3.4　刮板输送机工作原理示意图

1—刮板链;2—溜槽;3—机头链轮;4—机尾链轮

(三)机械传动系统

SGW—250型可弯曲刮板输送机采用短机头、短机尾,单侧双驱动,中部槽焊有高锰钢端头并采用无螺栓连接,其机械传动系统如图3.5所示。

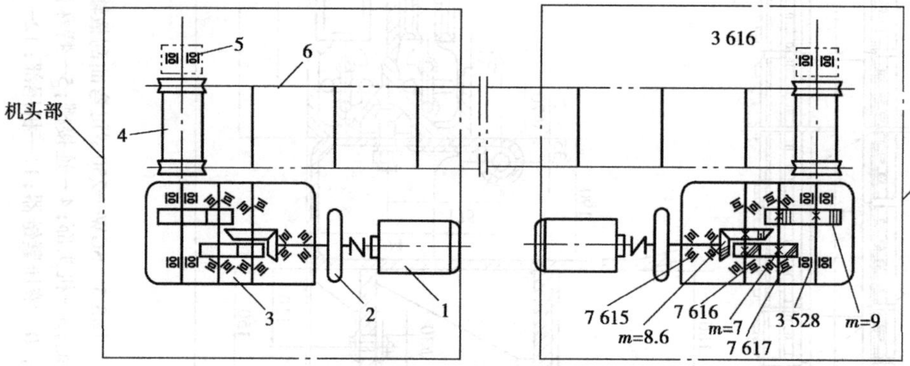

图3.5　SGW—250型可弯曲刮板输送机机械传动系统

1—电动机;2—液力耦合器;3—减速器;4—链轮;5—盲轴;6—刮板链

三、主要组成部件的结构特点

(一)机头部和机尾部

机头部和机尾部的机架上均安装有传动装置(电动机2、液力耦合器5、减速器7)、链轮组件9、盲轴10以及其他附属装置,如图3.6所示。因此,它的机尾、机头结构基本相同,只是机尾稍短一些。

下面就将机头部和机尾部各部分的结构分述如下。

1.减速器

减速器的结构如图3.7所示。它是三级圆锥-圆柱齿轮减速。第一对齿轮为收缩圆弧锥齿轮;第二对、第三对齿轮为斜齿圆柱齿轮。减速器的传动比为34.75或30.67。

为了改善减速器的散热条件,在下箱体内设有循环水冷却装置。另外,为了改善第一轴承的润滑条件，在上箱体内设有柱塞式润滑油泵，该油泵由二轴上的偏心套驱动。

减速器上、下箱体为对称结构，以适应左、右工作面和机头、机尾使用。但冷却水管和泵组必须根据其工作面位置事先安装好。

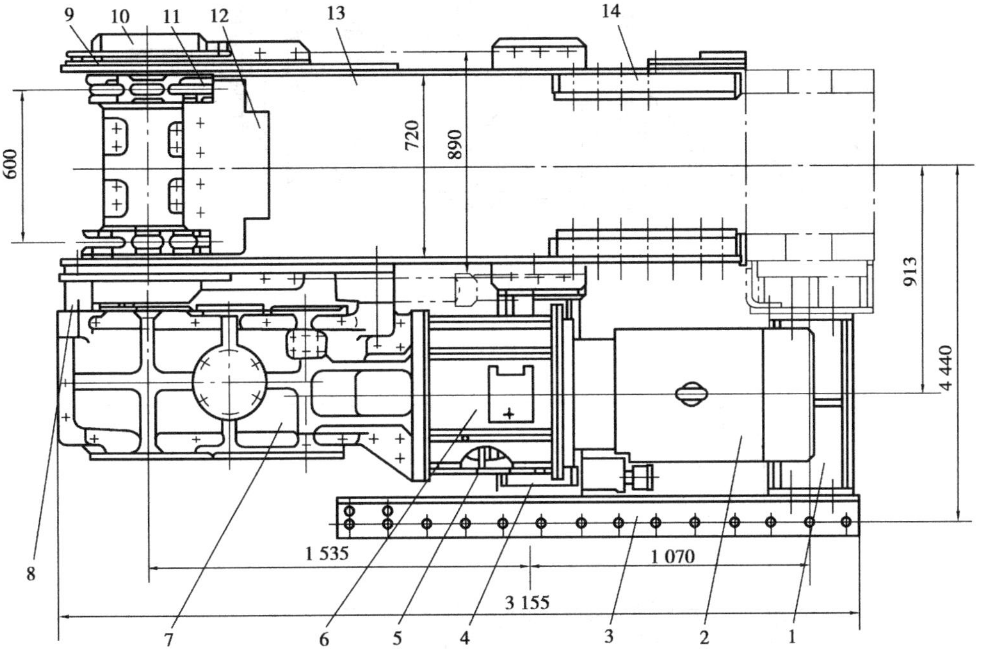

图3.6　机头部

1—连接梁；2—电动机；3—推移横梁；4—推移梁；5—液力耦合器；6—连接罩；7—减速器；8—垫座；9—链轮组件；10—盲轴；11—拨链器；12—舌板；13—机头架；14—压链块

2. 链轮组件

链轮组件的结构如图3.8所示。它的两端有2个八齿链轮，链轮的内孔为花键孔，分别与减速器输出轴及盲轴上的花键连接。2个半圆滚筒用8个螺栓连成一体。滚筒两端的扣环分别扣在两个链轮的环槽内，防止链轮轴向窜动，并起密封作用。半圆滚筒两端通过平键分别与减速器输出轴及盲轴连接，使链轮组件成为一个整体，滚筒与链轮同步旋转。

3. 盲轴组件

盲轴组件的结构如图3.9所示。盲轴的一端用调心轴承支撑，中间靠花键与链轮相连，另一端靠平键与滚筒相连。

4. 机头架

机头架的结构如图3.10所示。它主要由侧板、中板、底版、固定架、耐磨板和圆钢等焊接而成。由于机头架担负卸载任务，因此，均选择较好的材料制造。

机尾部的结构与机头基本相似，其外形与结构如图3.11所示。主要由机尾架、传动装置、压链块、拨链器、链轮组件、盲轴、推移架、连接梁、横梁等部件组成。除机尾架、横梁、推移梁不能与机头部相应零部件互换外，其他零部件的结构及作用均与机头部同类零部件完全相同，可以互换安装使用。机尾架与机头架的不同点为：

(1)机尾不卸载，不需要卸载高度，底板近似水平安装，因而机尾架较短、较矮。

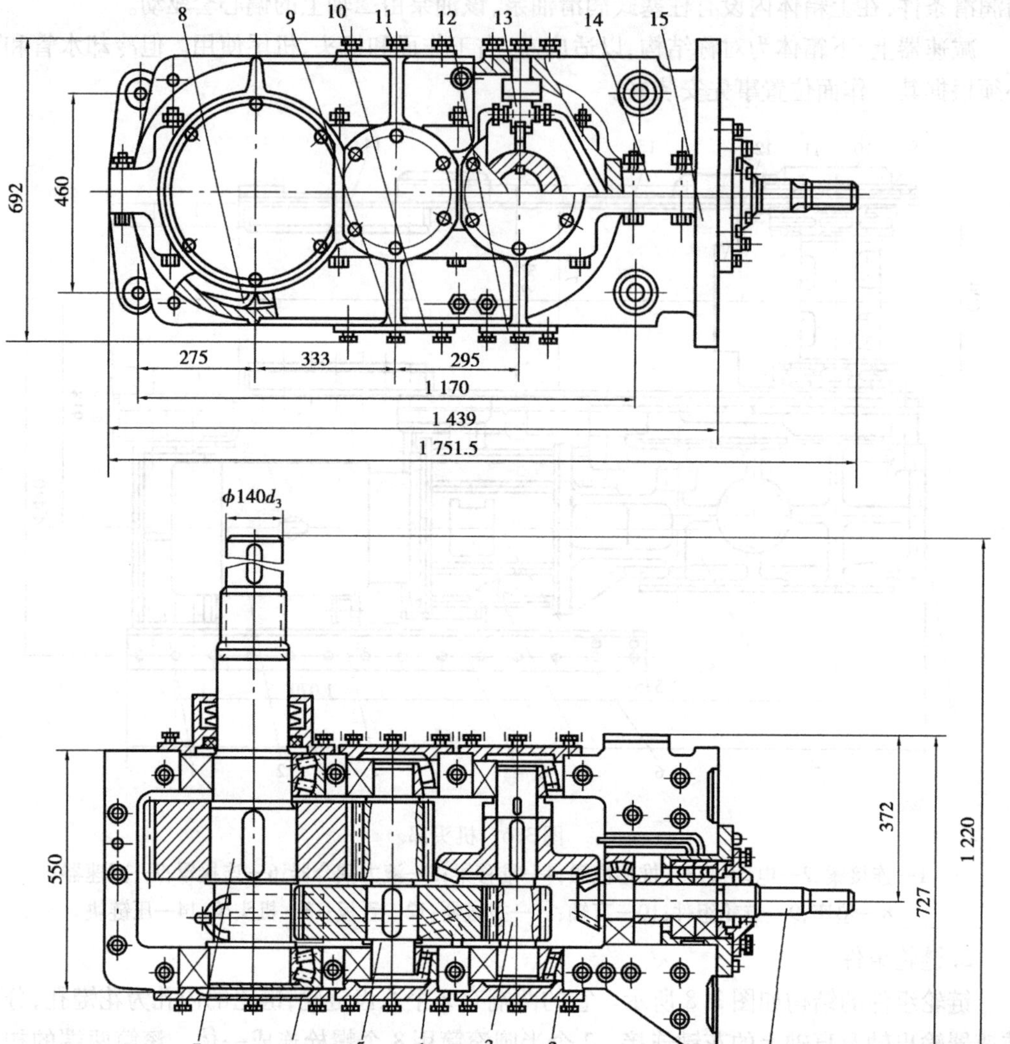

图3.7 减速器

1—第一轴;2,4,6—轴承盖;3—第二轴;5—第三轴;7—第四轴;10—盖;

11—透气塞;12—方盖;13—润滑泵;14—上箱体;15—下箱体

(2)安装传动装置的轴线向上翘起(见图3.11),与机尾底板水平线呈3°夹角。因为工作面刮板输送机总是沿煤层底板铺设,倾斜向下运输,所以机尾位置较高。机尾传动装置上翘,可抵消输送机沿工作面倾斜铺设的一部分影响,使减速器内油面趋于水平,有利于齿轮和轴承的润滑。

(3)机尾锚固装置的安装位置与机头处不同,故机尾架端部侧板上焊有立板和筋板,以便安装横梁。横梁与机尾锚固装置用销轴连接。

(二)溜槽

1. 中部槽

SGW—250型刮板输送机的中部槽为重型开底式溜槽,溜槽外形如图3.12(a)所示,其结

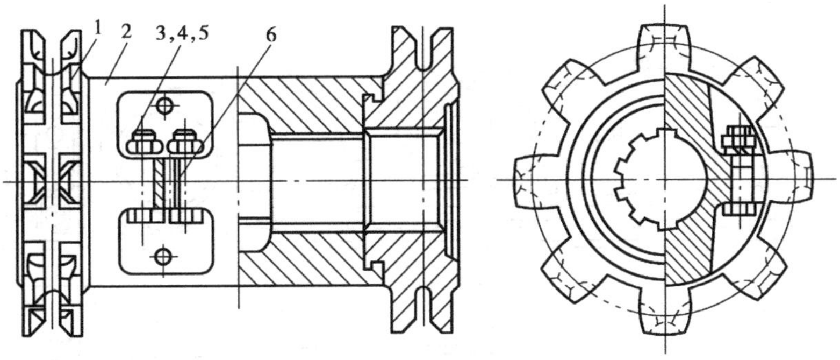

图3.8　链轮组件

1—八齿链轮;2—半圆滚筒;3,4,5—螺栓、螺母、垫圈;6—定位销

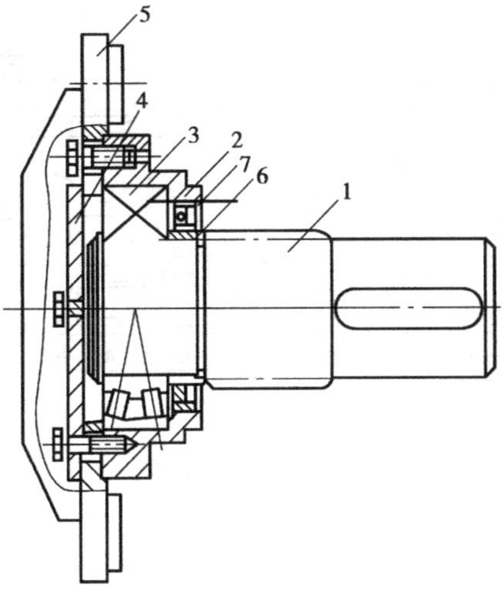

图3.9　盲轴组件

1—盲轴;2—轴承座;3—调心轴承;4—盖板;

5—轴承托板;6—轴套;7—密封圈

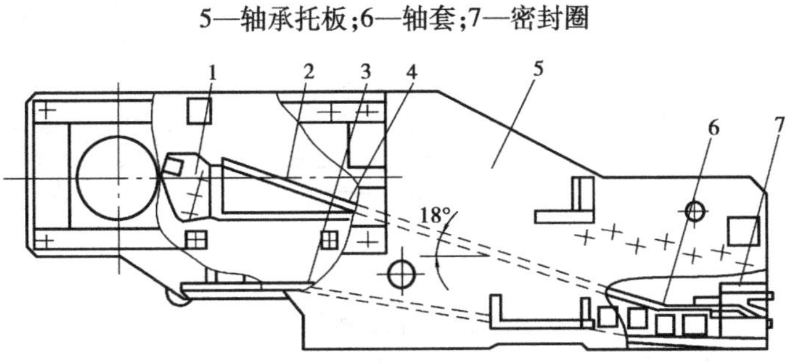

图3.10　机头架

1—固定架;2—中板;3—底板;4—侧板;5—耐磨板;6—高锰钢端头;7—圆钢

构如图3.13所示。它由左、右两个"∑"形槽帮钢3、中板5,左右高锰钢凸端头1、2,凹端头6、7及供安装挡煤板、铲煤板用的支座4等部件焊成。溜槽的长度为1 500 mm,高度为250 mm,宽度为750 mm。除了开底式溜槽外,还有封底式溜槽、带检修窗的封底式溜槽等,如图3.12(b)和图3.12(c)所示。

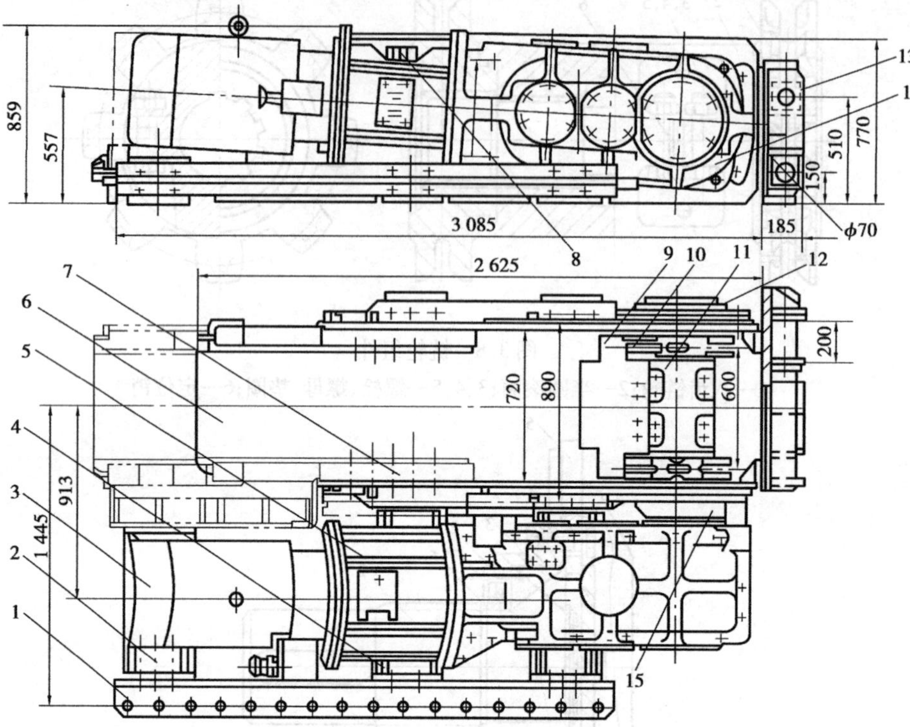

图 3.11　机尾部

1—推移衡梁;2—连接梁;3—电动机;4—推移梁;5—连接罩;6—机尾架;7—压链块;8—液力耦合器;9—舌板;10—拨链器;11—链轮组件;12—盲轴;13—横梁;14—减速器;15—垫座

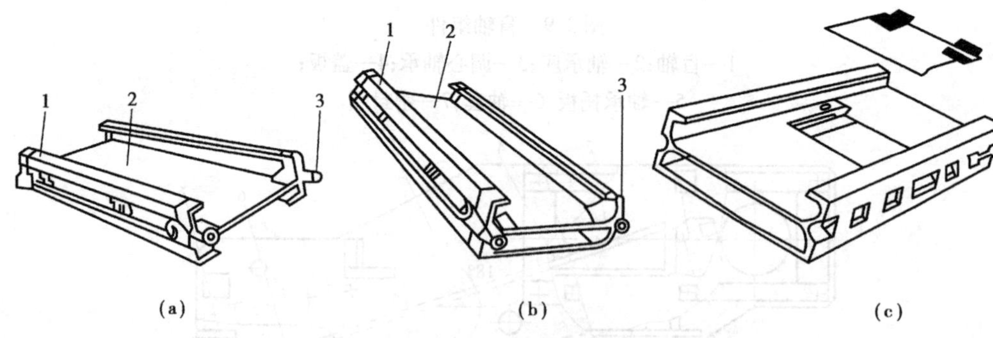

图 3.12　溜槽外形图

(a)开底式溜槽　(b)封底式溜槽　(c)带检修窗的封底式溜槽

1—槽帮;2—中板;3—连接头

溜槽两端分别焊有高锰钢的凸端头和凹端头,便于相邻溜槽搭接。相邻溜槽的高锰钢凸、凹端头及中板搭接良好后,在端头外侧凹槽中插入哑铃形连接板(见图 3.14)及直角弯销,外部用 M24 接头螺栓将挡煤板和铲煤板固定到中部槽两侧槽帮的支座上,对哑铃形连接板限位,使之不会从高锰钢端头的凹槽中脱出来,并允许相邻中部槽间在水平方向上偏转 2°,在垂直方向上偏转 3°。

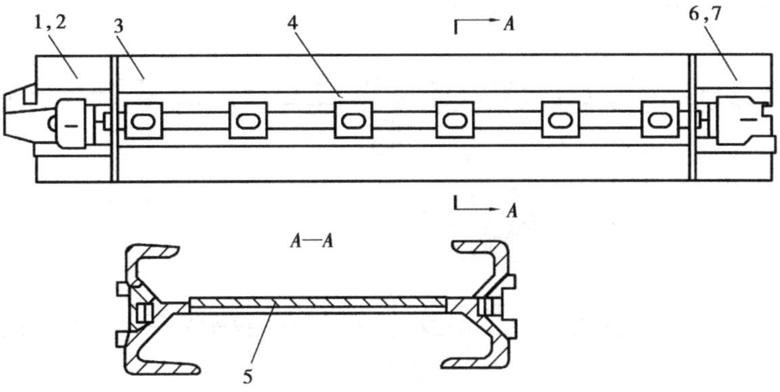

图 3.13　中部槽结构

1,2—高锰钢凸端头;3—槽帮钢;4—支座;5—中板;6,7—高锰钢凹端头

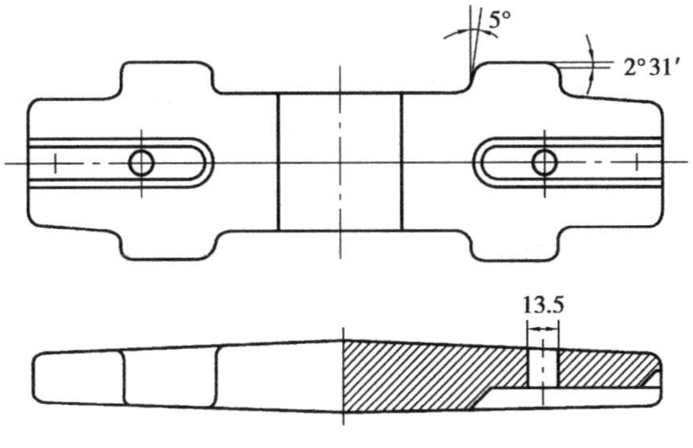

图 3.14　哑铃型连接板

2. 连接槽

机头连接槽的结构如图 3.15 所示,长度为 0.5 m,用于连接机头架与中部槽,起过渡作用。由于机尾架底板是近似水平的,故可用 0.5 m 的调节槽代替连接槽,将机尾架与中部槽连接起来。调节槽有 1 m 和 0.5 m 两种长度,其结构与中部槽完全相同。

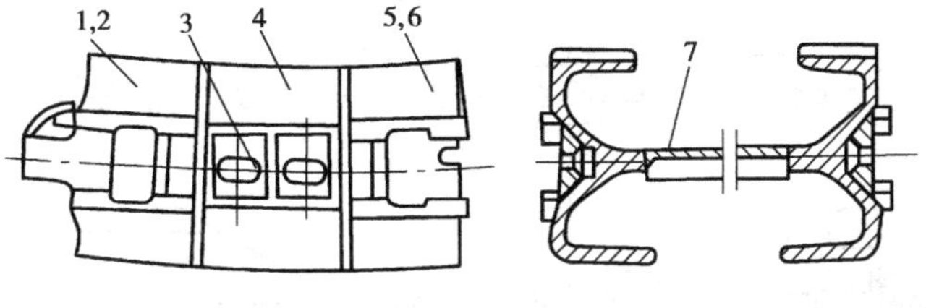

图 3.15　机头连接槽

1,2—凸端头;3—支座;4—槽帮钢;5,6—凹端头;7—中板

(三)刮板链

1. 刮板链的形式

SGW—250 型输送机的刮板链有两种结构形式。一种是长链段结构,如图 3.16 所示。还有一种短链段结构形式,其优点是用 U 形连接环将刮板固定在链段上,更换比较方便。但这种结构中的连接环太多,因此它的强度低于圆环链的强度,所以一般断链事故都发生在连接环

上，尤其是当螺母松动时，连接环更易损坏。

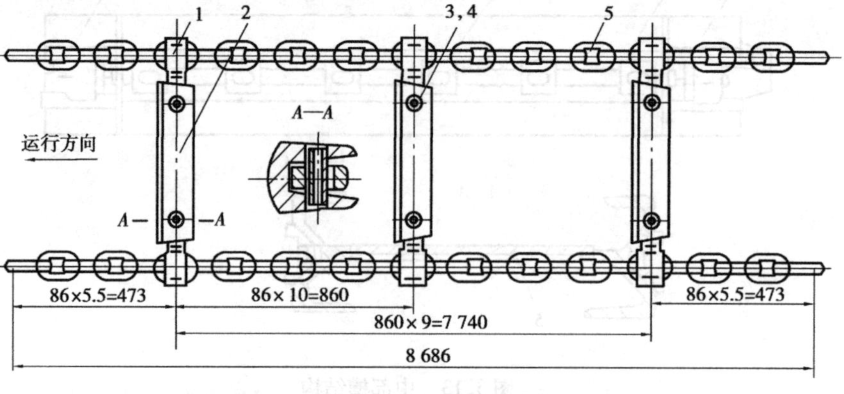

图3.16　SGW—250型输送机长链段刮板链

1—连接器；2—刮板；3，4—弹性圆柱销；5—圆环链

2. 刮板

刮板是输送机刮板链的重要组成部件。它的主要作用是刮送溜槽上的煤，随着刮板链的移动将煤运走。此外，它还起着在溜槽内导向的作用。

3. 连接环

SGW—250型输送机的长链段连接环采用侧开式连接环，它由侧开式连接环、卡块及弹性圆柱销组成。

（四）刮板输送机附件

1. 液压紧链装置

SGW—250型输送机使用双作用液压缸紧链装置，它主要由软管，液压缸紧链器，紧链链条，紧链钩，连接头、销，钩板和保险链等组成，如图3.17所示。这种液压紧链装置不但操作方便，且因系统中设有安全阀的保护装置，可以通过对油压的控制而控制紧链时刮板链的张紧力。液压紧链装置的动作由操纵阀控制，操纵阀有5个动作位置。

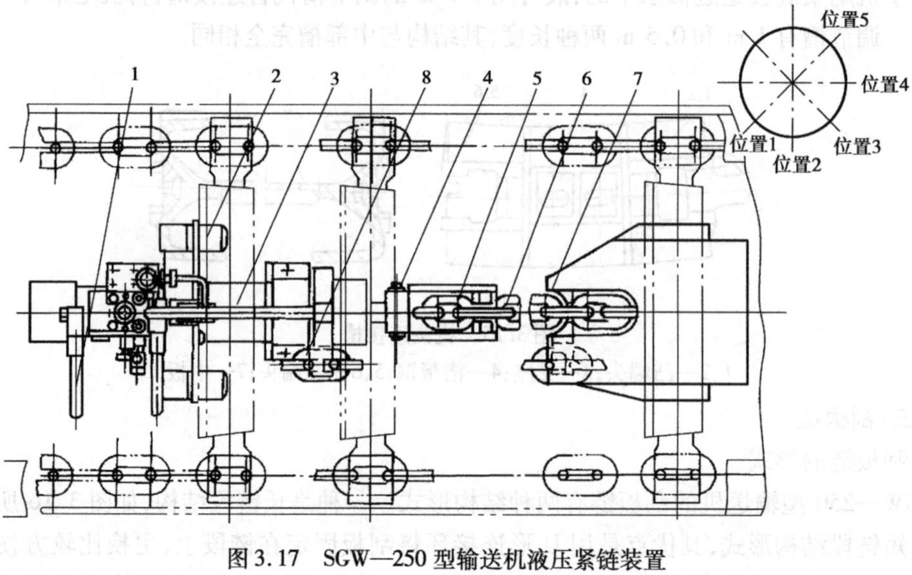

图3.17　SGW—250型输送机液压紧链装置

1—软管；2—钩板；3—液压缸紧链器；4—销；5—连接头；6—紧链链条；7—紧链钩；8—保险链

位置1:紧链缸的活塞杆伸出,准备紧链。

位置2:停止位置,紧链器不动作。

位置3:紧链缸的活塞杆缩回,低压紧链。

位置4:停止位置,紧链器不动作。

位置5:紧链缸的活塞杆缩回,增压紧链。

紧链时,用钩板和紧链钩分别钩住折断的(或松弛的)刮板链段两端的刮板,然后操作控制阀,使液压紧链器油缸的活塞杆伸出,装好紧链链条,再扳动操纵手柄,缩回活塞杆,即可将刮板链拉紧。在油缸与紧链钩之间装上保险链,可防止因紧链链条脱落或折断而发生事故。

2. 挡煤板与铲煤板。

(1)挡煤板。SGW—250 型刮板输送机设有中部槽、调节槽、连接槽挡煤板和 1 m 特殊挡煤板。它们用各种钢板焊成一个整体,然后用 M24 的棱头螺栓组装在输送机采空区侧槽帮的支座上。

中部槽挡煤板与调节槽挡煤板的结构基本相同,如图 3.18 所示,主要由连接管、架板、弯板、长板、立板、垫板、导向管、挡板和型板等零部件焊接而成。其主要作用是增大输送机截面,同时对哑铃形连接板进行限位。

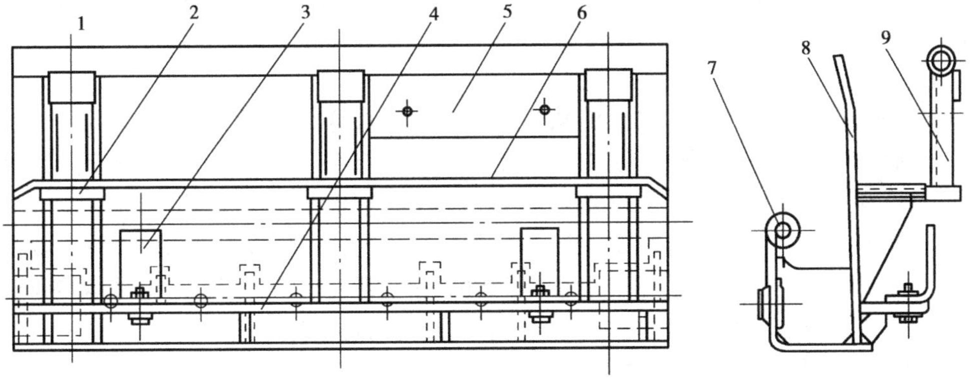

图 3.18　挡煤板

1—连接管;2—架板;3—弯板;4—长板;5—立板;6—垫板;7—导向管;8—挡板;9—型板

连接槽挡煤板与 1 m 特殊挡煤板的结构基本相同,它除了防止溜槽中的煤溢流到采空区和对哑铃形连接板进行限位外,还将起到把机头架、机尾架与连接槽连接起来,并在其上组装连接梁的作用。

(2)铲煤板。SGW—250 型输送机的铲煤板分为中部槽、连接槽、调节槽铲煤板和 1 m 特殊铲煤板。铲煤板用钢板焊接而成,用 M24 的棱头螺栓组装在输送机溜槽靠煤壁的槽帮上。中部槽、连接槽、调节槽铲煤板的结构基本相同,如图 3.19 所示。它除了清除浮煤外,还对哑铃形连接板起着限位作用。1 m 特殊铲煤板除了铲装浮煤和对哑铃形连接板限位外,还起着连接机尾架的作用。

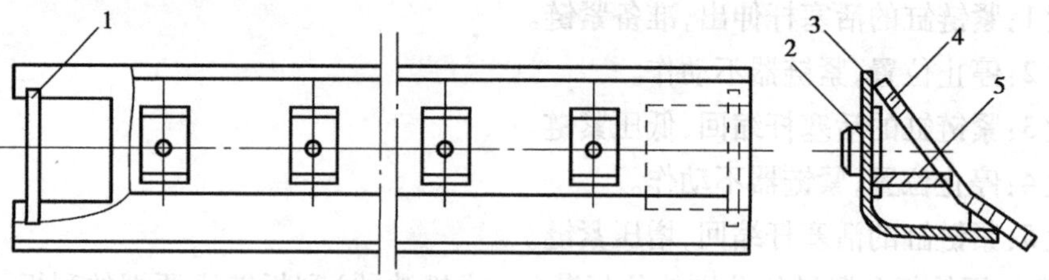

图 3.19 铲煤板

1—筋板;2—定位块;3—立板;4—斜板;5—板

四、刮板输送机的运转

(一)运转前的准备工作

为了保证刮板输送机的安全运转,在其运转前必须进行详细的检查。检查分为一般检查和重点检查。

1. 一般检查

首先检查工作环境,如工作地点的支架、顶板和巷道的支护情况,检查输送机上有无人员作业,有无其他障碍物,锚固装置是否牢固。然后检查电缆吊挂是否合格,电动机、开关、按钮等各处接线是否良好,如果检查没有发现问题,要点动输送机的电动机,看看输送机是否运转正常,接着再开始重点检查。

2. 重点检查

(1)检查中间部:对中间槽、刮板链从头到尾进行一次详细检查。从机头链轮开始,往后逐级检查刮板链、刮板、连接环以及连接环上的螺栓。检查 4 ~5 m 后,在刮板链上用铅丝绑一个记号,然后开动电动机把带记号的刮板链运行到机头链轮处,再从此记号向后检查,一直到机尾,在机尾的刮板链上再用铅丝绑一个记号,然后从机尾往回检查中部槽对口有无戗茬或搭接不平,磨环、压环、上槽陷入下槽等情况。回到机头处,开动电动机把机尾记号运转到机头链轮处,再往后重复以上检查,至此检查了一个循环,发现问题及时处理。

(2)检查机头部:检查机头部时要注意以下几个方面。

①有传动小链的刮板输送机,要检查传动小链的链板、销子磨损变形程度,链轮上的保险销是否正确,必须使用规定的保险销,不能用其他物品代替。

②弹性联轴器(位于电动机与液力耦合器之间,起连接作用)的间隙是否正确(一般为 3 ~5 mm),液力耦合器是否完好。

③减速箱油量是否适当,以油面接触大齿轮高度的 1/3 为宜。

④机头座连接螺栓、地脚压板螺栓、机头轴承座螺栓等是否齐全牢靠。

⑤链轮、拨叉、护板是否完整牢固。

⑥弹性联轴器和液压紧链器的防护罩是否齐全。

(3)检查机尾部,机尾部检查的内容与机头部基本相同。

经以上检查,确认一切良好,即可开动电动机正式运转。

(二)启动与停止操作

1. 启动:按下磁力启动器上的启动按钮,刮板输送机启动。

2. 停止:按下磁力启动器上的停止按钮,刮板输送机停止。

3. 用采煤机上的停止刮板输送机的按钮停止刮板输送机：采煤机上设有刮板输送机的停止按钮，当采煤机遇到紧急情况时，比如机身下有大块煤通过或煤壁片帮等，采煤机司机可以直接停止刮板输送机。

（三）操作刮板输送机时的注意事项

1. 启动前要发出信号，先断续启动，隔几秒钟再正式启动。其目的一是看刮板输送机是正转还是反转，二是如果有人在刮板输送机附近工作或行走，可以用断续启动代替警告信号。

2. 一般情况下都要先启动刮板输送机后再往里装煤，综采工作面也要先启动刮板输送机后才能开动采煤机。如果连续两次不能启动或切断保险销，必须找出原因并处理好后再启动。

3. 无论有没有集中控制，都要由外向里（由放煤眼至工作面）沿逆煤流方向依次启动。

4. 刮板运输机停止运转时，不要向输送机里装煤，采煤机要停止割煤。

5. 工作面遇到地质构造需要放炮处理时，要采取措施防止炮崩溜槽。

6. 不要向溜槽里装大块煤，防止大块煤卡刮溜槽造成事故。

7. 工作面停止出煤前应将溜槽中的煤输送干净，然后由里向外顺煤流方向依次停止运转。

8. 无煤时禁止刮板输送机长时间空运转。

五、任务考评

评分标准见3.1。

表3.1　评分标准

序号	考核内容	考核项目	配　分	检测标准	得分
1	运转前的准备工作	1. 检查工作地点的支架、顶板和巷道的支护情况 2. 检查输送机上有无人员作业，有无其他障碍物 3. 检查锚固装置是否牢固 4. 检查电缆吊挂是否合格 5. 检查电动机、开关、按钮等各处连线是否良好 6. 检查中间部，对中间槽、刮板链从头到尾进行一次详细检查 7. 检查机头部，（包括机头链轮的磨损情况、减速器和液力耦合器的注油、弹性联轴器的间隙） 8. 检查机尾部（与检查机头部的内容相同）	20	准备工作要充分，前5项每缺一项扣一分；检查中间槽、刮板链每缺一项扣2分；检查机头部链轮、减速器、液力耦合器，每缺一项扣2分；检查机尾部减速器、液力耦合器，每缺一项扣2.5分	
2	启动停止操作	1. 启动操作 2. 停止操作	20	错一项扣10分	

续表

序号	考核内容	考核项目	配分	检测标准	得分
3	启动操作时的注意事项	1. 启动前要发出信号 2. 断续启动，过几秒再正式启动，观察刮板链的运行方向，同时起到示警的作用。禁止强行带负载启动 3. 按正确顺序启动输送机，自放煤眼至工作面，即沿逆煤流方向依次启动（启动顺序：顺槽胶带输送机→桥式转载机→工作面刮板输送机）	30	不发信号扣5分；不断续启动扣5分；带负荷启动扣5分；启动顺序错一处扣5分	
4	停止操作时的注意事项	1. 按正确顺序停止输送机，自采煤工作面开按照由里向外顺序沿煤流方向依次停止输送机（停止顺序：停止采煤机割煤→停止工作面刮板输送机→停止桥式转载机→停止顺槽胶带输送机） 2. 工作面停止出煤前，应将溜槽中的煤输送干净 3. 无煤时禁止刮板输送机长时间运转	15	停止顺序错一处扣2分；停止出煤前，溜槽中的煤输送不干净扣3分；无煤时刮板输送机长时间空运转扣4分	
5	安全文明操作	1. 遵守安全规则 2. 清理现场	15	1. 不遵守安全规程扣5分 2. 不清理现场扣5分	
总计					

六、思考与练习

1. SG—W250 型刮板输送机的适用范围如何？
2. SG—W250 型刮板输送机主要由哪几部分组成？
3. 简述 SG—W250 型刮板输送机的工作原理。
4. 启动刮板输送机时应注意哪些问题？
5. 停止刮板输送机时应注意哪些问题？
6. 刮板输送机运转前的准备工作中，一般检查和重点检查的内容有哪些？

任务 2　可弯曲刮板输送机的安装与故障分析

能力目标：★可弯曲刮板输送机地安装顺序
★可弯曲刮板输送机的使用维护、故障分析和处理方法

教学准备

准备好实训室的刮板输送机。

任务实施

1. 老师下达任务:目前常用的刮板输送机的安装、使用维护、故障分析和处理方法;

2. 制订工作计划:学生以小组为单位,根据任务要求,提前查阅目前常用刮板输送机的安装顺序,使用维护、故障分析和处理方法;

3. 由学生描述刮板输送机的安装、使用维护、故障分析和处理方法。

相关知识

刮板输送机在工作面上的安装是一项非常繁重、技术性要求比较高的工作,必须按照一定的顺序进行,以保证工作快速、高效、优质。另外,对刮板输送机加强维护、坚持预防性检修,就能使刮板输送机不出或少出故障。一旦发生故障,就要做到正确判断、迅速处理,把事故的影响减小到最低限度。而对刮板输送机故障的判断,一是根据前面学到的有关刮板输送机结构、原理等基本知识;二是结合现场实践经验来进行综合判断。本任务主要是培养学生分析问题、解决问题的能力。刮板输送机在运转过程中最容易出现电动机过负荷,从而导致电动机和减速器温升过高甚至拉断刮板链等事故。怎样才能杜绝或减少这类事故的发生呢?这就要求对刮板输送机加强维护,通过定期巡回检查可发现许多故障,将故障处理在发生之前;通过定期检修可以根据设备的运行规律,对其进行周期性维护保养,以保证设备的正常运行。那么,如何才能在机器发生故障时及时地找出原因并进行处理呢?首先要掌握判断故障的基本知识,唯有正确判断故障,才有可能做到正确地处理故障。

一、刮板输送机的安装与试运转

(一)安装前的准备工作

1. 刮板输送机在运往井下之前,参加安装、试运转的人员应熟悉该机的结构、动作原理、安装程序和注意事项。

2. 按照制造厂的发货细表,对各部件、零件、备件以及专用工具等进行核对检查,应完整无缺。

3. 在完成上述检查之后,在地面对主要传动装置进行组装,并做空负荷试运转,检查无误时方能下井安装。

4. 现场安装前对一切设备再进行一次检查,特别是对传动装置,包括电动机、减速器、机头轴等重点进行检查,若发现有损坏变形部件应及时进行更换。

5. 对于不便拆卸和需要整体下井的部件,在矿井允许的情况下应整体运送。在运送前整体部件的紧固螺栓应连接牢固。各部件下井之前,应清楚地标明运送地点(如下顺槽或上顺槽等)。

6. 准备好安装工具及润滑脂,常用工具有钳子、扳手等。

7. 在运输槽或工作面内，刮板输送机的机道要求平直。

（二）铺设安装

1. 安装顺序

工作面刮板输送机的安装方法应根据各矿井运输条件和工作面特点，从实际出发来决定。安装顺序为：机头部→中间槽→刮板链的下链→机尾部→刮板链的上链→上挡煤板、电缆槽和铲煤板等附件。

上述安装工序决定了刮板输送机各部件应放置的地点。当安装地点在回采工作面时，应首先把机尾部、机尾传动装置和挡煤板、铲煤板等附件先运到上顺槽；把机头部、机头转动部、机头传动装置、机头过渡槽以及全部溜槽和刮板链等组件运到下顺槽；然后按安装次序将所有溜槽及刮板链依次运进工作面，并在安装位置排开（也可全部由上顺槽运入，依次排开）。铲煤板、挡煤板及其他附件，待输送机主体安装并调好后再由输送机从上顺槽运到安装位置。为安全起见，当从输送机上卸这些附件并向机体内安装时必须停机。在将全部零件运往安装位置时，要注意零件的彼此安装次序和它本身的方向正确（例如中间槽的连接头方向应一律朝前）。

2. 安装工艺及要求

（1）机头部。机头部的安装质量与刮板输送机能否平稳运行关系甚大，必须要求其牢固可靠。在机头架上的主轴链轮未挂链之前，应保证其转动灵活。装链轮组件时，要保证双边链的两个链轮的轮齿在相同的相位角上，否则将会影响刮板链的传动，并可能造成事故。起吊传动装置的起吊钩，要挂在电动机和减速器的起重吊环上，切不可挂在连接罩上。传动装置被起吊后，用撬棍等工具将其摆正，再用木垛、木楔将其垫平，将减速器座与机头架连接处垫上安装垫座。该座的作用一般是使传动装置与机身保持一定距离，便于采煤机能骑上机头，实现自开切口。将减速器外壳侧帮耳板上的 4 个螺孔处穿入地脚螺栓，把它固定在机头架的侧帮上。电动机通过连接罩与减速器固定并悬吊起来，而后按安装中线再一次用撬棍将机头摆正。按安装中线校正机头的方法是：一个人站在机头架的中间处，同另一个站在机尾处的人用矿灯对照，借光线使机头架的中心线与机道的安装中线重合即可。

（2）中间尾部及机尾部。过渡槽安装好之后，将刮板链穿过机头架并绕过主动轮，然后装接第一节中间槽。其方法是：先将刮板链引入第一节溜槽下边的导向槽内，再将刮板链拉直，使溜槽沿刮板链滑下去，并与前节溜槽相接。然后，用同样的方法继续接长底链，使之穿过溜槽的底槽，并逐节地把溜槽放到安装的位置上，直至铺设到机尾部。

将机尾部与过渡槽对接妥当后，可将刮板链穿过过渡槽，从机尾滚筒（或带有传动装置的机尾传动链轮）的下面绕上来放到中板上，继续将刮板链接长。先将接长部分的刮煤板倾斜放置，使链条能顺利地进入溜槽的链道，然后再将其拉直。依此方法将上刮板链一直接到机头架。在这之后进行紧链，并根据需要调整刮板链的长度，最后将上链接好。为减少紧链时间，在铺设刮板链时要尽量将刮板链拉紧。在安装过程中应注意如下事项：

①安装刮板链时，要注意按已做好的标志进行“配对”安装，否则会影响双边链条的受力均匀和链条与链轮之间的啮合情况。

②在装配上溜槽时，连接环的突起部位应朝上，竖链环的焊接对口应朝上，水平连接的焊接对口应朝向溜槽的中心线，且不许有扭麻花的现象。

③在安装中，应避免用锯断链环的办法取得合适的链段长度，而应用备用的调节链进行调整。

(三)试运转

1. 试运转前的检查

刮板输送机在试运行之前应重点进行下列检查。为安全起见,检查前应切断电源并进行闭锁。

(1)初次安装时,机体要直,沿机身均匀取10点进行检查,其水平偏差不应超过150 mm;垂直方向接头应平整、严密、不超差;接头不平度规定不超过3~4 mm,角度不超过3°~4°。

(2)各部分螺栓、垫圈、压板、顶丝、油堵和护罩等须完整、齐全、紧固。

(3)液力耦合器、减速器、传动链、机头、机尾和溜槽等主要机件要齐全、完整。

(4)电气系统开关接触良好、工作状况可靠,电气设备有良好的接地。

(5)减速器、液力耦合器、轴承等润滑良好,符合要求。

2. 试运行

若以上检查没有发现问题,即可进行试运转。试运转分空载及负载运转两步进行。先进行空载运转,开始时断续启动电动机,开、停试运,当刮板链转过一个循环后再正式转动,时间不少于1 h。各部分检查正常后做一次紧链工作,然后带负荷运转一个生产周期。

3. 试运转的注意事项

(1)注意检查机器各部分运行的平稳性,如震动情况、链条运行是否平稳、有无挂卡现象、刮板链的松紧程度及各部件声音是否正常等。

(2)注意检查各部件温度是否正常等,如减速器、机头和机尾轴的轴承、电动机及其轴承等,一般温度不应超过65~70 ℃,液力耦合器的温度不应超过60 ℃,大功率减速器的温度不超过85 ℃。

(3)注意检查负荷是否正常,重点是电动机启动电流及负荷电流是否超限。

(4)观察减速器、液力耦合器及各轴承等部位是否有漏油情况。

(5)令采煤机在刮板输送机上试运行,观察是否能顺利通过。

注意:在一般情况下,除检修及处理故障外,不做刮板链倒转的试运转。

二、刮板输送机的运转、维护及故障处理

对刮板输送机合理的使用、有目的地定期维护和检修,把可能发生的故障及时消除,是保证输送机安全可靠运转的重要手段。

(一)运转

刮板输送机在运转中,除注意它的温度、声音和平稳性以外,重要的是要做到安全运转有效运行。

1. 安全运转

安全运转包括人身和设备两方面。

为保证人身安全应做到:

(1)开机之前应发出信号,机器运行中不允许在机器上行走或横跨机身,也不允许用脚踩刮板链的方法处理漂链故障。

(2)液力耦合器和电动机风扇等快速旋转机件裸露部分的防护罩应稳妥可靠。

为保证设备安全应做到:

(1)注意安全防护。对有打眼放炮作业工序的工作面,在放炮时应注意对溜槽的保护,以

免打翻、打坏；对淋水大的顶板要注意电动机和减速的防护，以免电动机受潮和减速器内的润滑油乳化，影响润滑效果。

(2)避免大块煤岩通过。大块煤或矸石经过采煤机时，因通不过底托架，有可能将采煤机顶起并损坏溜槽。

(3)及时紧链。新投入运行的刮板运输机因链环间和溜槽间的接合间隙在运行中趋于缩小和严密，致使刮板链松弛，易引起卡链、跳链、落道等事故。因此，除应注意随时紧链外，对投入运行一周内的新刮板运输机，应特别注意刮板链的松紧情况，及时紧链。为避免链条事故和使两条刮板链的磨损力求均匀，对大功率刮板运输送机要求刮板链紧一些。

(4)保持传动部件的清洁，以便检查和散热，不允许在减速器或电动机上打支柱，或将它们做起重工具的支承座。

2. 有效运行

刮板输送机有效运行的重要标志是能耗少、运煤多，即在输出相同功率的情况下单位时间内的运煤量最大。

为使刮板输送机能得到高的运行效益，可采取如下措施：

(1)保持刮板输送机在平直的条件下运行。可弯曲刮板输送机在水平、垂直两个方向都允许有一定的弯曲，这是为了适应工作面及巷道运输而设计的，并不是指机体任意上下和水平弯曲都是合理的，同时，允许的弯曲也有一定的限度。若输送机拐"急弯"，则会使溜槽接头弯曲角度过大，导致溜槽连接件受力过大而损坏，连接件损坏或丢失后，溜槽接头失去了控制，弯曲时溜槽接头间出现空隙，粉煤漏到底槽，会增加允许阻力或造成堵塞事故。若输送机铺设不平，则在溜槽搭接处刮板链与溜槽的接头磨损加剧，增大运行阻力，缩短使用寿命，同时导致采煤机切割出的工作面底板不平。为避免刮板输送机在运行中的不平和不直，可采取以下几点措施：

刮板输送机弯曲的角度不超过规定值。

推溜工作要在采煤机后三节溜槽之外进行，不可推出"急弯"，弯曲部分不少于6~8节溜槽；停机时不可推溜；推溜时的速度要慢，以便将浮煤铲净，避免浮煤将溜槽的一侧垫高，造成倾斜。

除弯曲段外，全部溜槽的铲煤板都要推到与工作面煤壁贴紧的位置，以求推直。

采煤机应将底板割平，对底板的局部凸起及凹下部分应进行处理。

(2)提高有效运行时间。刮板输送机的生产率是由其效率和运行工作时间决定的。在负荷一定的情况下，设备运行的工时利用率越高，输煤量就越大，可以充分发挥刮板输送机的效能，是提高产量和经济效益的有利途径。因此，在生产中要想尽一切办法减少停运时间。一般不允许刮板输送机空载运行，因为空运不但缩短了有效运行时间，也造成电力的浪费和机件的无效磨损。如果输送机在运行时发生故障，只要故障范围不再扩大，则应尽量采取临时维修手段，维持设备继续运转，将故障的处理推迟到交接班的空余时间去进行，避免停机，延长其有效运行时间。

(3)负载合理。刮板输送机的负载应尽可能达到额定值，以充分发挥其生产能力。输送机上装煤过多，会使煤溢出溜槽外，白白的浪费劳力和动力，且引起设备过载和机件损伤；装煤过少，即所谓"大马拉小车"，使刮板输送机的能力不能充分发挥，无功损耗增大，不经济。另一方面，负载的均匀性也很重要，这对设备的经济运行有影响，且有益于延长刮板输送机的零部件工作寿命。

(4)采用新型设备。对一些效率低、耗能大、维修费用高的老刮板输送机应进行淘汰,用更新的办法达到提高运行效率的目的。

(5)推行自动化和集中控制。当前刮板输送机的自动化控制多采用电子技术,其中动力载波控制在煤矿生产中已取得了成功的经验,它可利用设备原有动力线作为信号系统的传递公用通道,无须另设控制线路,这不单节省了人力,而且由于它是按规定的程序控制的,所以还安全、合理、经济。

(6)实行高速运行。在刮板输送机的功率尚有潜力的情况下,适当提高刮板链的速度也是提高其生产率的一个有效途径,这一点可以通过变换减速器传动齿轮齿数的办法做到。SGW—250型刮板输送机的减速器就可以通过对不同齿数的齿轮的变换,得到两种不同的转速比,从而得到两种不同的链速度,以适应生产能力的需要,达到了充分发挥设备的技术效能和经济运行的目的。

(7)加强供电管理。电源的电压降不能超限,因为电动机转矩同电压的二次方成正比,电压低会造成电动机启动困难、发热。因此,要尽可能地缩短供电距离,使供电变压器尽量靠近设备。

(8)设备衔接合理。在刮板输送机的连续输送线上,各部分能力必须彼此配合适当,以免因个别环节的配合不当影响整个系统设备的能力发挥。

(9)及时维护和检修。按刮板输送机的完好标准要求进行维护和检修,保持设备完好并处于良好的工作状态。

(二)维护

维护的目的是及时处理设备运行中经常出现的不正常的状态,保证设备的正常运行。它包括更换一些易损件,调整紧固和润滑注油等,使刮板输送机始终保持在完好的状态下运行。它实际上是预防设备发生事故,提高运行效率和延长设备寿命的一种重要措施。

机械磨损会使刮板输送机的性能随着使用时间的延长而逐渐变差。维护的意义就是利用检修手段,有计划地事先补偿设备磨损、恢复设备性能。如果维护工作做得好,使用的时间势必变长。维护包括巡回检查、定期检修保养、润滑注油等内容。

1.巡回检查

巡回检查一般是在不停机的情况下进行,个别项目也可利用运行的间隙时间进行,每班检查数不应少于2~3次。检查内容包括:已松动的连接件,如螺栓等;发热部位,如轴承等温度的检查(不超过65~70 ℃);各润滑系统,如减速器、轴承、液力耦合器等的油量是否适当;电流、电压值是否正常;各运动部位是否有震动和异响;安全保护装置是否灵敏可靠,各摩擦部位的接触情况是否正常等。

检查方法一般是采取看、摸、听、嗅、试和量等办法。看是从外观检查;摸是用手感触其温升、震动和松紧程度等;听是对运行声音的辨别;嗅是对发出的气味的鉴定,如油温升高的气味和电气绝缘过热发出的焦臭气味等;试是对安全保护装置灵敏可靠性的试验;量是用量具和仪器对运行机件,特别是对受磨损件做必要的测量。

巡回检查还包括开机前的检查。在开机前,要对工作的支架和巷道进行一次检查,注意刮板输送机上是否有人工作或有其他障碍物,检查电缆是否卡紧,吊挂是否合乎要求。如无问题,则点动输送机,看其运行是否正常。接着应对机身、机头和机尾进行重点检查。

2.定期检修保养

定期检修保养是根据设备的运行规律,对其进行周期性维护保养,以保证设备的正常运行。一般可分为日检、周检和季检。

(1)日检。日检即每日由检修班进行的检修工作,除包括巡回检查的内容外,还需要更换一些易损件和处理一些影响安全运行的问题。重点应检查如下几项:

更换磨损和损坏的链环、连接环和刮板。

处理减速器和液力耦合器的漏油现象。

检查溜槽(特别是过渡槽)、挡煤板及铲煤板的磨损变形情况,必要时进行更换。

检查拨链器的工作情况(主要是紧固和磨损)。

(2)周检。周检是每周进行一次的检查和检修工作,除包括日检的全部内容外,主要是处理一些需要停机时间较长的检查和检修工作。重点的检修项目是:

检查机头架和机尾架有无损坏和变形情况。

检查连接减速器的地脚螺栓和液力耦合器的保护罩两端的连接螺栓是否紧固。

通过电流表测查液力耦合器的启动是否平稳,各台电动机之间的负荷分配是否均匀,必要时可以通过注油进行调整。

检查减速器内的油质是否良好,油量是否合适,轴承、齿轮的润滑状况和各对齿轮的啮合情况是否符合要求。

测量电动机绝缘,检查开关触头及防爆面的情况。

检查拨链器和压链块的磨损情况。

检查铲煤板的磨损情况及其连接螺栓的可靠性。

(3)季检。季检为每隔3个月进行一次的检修工作,主要是对一些较大、关键的机件进行更换和处理。它除包括周检的全部内容外,还包括对橡胶联轴器、液力耦合器、过渡槽、链轮和拨链器等进行检修更换,并对电动机和减速器进行较全面的检查和检修。

(4)大修。当采完一个工作面后,要将设备升井进行全面检修。具体工作如下:

对减速器、液力耦合器进行彻底清洗换油。

检查电动机的绝缘及三相电流的平衡情况,并对电动机的轴承进行清洗。

对损坏严重的机件进行修补校正和更新。

3.润滑注油

润滑注油是对刮板输送机进行维护的重要内容。保持刮板输送机经常处于良好的润滑状态,就可以控制摩擦,达到减轻机件磨损、延长寿命和提高运行效率的目的。良好的润滑还可以起到对机件的冷却、冲洗、密封、减震、卸荷、保护和防锈等作用。

刮板输送机主要部件的润滑部位、润滑油牌号及注油时间见表3.2。

表3.2　刮板输送机注油表

部件名称	润滑部位	润滑油牌号	注油间隔时间
电动机	轴承	锂基脂ZL45—2	2~3个月
减速器	齿轮及轴承	双曲线齿轮油或汽缸油HG—24	1.5~2个月
减速器第一轴承	轴承	钠基脂ZGN—2	检修时
机头轴	轴承	钠基脂ZGN—2	每月一次
盲轴	轴承	钠基脂ZGN—2	2~3个月
机尾轴	轴承	钠基脂ZGN—2	每月一次
传动链	传动链	机械油	每班3~4次

（三）故障处理

对刮板输送机加强维护、坚持预防性检修，使其不出或少出故障，是当前机电管理工作中的重要一环。但由于管理和维修水平以及设备本身的结构性能等方面的原因，刮板输送机在运行中发生故障是难免的。问题是当这些故障发生之后，如何能做到正确判断、迅速处理，把事故的影响缩小到最低限度。

1. 判断故障的基本知识

（1）工作条件

工作条件不仅是指刮板输送机所处的工作的地点、环境及负荷，还包括对它的维护情况、已使用的时间和机件的磨损程度等。将工作条件结合到刮板输送机的结构特点、性能和工作原理一并分析考虑，即可作出比较正确的判断。

（2）运行状态

刮板输送机的运行状态（包括故障预兆显示）是通过声音、温度和稳定性这3个因素表现出来的。这3个因素是互相关联，而不是孤立存在的，且当不同机件和不同故障类型以及故障发生在不同部位上时，3个因素的突出程度也有所不同。刮板输送机零件的损坏除已达到正常的使用寿命，即已达到服务年限而未被更换外，多数是由于超负荷引起的，而负荷增大就会表现出运行声音的沉重和温度的增高。当负荷超出一定范围时，机件就会运行不稳定，直到损坏。因此，掌握机器的运行声音、温度和稳定性，是掌握机器的运行状态、判断故障的重要依据。

声音的掌握靠听觉；稳定性的掌握靠视觉和触觉，也常与声音结合判断；温度的掌握是很重要的，因为所有机件故障的发生，除突然过载造成的损坏外，多伴随温度的升高，所以维护人员应在没有温度仪器指示的情况下掌握判断温度的技术。

（3）表现形式

刮板输送机在运行中发生的故障，有时不是直观的，也不可能对其组件立即做出全面解体检查，在这种情况下，只能通过故障的表现形式和一些现象进行分析和判断。刮板输送机的每一起故障的发生，依其所发生的部位、损坏形式的不同，都会有一定的预兆显示。掌握了这些不同特点的预兆，往往可将事故消除在发生之前。若故障已发生，则可根据这些预兆现象查明原因，迅速做出判断和正确处理。将发生的影响缩到最小，并将引起事故的根源清除。

2. 常见故障及其处理方法

刮板输送机的常见故障及其处理方法见表3.3。

表3.3　刮板输送机的常见故障及其处理方法

序　号	故障分析	可能原因	处理方法
1	电动机工作，但刮板链不动	1. 刮板链卡住 2. 负荷过大 3. 液力耦合器的油量不足 4. 液力耦合器易熔合金保护塞损坏	1. 处理被卡的刮板链 2. 将上槽煤挑掉一部分 3. 按规定补充油量 4. 更换易熔合金保护塞并充油
2	电动机不能启动	1. 电气线路损坏 2. 单相运转	1. 检查线路，修复损坏部分 2. 检查原因并排除

续表

序　号	故障分析	可能原因	处理方法
3	电动机温度过高	1. 超负荷长时运行 2. 通风散热条件不好	1. 减轻负荷 2. 清除电动机周围的杂物
4	减速器声音不正常	1. 伞齿轮调整不合适 2. 轴承、齿轮磨损严重或损坏 3. 轴承游隙过大 4. 减速器内有杂物	1. 重新调整好 2. 更换磨损或损坏的部件 3. 重新调整好 4. 清除杂物
5	减速器温度过高	1. 润滑油污染严重 2. 油位不符合要求 3. 冷却不良，散热不好	1. 更换润滑油 2. 按规定注油 3. 清除减速器周围的杂物，对水冷减速器还应检查供水情况
6	减速器漏油	1. 密封圈损坏 2. 箱体结合面不严	1. 更换密封圈 2. 拧紧螺钉
7	两个液力耦合器中的一个温度过高	两个液力耦合器的油量不等	调整油量，使之均衡
8	液力耦合器漏油	1. 注油塞或易熔合金保护塞松动 2. 密封圈或垫圈损坏	1. 拧紧 2. 更换
9	液力耦合器温度已超过规定值	易熔合金保护塞配方不对	重新配置
10	盲轴温度过高	1. 密封损坏，润滑油不干净 2. 轴承损坏 3. 油量不足	1. 更换密封圈，清洗轴承，换新油 2. 更换轴承 3. 补充油量
11	刮板链掉道	1. 刮板链过松 2. 刮板过度弯曲 3. 输送机弯曲严重 4. 过渡槽磨损严重	1. 重新紧链 2. 换刮板 3. 推溜时要严加注意，不可以把输送机推得过于弯曲 4. 更换过渡槽
12	刮板链在链轮处跳牙	1. 链条拧麻花 2. 刮板弯曲 3. 链轮齿磨损严重 4. 刮板链过松	1. 整理链条 2. 更换刮板 3. 更换链轮 4. 重新紧链

三、任务考评

评分标准见表3.4。

表3.4 评分标准

序 号	考核内容	考核项目	配 分	检测标准	得 分
1	安装前的准备工作	1. 刮板输送机在运往井下之前，应熟悉其结构、动作原理、安装程序和注意事项 2. 作地面空负荷试运转 3. 现场安装前要进行检查，主要是检查传动装置 4. 在矿井条件允许的情况下应整体运送 5. 准备好安装工具及润滑脂 6. 铺设刮板输送机的机道要求平直	30	准备工作要充分，不熟悉机器的结构、原理、安装程序，不作地面空负荷试运转，缺一项扣2分；不检查传动装置，工具准备不全每项扣2分；其他不符合要求每项扣5分	
2	安装顺序及工艺要求	1. 安装顺序：机头部→中间槽→下链→机尾部→上链 2. 安装工艺及要求：机头部要稳固、牢靠；刮板链要受力均匀、运行平稳	16	安装顺序每错一项扣2分：安装质量不高，机头部不稳固、不牢靠，刮板链受力不均匀、运行不平稳，出现一处扣2分	
3	刮板输送机的运转	1. 安全运转：包括人身安全和设备安全 2. 有效运行：耗能少、运煤多	10	出现人身安全和设备安全事故各扣5分；达不到有效运行的标准扣5分	
4	维护内容	1. 巡回检查 2. 定期检修保养	15	巡回检查每班检查次数不应少于2～3次，每少一次扣5分； 定期检修保养包括日检、周检、季检、大修，每缺一项扣5分	

续表

序　号	考核内容	考核项目	配　分	检测标准	得　分
5	故障分析和处理方法	1. 判断故障的基本知识：主要是根据工作条件、运行状态、表现形式3者进行综合判断 2. 常见故障及其处理方法：要据故障现象，分析可能发生故障的原因，采取处理方法	15	能根据工作条件、运行状态、表现形式进行故障综合判断，此项做不到扣5分；根据故障现象，分析可能发生故障的原因，每错一项扣2分	
6	安全文明操作	1. 遵守安全规程 2. 清理现场卫生	15	1. 不遵守安全规程每次扣5分 2. 不清理现场卫生扣5分	
总　计					

四、思考与练习

1. 刮板输送机安装前的准备工作有哪些？
2. 刮板输送机的安装顺序及工艺要求是什么？
3. 刮板输送机运转时的注意事项有哪些？
4. 巡回检查和定期检修的内容有哪些？
5. 判断故障的基本知识是什么？
6. 刮板链掉道的原因是什么？

任务3　桥式转载机的操作与维护

知识目标：★桥式转载机的结构和工作原理

能力目标：★桥式转载机的安装步骤
★桥式转载机的试运转
★桥式转载机的开停顺序
★桥式转载机的维护、常见故障分析及处理方法

教学准备

准备好实训室的桥式转载机。

任务实施

1. 老师下达任务：操作目前常用的桥式转载机，桥式转载机的使用维护、故障分析和处理；
2. 制订工作计划：学生以小组为单位，根据任务要求，提前查阅目前常用桥式转载机的开机顺序，使用维护、故障分析和处理方法；
3. 由学生描述桥式转载机的使用维护、故障分析和处理方法，并对桥式转载机进行操作。

相关知识

桥式转载机的外形如图3.20所示，它是机械化采煤运输系统中普遍使用的一种间转载设备，它安装在采煤工作面的下顺槽内，把采煤工作面刮板输送机运出的煤转运到顺槽可伸缩胶带输送机上。该任务要求：正确安装和维护桥式转载机，及时处理其运行中产生的故障，使其能安全、正常、高效地运行，完成采煤工作面的生产运输任务。

图3.20　桥式专载机外形图

桥式转载机的长度较短，便于随着采煤工作面的推进和胶带输送机的伸缩而整体移动。在机械化采煤工作面中使用桥式转载机，可以减少顺槽中可伸缩胶带输送机伸缩、拆装的次数，便于向胶带输送机装煤，从而加快了采煤工作面的推进速度，提高了生产效率，增加了煤炭产量。在实际生产中，桥式转载机如果使用维护不好，常会出现电动机启动不了或者机尾滚筒不转动等故障，为了能够保证对桥式转载机进行日常维护、故障诊断等，且顺利完成桥式转载机的井下安装和使用任务，首先要学习桥式转载机的结构和工作原理等相关知识。

一、桥式转载机的组成和工作原理

（一）桥式转载机的组成

桥式转载机的结构如图3.21所示，它主要是由机头部（包括传动装置、机头架、链轮组件和支撑小车）、悬拱段、爬坡段、水平段和机尾部等部分组成。

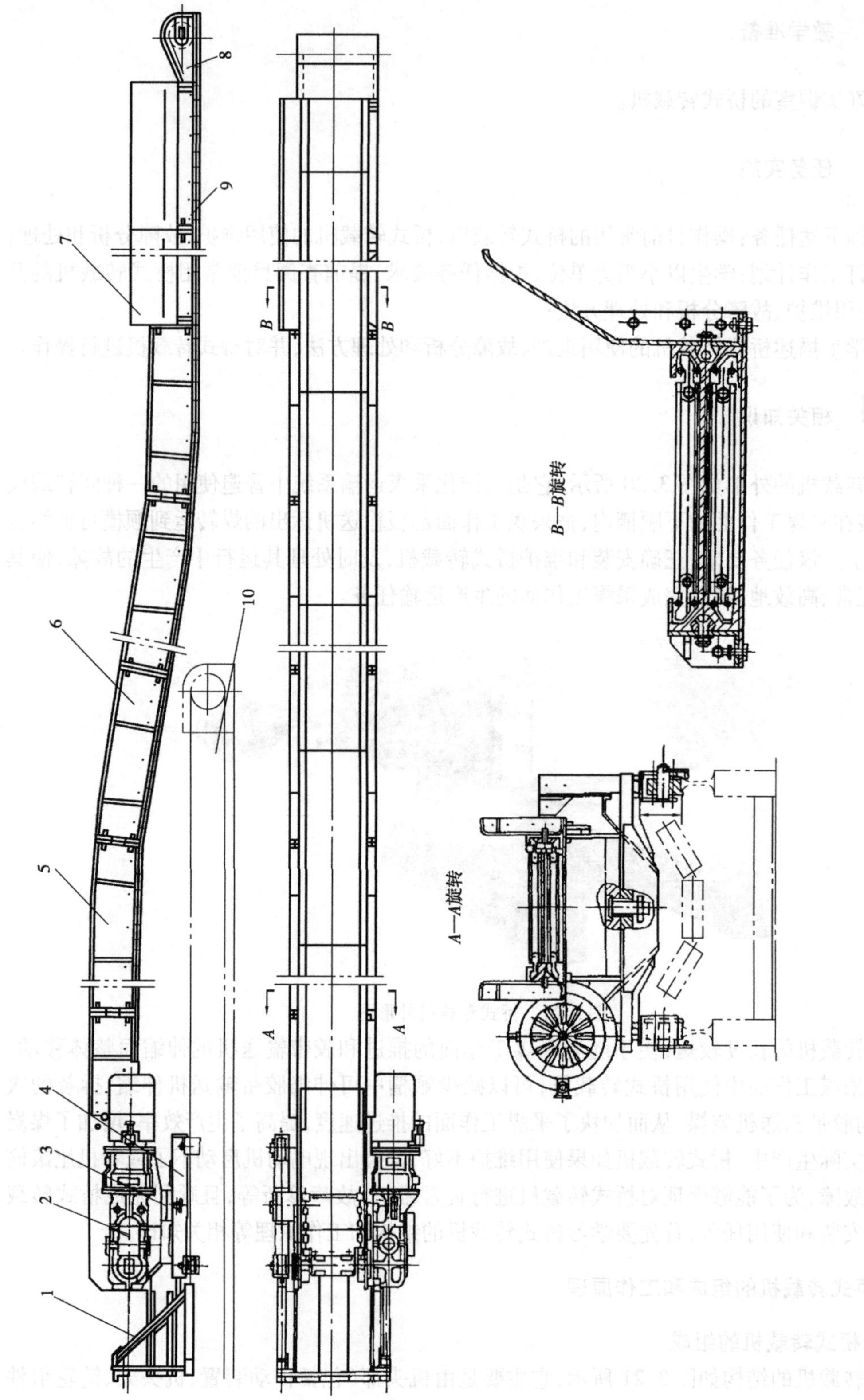

图3.21 桥式转载机

1—导料槽；2—机头；3—横梁；4—车架；5—悬拱段；6—爬坡段；7—挡板；8—机尾；9—水平段；10—可伸缩胶带输送机机尾

(二)桥式转载机的工作原理

如图3.22所示,桥式转载机的机尾安装在工作面可弯曲刮板输送机机头下面的顺槽底板上,接受从工作面运输出的煤。机头安放在游动小车架上,小车放在胶带输送机机尾架的轨道上。这样随着转载机的逐步移动使其桥部与胶带输送机的机尾重叠起来,从而缩短了运输巷道的运输长度,减少了胶带输送机的操作次数。

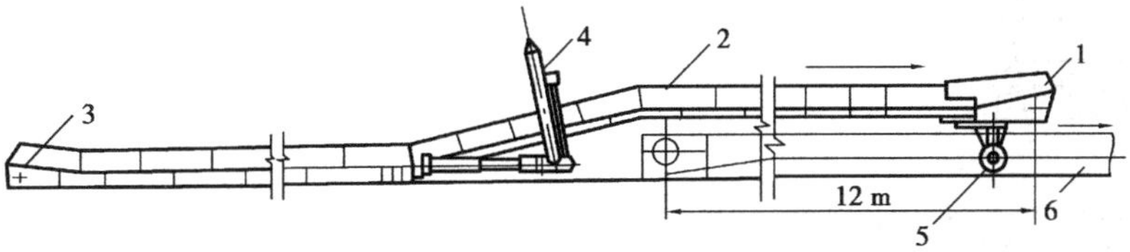

图3.22　桥式转载机的工作原理

1—机头部;2—机身部;3—机尾部;4—拖移装置;5—行走部;6—可伸缩胶带输送机机尾

桥式转载机与可伸缩胶带运输机配套使用时的最大位移距离为12 m。等于桥式转载机机头部和中间悬拱部分与胶带运输机机尾的有效搭接长度。当桥式转载机运动到极限位置时,可伸缩胶带输送机必须伸缩一次。由于可伸缩胶带运输机的不可伸缩部分长度(全部拆除可伸缩部分后的最小长度)一般为50 m左右,因而当顺槽运输小于60 m时,不能继续使用伸缩胶带输送机。此时可将桥式转载机的水平装置段接长,若功率不够,可在机头部再增加一套传动装置,单独完成顺槽中的运输任务。有时也可将可伸缩胶带输送机的储带装置逐段拆除,而不必接长桥式转载机,最后全部拆除可伸缩胶带输送机,用桥式转载机单独完成顺槽的运输任务。

二、桥式转载机的结构

桥式转载机实际上是一种可以纵向弯曲和整体移动的短距离重型刮板输送机,下面主要介绍SZQ—75型桥式转载机的结构。

(一)机头部

图3.23所示为SZQ—75型桥式转载机的机头部,主要由导料槽、传动装置、车架、横梁、机头架、链轮和盲轴等部分组成。电动机与液力耦合器连接罩及减速器用螺栓连接在一起,再用螺栓将减速器固定在机头架的侧板上。机头部通过车架和横梁安放在胶带输送机机尾的轨道上,并在其上行走。

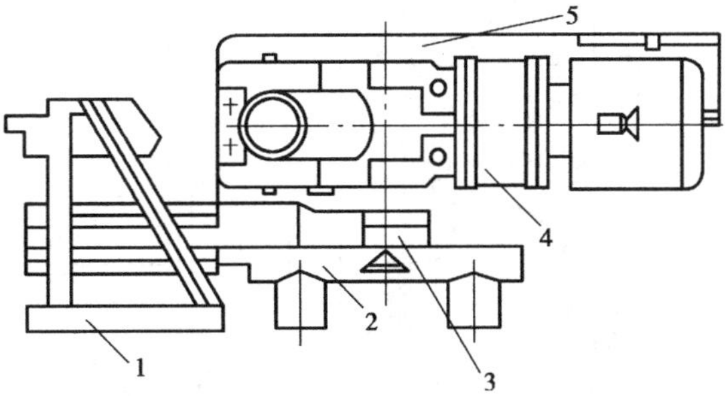

图3.23　SZQ—75型桥式转载机机头部

1—导斜槽;2—车架;3—横梁;4—传动装置;5—机头架

1.机头传动装置

机头传动装置如图3.24所示,主要由电动机、液力耦合器、减速器、紧链器、机头架、链轮组件等组成。

2.机头架

机头架如图3.25所示,主要由左右侧板、中板、底板及固定梁等组成。机头架左右侧板是对称的,传动装置可以安装在机头架的任意一侧。

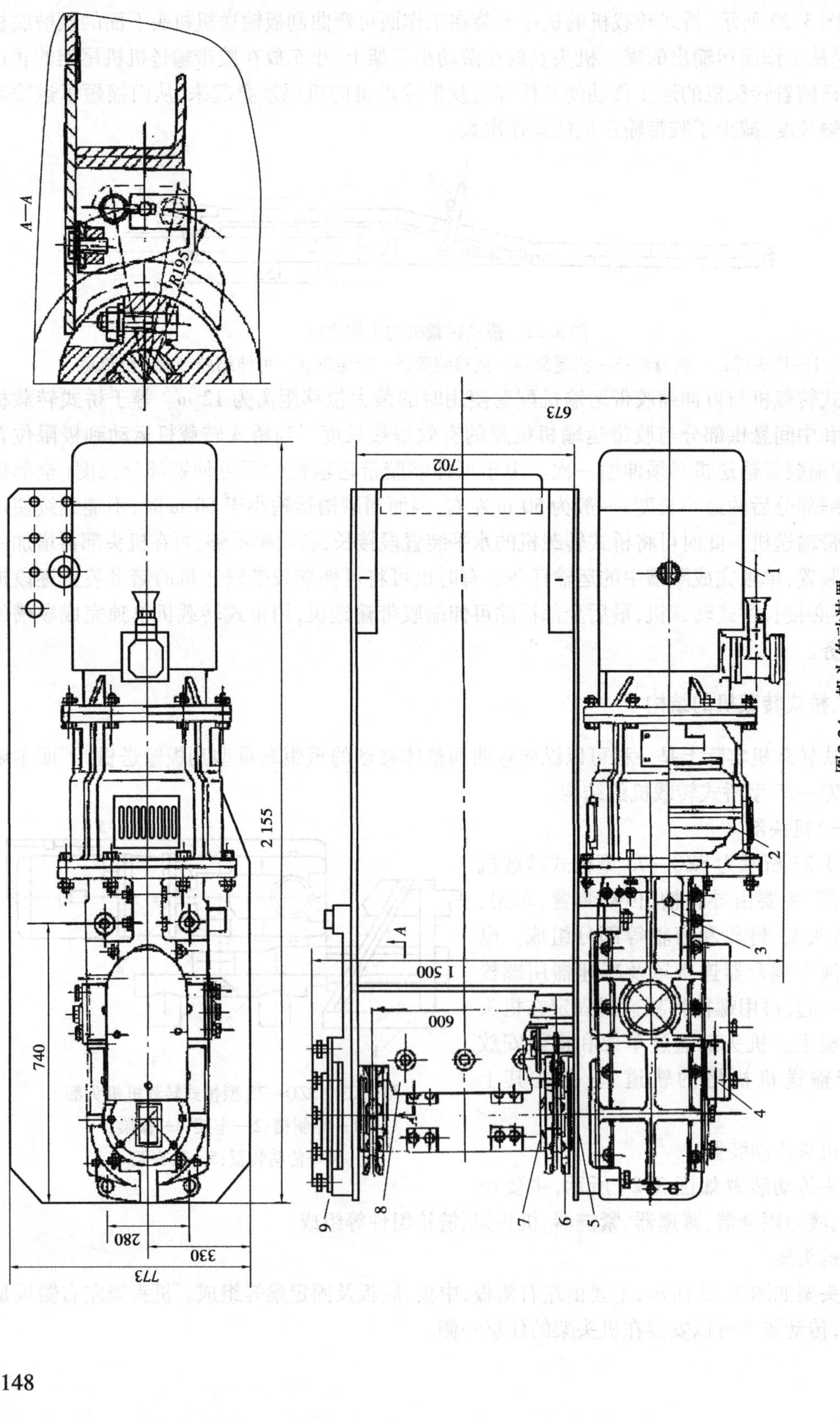

图3.24 机头传动装置

1—电动机；2—液力耦合器；3—减速器；4—紧链器；5—机头架；6—链轮组件；7—拨链器；8—舌板；9—盲轴

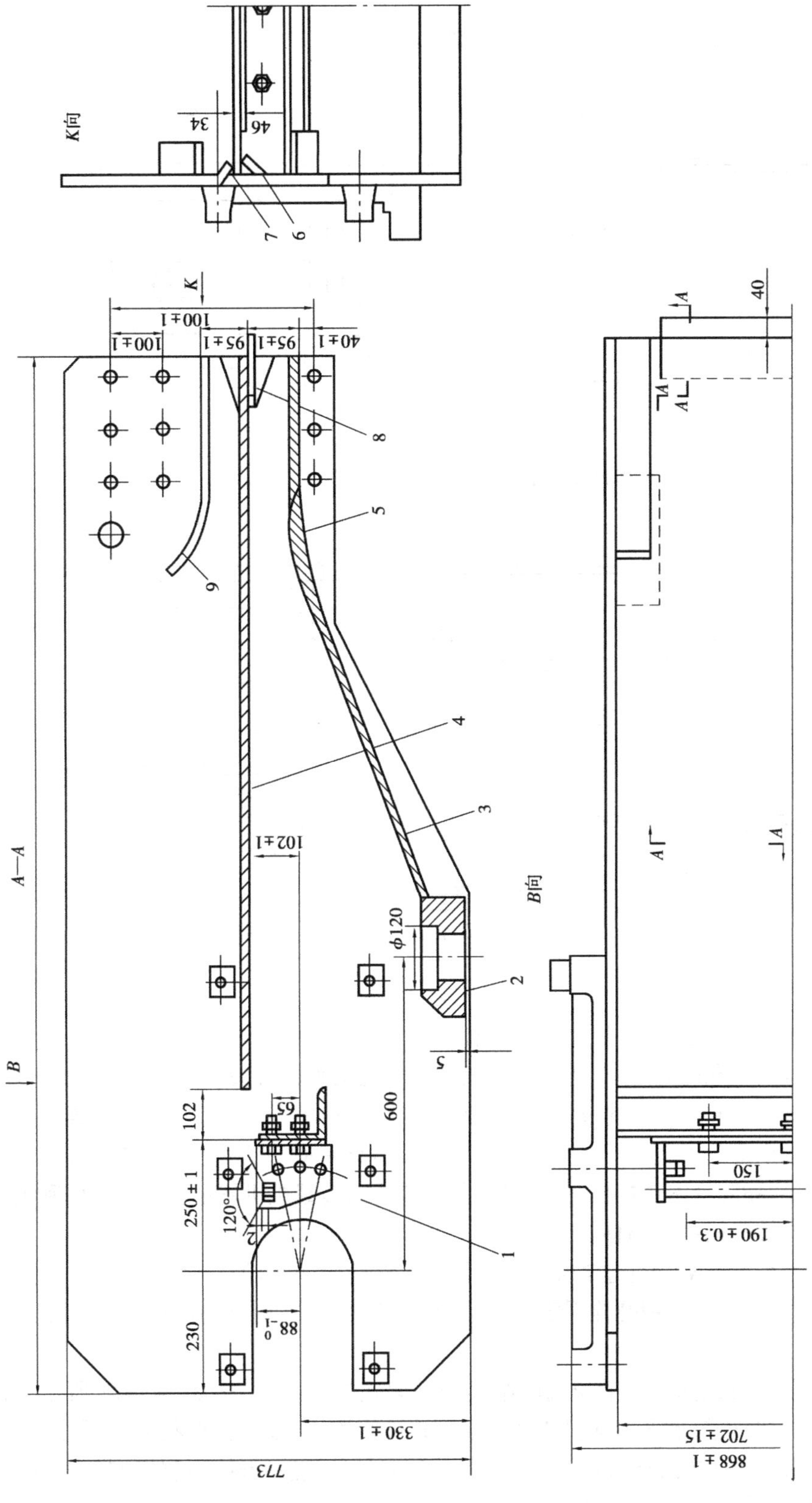

图3.25　机头架

1—侧板；2—固定梁；3—底板；4—中板；5—耐磨板；6，7—过渡板；8—搭接板；9—导向板

3. 机头小车

机头小车由横梁(见图 3.26)和车架(见图 3.27)组成。

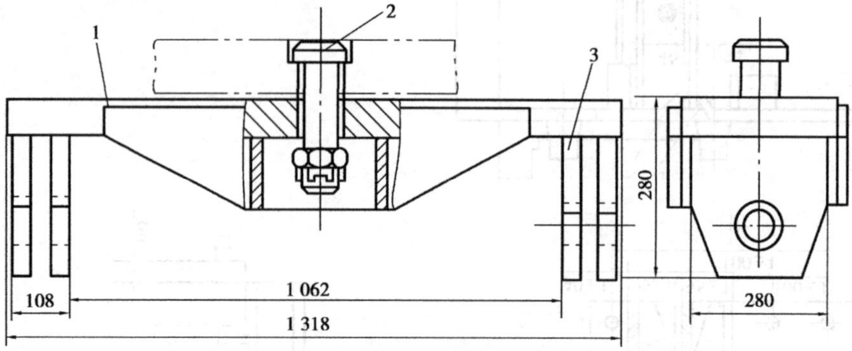

图 3.26　横梁

1—横梁;2—立式销轴;3—铰接耳座

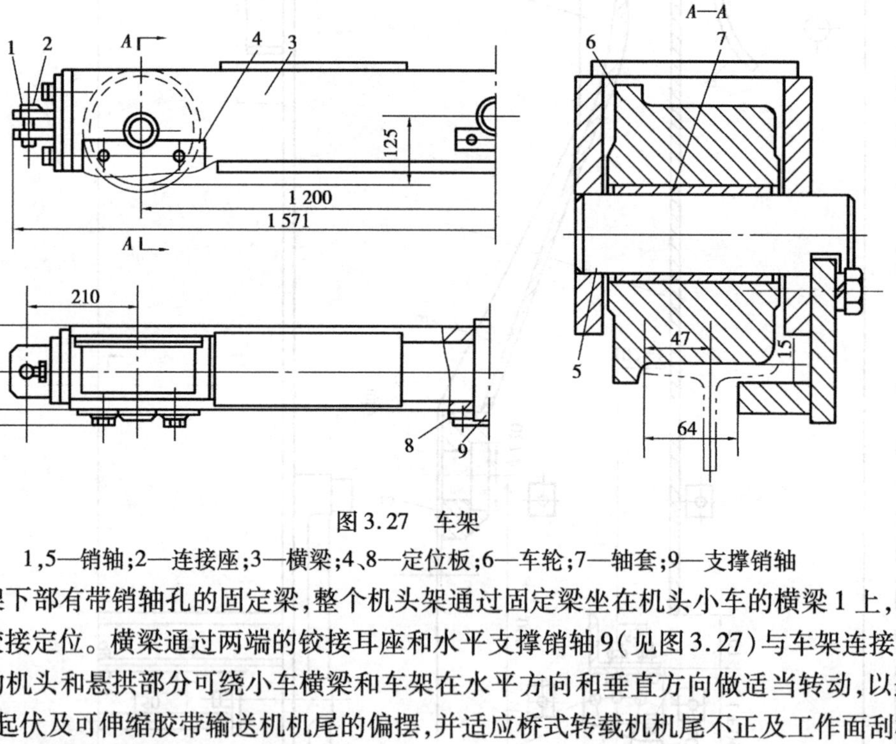

图 3.27　车架

1,5—销轴;2—连接座;3—横梁;4、8—定位板;6—车轮;7—轴套;9—支撑销轴

机头架下部有带销轴孔的固定梁,整个机头架通过固定梁坐在机头小车的横梁 1 上,以立式销轴 2 铰接定位。横梁通过两端的铰接耳座和水平支撑销轴 9(见图 3.27)与车架连接。桥式转载机的机头和悬拱部分可绕小车横梁和车架在水平方向和垂直方向做适当转动,以适应巷道、底板起伏及可伸缩胶带输送机机尾的偏摆,并适应桥式转载机机尾不正及工作面刮板输送机下滑引起的桥式转载机机尾偏移。

如图 3.27 所示,小车车架上通过销轴 5 安装了 4 个有轮缘的车轮 6。为了防止小车偏移掉道,在车轮外侧的车架挡板上用螺栓固定着定位板 4,在小车运行时起导向和定位作用。

4. 导料槽

导料槽是由左右挡板、槽板、横梁和底座组成的框架式构件,其结构如图 3.28 所示。在左、右挡板的内侧装有两块与水平方向呈 45°角的 1 m 长的槽板,该槽板形状为长漏斗状,下口宽约 0.5 m,它承受由桥式转载机卸下的物料,并将物料导装到胶带输送机的胶带中心线附近。导料槽的作用是减轻煤对胶带的冲击,并能防止胶带因偏载而跑偏,从而保护了胶带,有利于胶带输送机的正常运行。

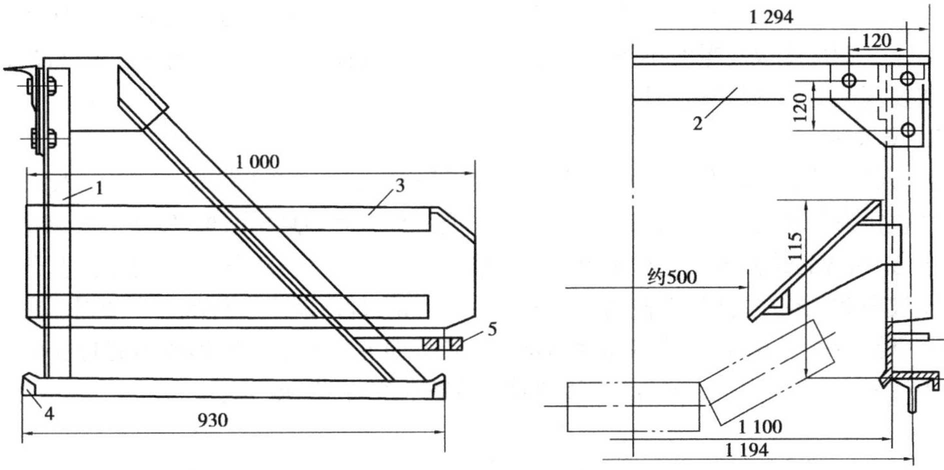

图3.28　导斜槽

1—挡板；2—横梁；3—槽板；4—底座；5—连接耳板

导料槽的底座是由左、右两块连接耳板与转载机机头小车车架前端的连接座用销轴连接起来的。当桥式转载机在胶带输送机上移动时，机头小车便推着导料槽沿轨道滑行。

（二）悬拱段

悬拱段由中部标准槽、封底板和两侧挡板组成，三者用螺栓连接在一起。

桥式转载机中部标准槽的结构如图3.29所示，溜槽一端的两侧槽帮上焊有带锥度的连接

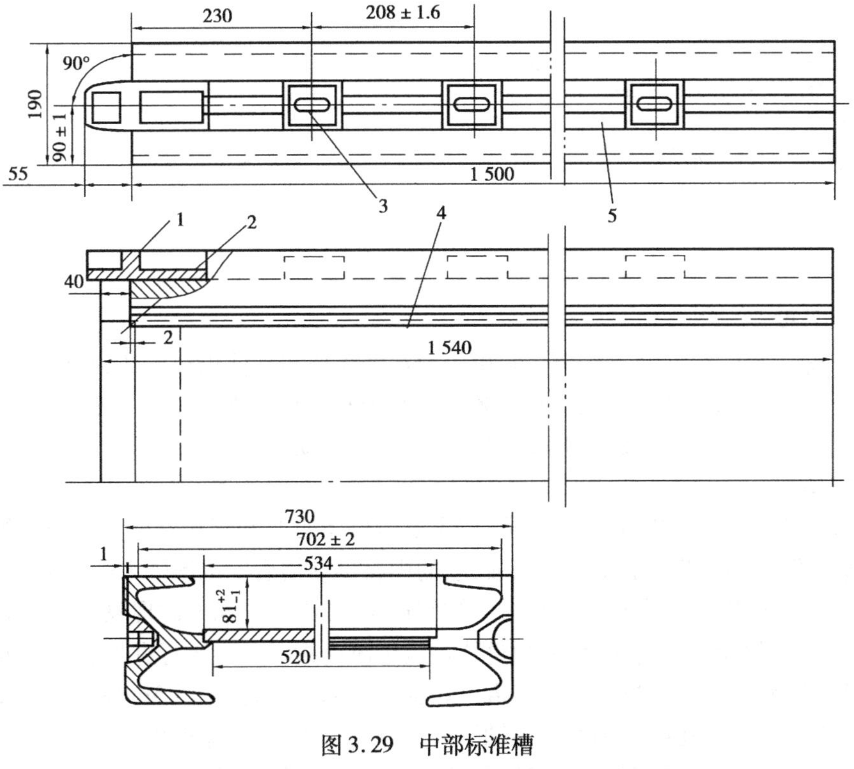

图3.29　中部标准槽

1—连接销；2—搭接板；3—支座；4—中板；5—槽帮

销,以此与相邻槽连接。连接销的锥度可使溜槽在垂直方向的偏转角达3°,在水平方向的偏转角达4°。每节中部标准槽两侧槽帮上各有6个连接侧板的支座,通过特制的螺栓将挡板固定在槽帮上。溜槽底板用螺栓与挡板连接,封闭槽底。溜槽接头位置与侧板接头位置、封底板接头位置要互相错开,以增强机身刚度。

(三)爬坡段

桥式转载机的爬坡段有凹形和凸形两种弯曲溜槽,如图3.30和图3.31所示,其作用是将桥式转载机机身从底板过渡升高到一定高度,形成一个坚固的悬桥结构,以便搭伸到胶带输送机机尾上方,将煤转载到胶带输送机上。凹形溜槽连接在水平装载段和爬坡段之间,凸形溜槽连接在爬坡段和悬拱段之间,以使刮板链能获得平稳地过渡,减小运行阻力和磨损。它们的槽帮和中板都沿着长度方向制成圆弧曲线形状,两者弯曲方向相反。凹形溜槽的封底板坐落在顺槽巷道底板上,作为滑橇,当转载机移动时可沿底板滑动,以减小阻力。

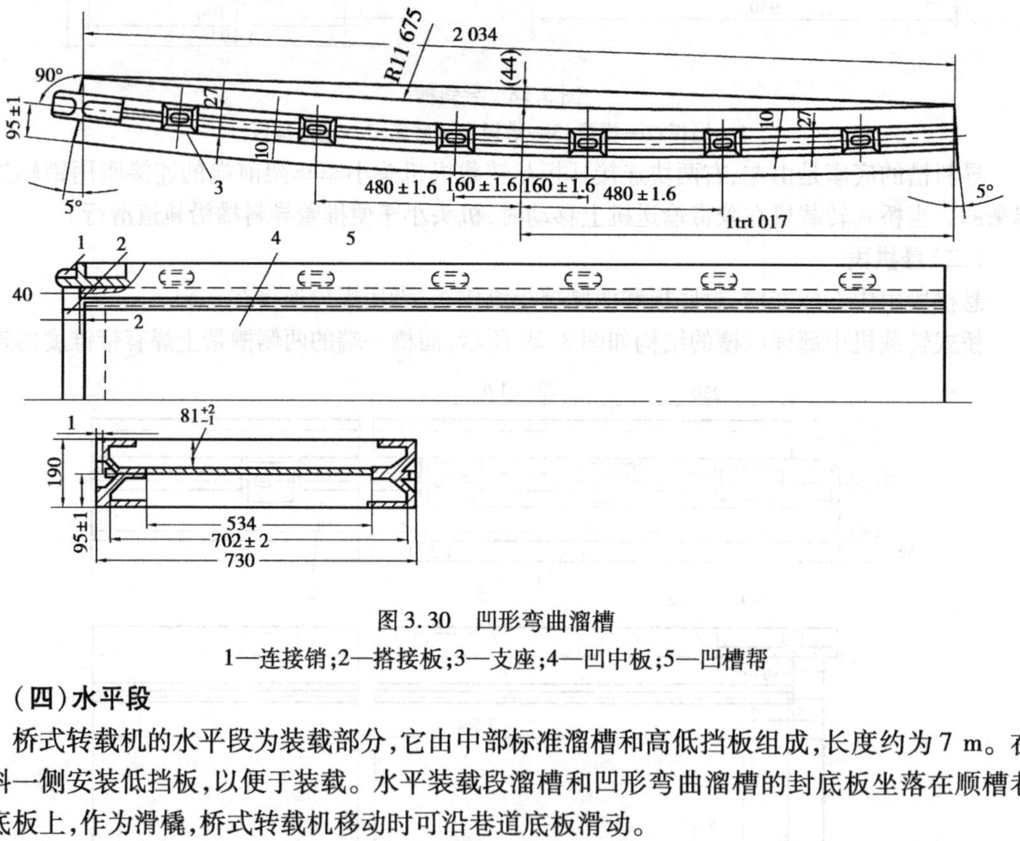

图3.30 凹形弯曲溜槽

1—连接销;2—搭接板;3—支座;4—凹中板;5—凹槽帮

(四)水平段

桥式转载机的水平段为装载部分,它由中部标准溜槽和高低挡板组成,长度约为7 m。在装料一侧安装低挡板,以便于装载。水平装载段溜槽和凹形弯曲溜槽的封底板坐落在顺槽巷道底板上,作为滑橇,桥式转载机移动时可沿巷道底板滑动。

(五)机尾部

如图3.32所示为桥式转载机的机尾,它主要由机尾架1、机尾轴2和压链板3等组成。

机尾架由钢板和一节短溜槽焊接而成,它的中板出溜槽后向机尾轴方向逐渐抬高,在两侧链道过渡处焊有过渡板,使刮板链运行时能顺利过渡,减小冲击和卡碰现象。在机尾架侧板倾斜的上方,用螺栓固定着压链块,使刮板链绕过机尾滚筒逐渐向下运行进入水平溜槽。

如图3.33所示,在压链板1上的链道处焊着两块42 mm厚的16 Mn钢压链块2。以增加压链板的耐磨性。在机尾架末端和机尾轴滚筒上方还有盖板,以保护机尾轴和滚筒。

如图3.34所示,在机尾滚筒2通过两个滚动轴承4安装在机尾轴3上。轴的两端安装在

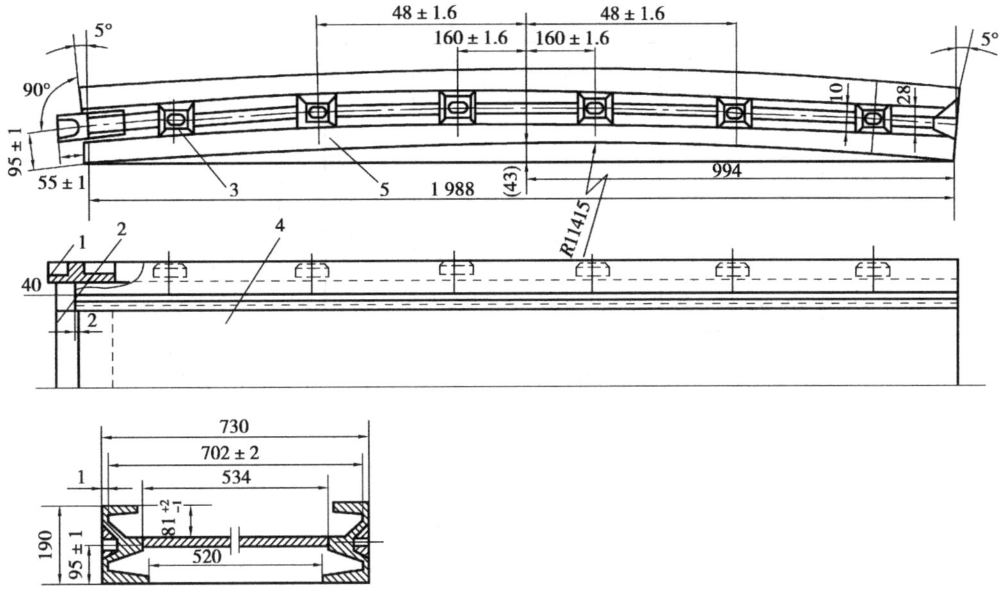

图 3.31　凸形弯曲溜槽

1—连接销;2—搭接板;3—支座;4—凸中板;5—凸槽帮

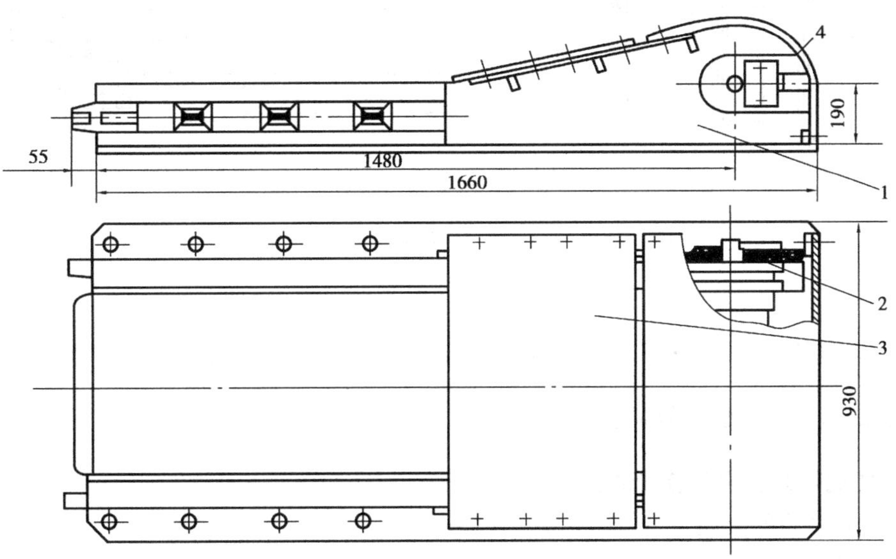

图 3.32　机尾

1—机尾架;2—机尾轴;3—压链板;4—盖板

机尾架侧板的开口槽中,再以卡板和螺栓紧固,使其不能转动。装配时,轴承处充填润滑脂,滚筒内注入 1/3 容积的润滑油,装配后的滚筒在轴上应转动灵活。刮板链绕经滚筒时,滚筒随之转动,以减少滑动摩擦和运行阻力。

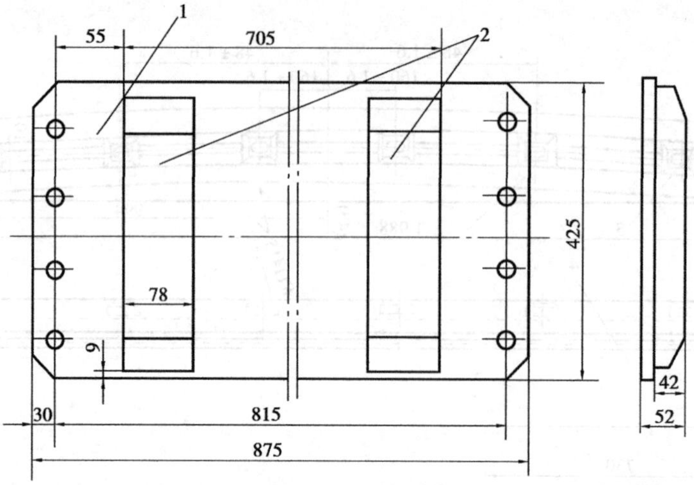

图 3.33　压链板
1—压链板;2—压链块

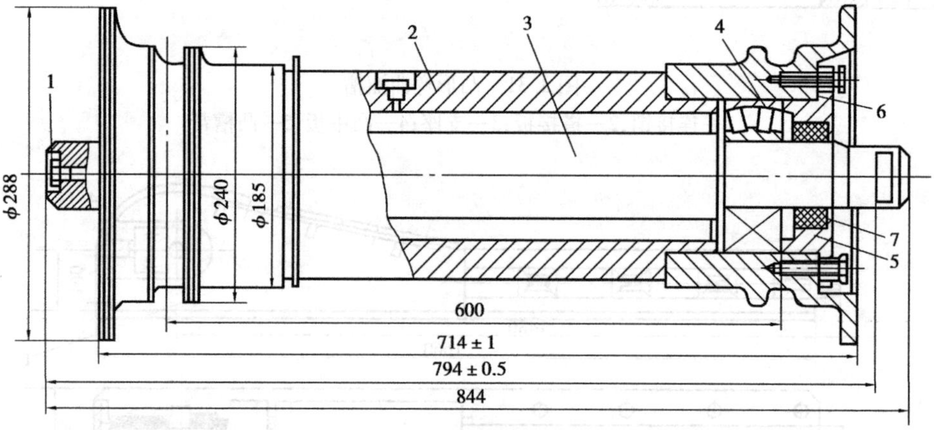

图 3.34　机尾轴
1—螺塞;2—机尾滚筒;3—机尾轴;4—滚动轴承;5—端盖;6—O 形密封圈;7—油封

三、桥式转载机的使用与维护

(一)桥式转载机的安装与试运转

1. 桥式转载机的安装

安装前的准备工作

①参加安装、试运转的工作人员应熟悉现场的情况,熟悉桥式转载机的结构、工作原理和安装程序,并始终严格遵守安全操作规程,确保人身和设备的安全。

②准备好起吊设备、安装工具及支撑材料(如方木或轨道枕木等)。

③在安装桥式转载机前,应先安装好可伸缩胶带输送机机尾(包括桥式转载机机头小车的行走轨道)。

④将桥式转载机各部分搬运到相应的安装位置。

2. 安装步骤及注意事项

(1)安装步骤

①卸下机头小车上的定位板，将机头小车的车架和横梁连接好，然后把小车安装在胶带输送机机尾的轨道上，并装好定位板。在后退式采煤系统中，采煤工作面循环开始时，桥式转载机机头小车应处于胶带输送机机尾末端的上方。

②吊起机头部，将其安放在机头行走小车上，使机头架下部固定梁上的销轴孔对准小车横梁上的孔，然后插上销轴，拧紧螺母，并用开口销牢固。

③搭起临时木垛，将中部槽的封底板摆好，铺上刮板链，安上溜槽，将刮板链拉入链道；再将两侧挡板装好，并用螺栓将其与溜槽及封底板固定。依次逐节安装，相邻侧板间均用高强度螺栓连接好，以保证桥式转载机的刚度。

④安装转折处凸、凹溜槽及爬坡段溜槽时，应调整好位置及角度，然后再拧紧螺栓。安装爬坡段溜槽时，必须先搭建临时木垛来支撑。

⑤水平装载段的安装方法与悬拱部相同。不同之处只是在巷道底板上安装时不需搭建临时木垛。应注意在装煤一侧安装低挡板，以便于装煤。

⑥两侧挡板由于允许有制造误差，所以连接挡板的端面可能有间隙。因此，在安装时可根据实际情况将平垫片或斜垫片插入挡板端面间隙中进行调整。有条件时最好在井上进行安装试运转，各侧板、底板全部编号标注，以便于井下对号安装。这样配合较好，桥身刚度较大。

⑦水平装载段中部槽逐节装好后，接上机尾，将溜槽、封底板、两侧挡板全部用螺栓紧固好。

⑧全部结构件安装好后，方可拆除临时木垛。

⑨试运转传动机构。将底链挂到机头链轮上，插好紧链钩，把紧链器手柄扳到“紧链”位置，开反车紧链。选用3、5、7环的调节链调节刮板链长度，然后将刮板链的首尾相连接成闭合的链条。再将紧链器手柄扳到“非紧链”位置，然后拆掉紧链钩。刮板链的张紧程度以运煤时在机头链轮下面稍有下垂为宜，松环不能大于2环。

⑩将导料槽装到胶带输送机机头的前面，插上导料槽与机头小车的连接销轴。

(2)注意事项

①安装时应注意将传动装置装在人行道一侧，以便于检查和维护。转载机机身应保持呈一直线，尽可能使之与胶带输送机机尾部在一条直线上，使转载机机头卸载时对准胶带输送机机尾部装载中心。

②刮板链的安装应符合要求。链条不允许有拧麻花的现象，以提高机械强度和安全可靠性。

③安装桥身时应使桥身溜槽的接头位于侧板中间，侧板的接头位于底板的中间，这样桥身部才能由溜槽、侧板、底板组成一个坚固的刚性整体。

④安装行走小车时一定要与桥式转载机机头部保持一定的灵活性，使之可在水平面内摆动一定的角度，以适应在拉移时机身与行走小车不在一条直线上的要求。

⑤注意安装顺序。根据井下工作面顺槽的具体条件有两种安装方式：一种是先从机头行走部装起，按顺序装到机尾部；另一种是先从机尾部装起，最后安装机头行走部。无论采用哪种方式都应测量准确，以免影响安装质量。

⑥安装悬空溜槽时必须搭起临时木垛，不能使用立柱代替木垛，以确保安全。

(二)桥式转载机的试运转

1. 试运转前的检查

(1)检查所有的紧固件是否松动。

(2)检查减速器、机头、机尾链轮等注油量是否正确,各润滑部位是否润滑良好。

(3)检查液力耦合器的工作液体是否充足。

(4)检查刮板链是否有拧麻花现象,各部分安装调试是否正确。

若以上检查没有发现问题,即可进行试运转。即进行空载运行,开始时断续启动,开、停试运,当刮板链转过一个循环后再正式转动,时间不少于1 h。各部分检查正常后做一次紧链工作,然后带负荷运转一个生产班。

2. 试运转时的检查

(1)检查电气控制系统运转是否正常。

(2)减速器、轴承是否有异常声响,是否有过热现象。

(3)刮板链运行有无刮卡现象,刮板链过链轮时是否正常,链条松紧是否适当。

(4)试运转后,必须检查固定刮板的螺栓是否松动,如有松动必须拧紧。

3. 注意事项

(1)在减速器、盲轴、液力耦合器和电动机等传动装置处,必须保持清洁,以防止过热。

(2)链条的松紧程度必须合适。

(3)桥式转载机的机尾与工作面刮板输送机的卸载位置必须配合适当,保证煤能准确装入桥式转载机的水平装载段之内。拉移桥式转载机时,保证行走小车在胶带输送机机尾的轨道上顺利移动,若歪斜则应及时调整。

(4)锚固柱窝时必须选在顶底板坚固处,锚固点必须牢固可靠。严禁用桥式转载机运送其他支护材料。

(5)转载机应避免空负荷运行,一般情况下不能反转。

(三)桥式转载机的开停顺序

1. 桥式转载机与破碎机、刮板输送机配套使用时,一定要按照破碎机→桥式转载机→刮板输送机的顺序依次启动,停车时应按相反顺序进行操作。为了便于桥式转载机的启动,应首先使刮板输送机停车,待卸空转载机溜槽上的物料后,才能使转载机停车。

2. 当装载机溜槽内存有物料时,无特殊原因不能反转。

3. 发生事故后,必须及时停止桥式转载机。

(四)桥式转载机的维护与故障处理

桥式转载机的维护

为保证桥式转载机安全可靠地运行,发挥其最佳性能,必须按要求定期维修桥式转载机的各个部件,其维护、检修内容可按以下几个方面进行:

(1)班检

①检查溜槽、拨链器、护板等部件是否损坏。各连接螺栓是否松动、丢失。发生损坏的刮板要及时更换。脱落的螺栓要及时补齐,松动的要拧紧。

②检查桥式转载机刮板链、刮板、连接环、连接螺栓是否损坏。任何弯曲的刮板都必须更换。

③检查电动机的供电电缆是否损坏,连接罩内部及通风格有无异物,如有异物要及时清

理,以保持良好的通风。

(2)日检

除包括班检的内容之外,还应检查:

①运行时目测检查刮板链的张紧程度,如发现机头下面链条下垂超过两环,必须重新张紧刮板链。

②检查刮板是否能顺利通过链轮,拨链器的功能是否良好。

③检查桥身部分和爬坡段有无异常现象,溜槽两侧挡板和封底板的连接螺栓有无松动现象,如有应立即处理。

④检查机头行走小车和导料槽移动是否灵活可靠,胶带输送机机尾两侧的轨道是否平直稳妥,严防机头小车和导料槽发生卡碰和掉道。

⑤向各润滑注油点注入规定的润滑油和润滑脂。

(3)周检

除包括日检内容之外,还应检查:

①检查电动机、减速器的声音是否正常,以及振动、发热情况。

②检查液力耦合器的注液量、减速器的油量是否合规定要求,有无漏液、漏油现象。

③检查链轮轴的润滑油是否充足,有无漏油。

(4)月检

除包括周检内容之外,还应检查:

①电动机的绝缘及接线情况。

②减速器的油质是否良好,轴承、齿轮的润滑状况和各对齿轮的啮合情况。

③机头架与各部件的连接情况,如有松动应及时紧固。

④链轮与机尾滚筒的运转情况,注意有无磨损和松动现象。

⑤检查两条链条的伸长量是否一致,如果伸长量达到或超过原始长度的2.5%时,则需更换,更换时要成对更换。

(5)大修

当一个工作面采完之后,应将设备升井在地面机修车间进行全面检修。

(6)润滑

为保证桥式转载机正常工作,必须对各传动部件进行可靠的润滑。润滑油的选择应按说明书要求执行,不准用质量低或与说明书不相符合的润滑油。润滑油要用密闭的容器运输和保存。

对各传动部件注油有如下要求:

①减速器齿轮箱注N460极压齿轮油,每周检查油面,不足时加油。第一次使用200 h后换新油,以后每连续使用3个月换一次新油。

②减速器第一轴轴承、机尾链轮轴轴承均注ZL—3号锂基润滑脂。每周注一次,工作条件恶劣时需增加次数。

③电动机轴承均注ZL—3号锂基润滑脂,检修时加油。

④机头链轮轴组件采用N460极压齿轮油润滑,每周检查油面,不足时加油。第一次使用250 h后换新油,以后每连续使用3个月换一次新油。

⑤小车车轮采用锂基润滑脂润滑,每月一次。

(五)桥式转载机的常见故障及处理方法

桥式转载机的常见故障及处理方法见表3.5。

表3.5 桥式转载机的常见故障及处理方法

序号	故障	原因	处理方法
1	电动机启动不了，或启动之后又立即缓慢停下来	1.接线不好 2.电压下降 3.控制线路损坏 4.单相运转	1.重新接线 2.检查电压 3.检查线路，排除损坏部位 4.检查排除
2	液力耦合器严重打滑	1.液力耦合器注液量不够 2.桥式传载机严重超载 3.刮板链被卡住 4.紧链器处于紧链位置	1.按规定补足工作液体 2.卸掉一部分煤 3.处理被卡的部位 4.将紧链器手柄扳到非工作位置
3	减速器有异常声响，箱体温度过高	1.齿轮啮合不正常 2.齿轮或轴承磨损超限 3.润滑油变质或油量不符合要求 4.减速箱内有金属杂物	1.重新调整 2.更换已损坏的轴承或齿轮 3.按规定更换润滑油或注油 4.清除杂物
4	刮板链在链轮处跳牙	1.刮板链过松 2.连接环装反或链条拧麻花 3.刮板严重变形 4.链轮轮齿磨损严重 5.两条链的长度或伸长量不相等或环数不同	1.重新紧链 2.重新正确安装 3.更换刮板 4.更换链轮 5.更换并需使用奇数环链条
5	机尾滚筒不转或发热严重	1.机尾变形，滚筒歪斜 2.轴承损坏 3.密封损坏，润滑油太脏 4.油量不足	1.校正或更换 2.更换轴承 3.更换密封，清洗轴承并换油 4.补足润滑油
6	桥身悬拱部分有明显下垂	1.连接螺栓松动或脱落 2.连接挡板焊缝开裂	1.拧紧或补充螺栓 2.更换连接挡板

四、任务考评

评分标准见表3.6。

表3.6　评分标准

序号	考核内容	考核项目	配分	检测标准	得分
1	转载机的安装	1. 安装前准备是否充分 2. 机头、机尾、机身安装是否正确 3. 机身各部件连接是否紧固，机身是否呈一直线 4. 刮板链的安装、张紧是否符合要求	30	错一项扣5分	
2	试运转前的检查	1. 所有紧固件是否松动 2. 各润滑部位是否润滑 3. 液力耦合器注液量是否充足 4. 刮板链是否拧麻花 5. 各转动部件是否转动灵活	20	错一项扣4分	
3	转载机试运转	1. 电气控制系统是否正常 2. 电动机、减速器是否有异常声响，是否漏油 3. 拉移装置动作是否灵活 4. 链轮轴是否漏油 5. 操作方法是否正确	20	缺一项扣4分	
4	转载机维护	1. 转载机的班检内容 2. 转载机的日检内容 3. 转载机的周检内容 4. 各润滑部位的润滑油量是否充足，润滑油的牌号是否符合要求 5. 出现故障后能否正确处理	20	缺一项扣4分	
5	安全文明操作	遵守安全规程 清理现场卫生	10	不遵守安全规程扣5分 不清理现场卫生扣5分	
总　评					

五、思考与练习

1. 简述桥式转载机的用途。
2. SZQ—75 型桥式转载机由哪几个部分组成？各部分的结构特点和作用是什么？
3. 简述 SZQ—75 型桥式转载机的安装步骤及注意事项。
4. 桥式转载机正常运行时应注意哪些问题？
5. 对桥式转载机要经常进行哪些检查工作？
6. 桥式转载机常见故障有哪些？产生这些故障的原因是什么？如何处理？
7. 桥式转载机的主要部件应如何润滑？

任务 4　可伸缩胶带输送机的操作

知识目标：★可伸缩胶带输送机的结构和工作原理

能力目标：★可伸缩胶带输送机的开停操作

★可伸缩胶带输送机储带装置收放胶带的操作

TABLE

教学准备

准备好实训室的胶带输送机。

POINT PLUS

任务实施

1. 老师下达任务：操作目前常用的可伸缩胶带输送机；

2. 制订工作计划：学生以小组为单位，根据任务要求，提前查阅目前常用可伸缩胶带输送机的相关资料；

3. 由学生描述可伸缩胶带输送机的操作方法，对可伸缩胶带输送机进行操作。

LIST

相关知识

可伸缩胶带输送机如图 3.35 所示，是综采工作面运输顺槽内广泛使用的运输设备，它能够随着综采工作面的推进灵活地伸长或缩短，大幅度提高了运输效率。为保证输送机安全可靠的运行，必须掌握输送机的正确开、停顺序，并顺利的完成储带装置收放胶带的操作。

由于综采工作面走向长度大，井下工作环境能见度低，在进行开、停机和收放胶带操作时如果不能按照规程要求正确操作，很容易发生安全事故。而且，在启动和停止胶带输送机的时候，要首先检查胶带输送机各部分是否处于安全状态；在储带装置收放胶带时，如果储带箱装满胶带后，还要打开储带箱卸下胶带。为了能够完成这些操作，必须掌握可伸缩胶带输送机的结构与工作原理。

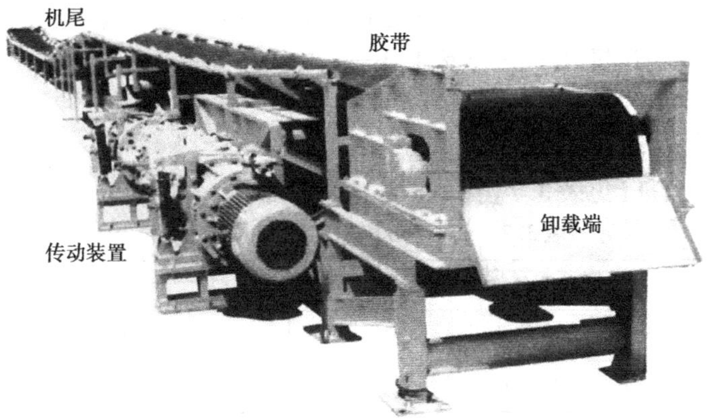

图3.35　可伸缩胶带输送机

一、可伸缩胶带输送机的作用与工作原理

（一）可伸缩胶带输送机的作用

近年来，由于综采和高档普采机械化程度的迅速提高，工作面向前推进的速度越来越快。这样，拆移顺槽中运输设备的次数和花费的时间在总时间中所占的比重越来越大，使采煤生产率进一步提高受到限制。为解决这个问题，目前国内外广泛采用可伸缩胶带输送机来保证生产的持续进行。

可伸缩胶带输送机是供顺槽运输的专用设备，由工作面运来的煤经顺槽桥式转载机卸载到可伸缩胶带输送机上，由它把煤从顺槽运到上、下山或装车站的煤仓中。

可伸缩胶带输送机和普通胶带输送机相比，增加了一个储带仓、一套储带装置和机尾牵引机构。其机身长度可根据需要进行伸长或缩短，其最大伸长量不应超过电动机的额定功率所允许的长度；最小缩短量可缩到机身不能再缩为止。

（二）可伸缩胶带输送机的工作原理

可伸缩胶带输送机是根据挠性体摩擦传动的原理，靠胶带与传动滚筒之间的摩擦力来驱动胶带运行，完成运输作业的，其工作原理如图3.36所示。随着工作面向前推进，一方面，由转载机运来的煤，通过胶带传送到卸载端；另一方面，机尾牵引绞车和拉紧绞车动作，缩短输送机，收回多余的胶带。

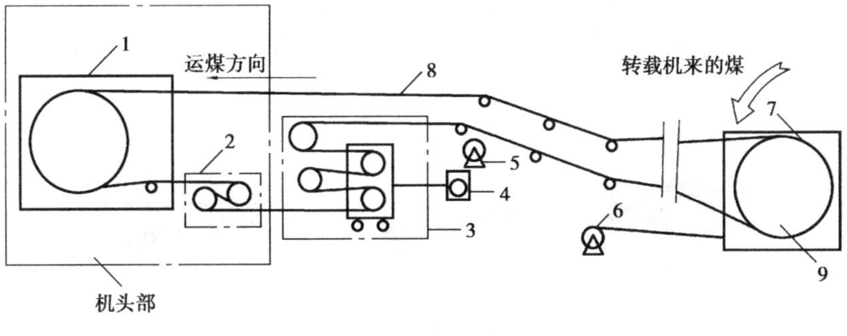

图3.36　可伸缩胶带输送机工作的原理图

1—卸载端；2—传动装置；3—储带装置；4—拉紧绞车；

5—收放胶带装置；6—机尾牵引绞车；7—机尾；8—胶带；9—滚筒

目前我国使用最广泛的可伸缩胶带输送机是 SD—150 型胶带输送机。其类型符号 SD—150 的含义是:S——输送机,D——胶带,150——电动机功率为 150 kW。

二、SD——150 型胶带输送机

(一)主要技术特征(见表 3.7)

表 3.7　SD—150 型胶带输送的技术特征

项目名称		技术特征
输出能力		630 t/h
输出长度		770 m
胶带宽度		1 000 mm
胶带速度		2 m/s
储带长度		100 m
主电动机	型号	JDSB—5 型
	功率	2 ×75 kW
	转速	1 480 r/min
	电压	600 V
胶带类型		整芯编织尼龙带

(二)组成部分及结构

SD—150 型胶带输送机主要由机头部、储带装置、托辊和机架、胶带、拉紧装置、制动装置、清扫装置等组成,如图 3.36 所示。

1. 机头部

机头部包括传动装置和卸载端。传动装置主要由电动机、液力耦合器、减速器、主副传动滚筒和卸载滚筒等组成。

胶带输送机采用双电动机驱动。为了改善启动性能,并使两台电动机负荷分配趋于平衡,在减速器和电动机之间采用了 YL—450 型液力耦合器。

采用双滚筒传动,主要是为了增加胶带在传动滚筒上的围包角,提高牵引力。传动滚筒是胶带输送机传递牵引力、驱动胶带运行的主要部件。滚筒的表面形式有光面、包胶和铸胶等,如图 3.37 所示。

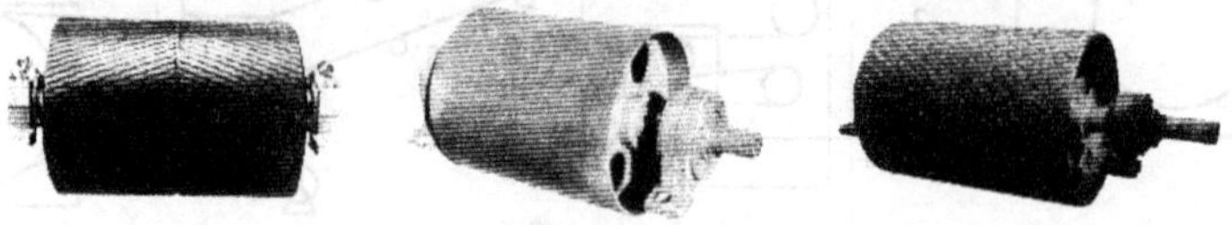

(a)　　(b)　　(c)

图 3.37　滚筒

(a)人字胶面滚筒　(b)光面传动滚筒　(c)菱形铸胶滚筒

在小功率、不潮湿的情况下,可采用光面滚筒;在大功率、环境潮湿、易打滑的情况下,宜采用胶面滚筒，以提高牵引力；铸胶滚筒胶厚耐磨，有条件时应尽量采用。滚筒的外形可以做成圆筒形的，也可以做成中间大、两头小的双锥形，其锥度一般为1∶1 000。后者用于胶带易跑偏的情况下。

为了卸载方便，在机头部的前端前伸一个装有卸载滚筒的卸载臂，卸载臂的用途是将承载胶带引到机头传动滚筒的前面，以便使煤经过卸载臂前端的卸载滚筒而卸到外胶带输送机上或煤仓里。同时，承载胶带经卸载滚筒而折返到传动滚筒上。卸载臂是个钢结构架子，用螺栓固定在机头架上，卸载臂上装有托辊架。

卸载滚筒一般采用心轴结构，工作时轴不动，而是固定在卸载架轴座之中，因它不是主动滚筒，故滚筒壳与轴承外圈一起随着胶带运行而转动。

在卸载滚筒的下部装有胶带清扫装置，它可以把胶带上的煤刮干净，以免粘在胶带上的煤带进传动滚筒，造成对胶带表面以及主传动滚筒表面的损伤。清扫装置一般为橡胶刮板，其对胶带的作用力是可以调节的。

2. 储带装置

储带装置用来把可伸缩胶带输送机伸长或缩短后多余的胶带暂时储存起来，以满足采煤工作面持续前进或后退的需要。储带装置装在机头部的后面，并分别绕过拉紧绞车上的两个滚筒和前端固定架上的两个滚筒，折返4次后向机尾方向运行。

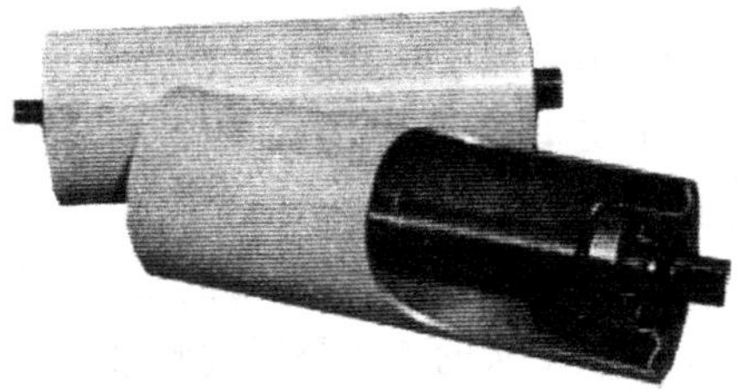

图3.38　托辊

3. 托辊和机架

托辊用来支撑胶带，减少胶带运行阻力，并使胶带悬垂度不超过一定限度，以保证胶带平稳运行。托辊安装在胶带输送机的机架上，由轴、轴承和标准套筒等组成，其结构如图3.38所示。

托辊的主要类型有槽形托辊、平行托辊、调心托辊和缓冲托辊，见表3.8。

表3.8　托辊类型与用途

托辊类型	结　构	用　途
槽形托辊		用于输送散装货物，槽形角一般为30度。
平行托辊		用于支撑回空段输送带。
调心托辊		用于调整胶带跑偏。
缓冲托辊		装在带式输送机上的装载处，用以缓和货物载荷对输送带的冲击，从而保护输送带。这种托辊的结构和一般托辊相同，只是在套筒上套以若干橡胶圈。

机架用来安装和固定托辊，并支撑托辊、胶带以及货物的重量。机架常用角钢和槽钢组装而成，如图3.39所示。

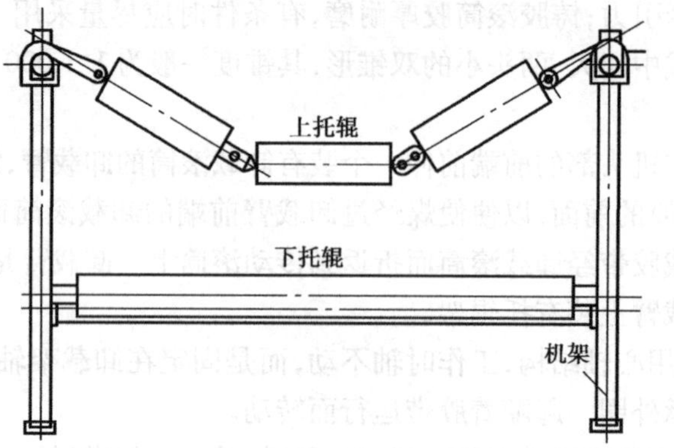

图 3.39　托辊和机架

4. 胶带和胶带扣

胶带(输送带)既是承载机构,又是牵引机构,是输送机的重要组成部件。输送带的长度大约是机身长度的两倍。

输送带是属于高强度型,带芯为尼龙整体编织,外层为较柔软、抗磨性较好的橡胶。这种胶带较薄又柔软,成槽性好,耐冲击,挠性好,抗拉强度高,使用和拆装方便,在运行中对滚筒和托辊的磨损小。

为了搬运方便,每卷胶带的长度一般为 50 ~ 100 m,因此在使用时必须把若干段胶带连接起来。两胶带头的连接是通过胶带扣来完成的。对于可伸缩胶带输送机来讲,胶带长度经常变化,不仅要求胶带扣强度大,而且要求拆装迅速、方便。

胶带扣用合金钢制造,强度较大,利用尖端挤穿带芯纤维,对纤维损伤很小。胶带扣必须按照厂家的要求和规定方法,用相应的胶带扣压机压装在胶带上面。

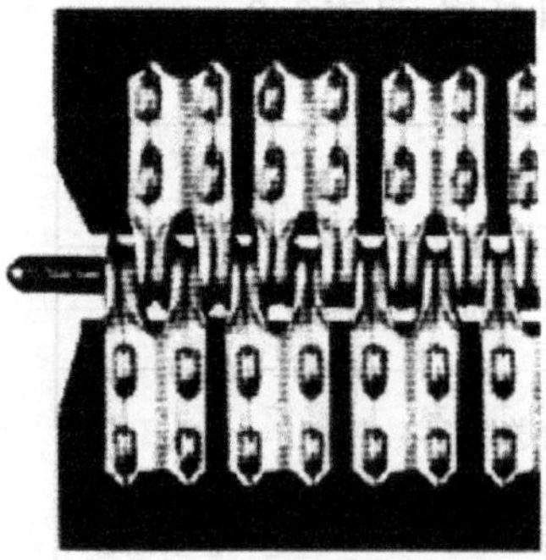

图 3.40　胶带扣的搭接

在连接两段胶带时,先将两端头上的胶带扣交错搭接好,然后用一个柔软的细钢丝绳穿过胶带扣即可。拆开接头时,只需将胶带放松,抽出钢丝绳即可。胶带扣使拆接胶带迅速且方便,接头的挠性好,在运行中对滚筒及接头本身磨损不大。胶带扣的搭接如图 3.40 所示。

5. 拉紧装置

拉紧装置的作用是将胶带张紧,使胶带与驱动滚筒具备足够的摩擦力,使两托辊组之间的胶带下垂量控制在一定范围内,从而使胶带输送机正常运转。胶带输送机的拉紧装置主要分为机械拉紧和重锤拉紧两种,除此之外,还有电动拉紧和液压拉紧等,图 3.41 所示为螺杆式拉紧装置。

6. 制动装置

胶带输出机在平均倾角大于 4°的巷道中向上运输时,应设置制动装置。以防止输送机在停止运转后,胶带在货物重量的作用下使输送机逆转。

制动器的种类较多,如带式逆止器、滚柱逆止器、电力液动制动器及液压盘式制动器等。

(1)带式逆止器。带式逆止器是在卸载滚筒的架子上固定一块胶带(逆止带),当胶带输

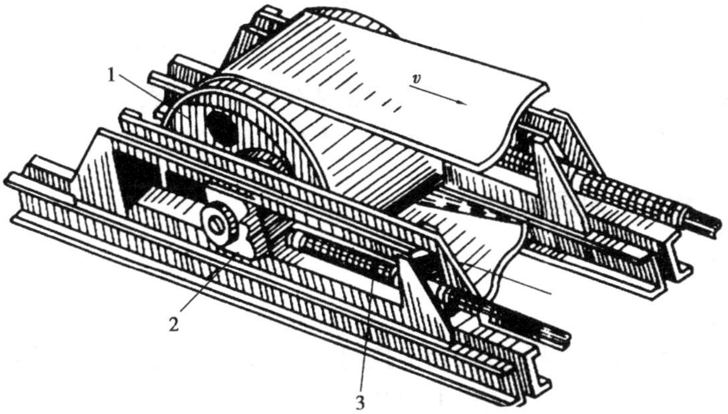

图3.41 螺杆式拉紧装置
1—拉紧滚筒;2—滑块;3—调节螺杆

送机向上运输时,逆止带在卸载滚筒旁呈卷曲状态,如图3.42所示。若满载的胶带输送机停车发生逆转时,固定逆止带的一头被逆转的胶带带入胶带与滚筒之间,利用其摩擦力,可停止滚筒和胶带的逆转。

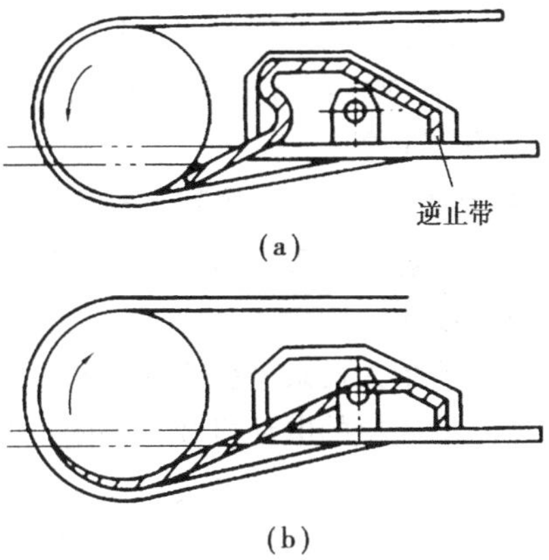

图3.42 带式逆止器
(a)正常运转位置 (b)逆止状态

这种逆止器的结构简单、造价低,缺点是在制动时输送机必须先倒转一定距离,等到逆止带完全楔入滚筒后才能发生逆止效果。所以,功率大的输送机不宜采用,只适用于向上运输的小型胶带输送机。

(2)滚柱逆止器。滚柱逆止器的制动平稳可靠,也只能用于向上运输时防止胶带输送机逆转。在固定式胶带输送机上可优先采用。

(3)电力液动制动器。电力液动制动器多用于大功率强力胶带输送机及钢丝绳牵引的胶带输送机。该制动器安装在高速轴上(靠电机一侧),作为断电时停车和紧急刹闸用。这种制动器向上或向下运输时均可采用。

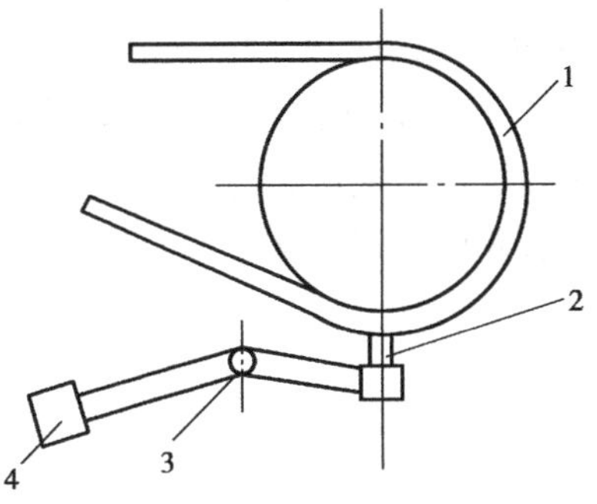

图3.43 刮板式清扫器
1—胶带;2—刮板;3—绞轮;4—重砣

(4)液压盘式制动器。液压盘式制动器多用于强力胶带输送机。它安装在主动滚筒的轮缘上,可在电力液压制动器失灵时起保护作用。

7.清扫装置

清扫装置安装在卸载端,用来清扫胶带表面的黏附物料,目前我国胶带输送机使用较多的是刮板式清扫器,如图3.43所示。刮板(用橡胶带制成)靠重砣的重量紧贴在胶带上,将卸载后胶带表面的黏附物料刮掉。这种刮板式清扫器的使用效果不好,近年来。已广泛使用弹簧式清扫刮板,其效果较好。除卸载端外,还在靠近机尾换向滚筒处安设有清扫装置,一般为犁形清扫装置,清扫在运输时撒落和黏附的物料。

清扫装置对双滚筒传动的胶带输送机,特别是分别传动的尤为重要,因为胶带装置的上表面要与传动滚筒表面接触,若清扫不净,煤粉会黏结在传动滚筒表面,使胶带磨损过快,还会造成两个传动滚动直径的差异而使电动机功率分配不均,甚至发生事故。

三、可伸缩胶带输送机的操作

(一)启动与停止操作

1. 开机(启动)

开机时,取下控制开关上的停电牌,合上控制开关,发出开机信号并喊话,让人员离开输送机转动部位,先点动2次,再转动1圈以上,并检查下列各项:

(1)各部位运转声音是否正常,胶带有无跑偏、打滑、跳动或刮卡现象,胶带松紧是否合适,张紧拉力表指示是否正确。

(2)控制按钮、信号、通信等设施是否灵敏可靠。

(3)检查、试验各种保护是否灵敏可靠。

上述各项检查与试验合格后,方可正式操作运行。

2. 停机(停止)

接到收工信号后,将胶带输送机上的煤岩完全拉净,停止电动机,将控制开关手柄扳到断电位置,锁紧闭锁螺栓,即完成了停机。

3. 输送机司机操作的安全规定

(1)严禁人员乘坐胶带输送机,不准用胶带输送机运送设备和笨重物料。

(2)输送机的电动机及开关附近20 m以内风流中瓦斯浓度达到1.5%时,必须停止工作,切断电源,撤出人员,及时处理。

(3)输送机运转时禁止清理机头、机尾滚筒及其附近的煤岩。不许拉动运输送带的清扫器。

(4)在检修煤仓上口的机头卸载滚筒部分时,必须将煤仓上口挡严。

(5)处理输送带跑偏时严禁用手、脚及身体的其他部位直接接触输送带。

(6)拆卸液力耦合器的注油塞、易熔塞、防爆片时应戴手套,面部须躲开喷油方向,轻轻拧松几扣后停一会,待放气后再慢慢拧下。禁止使用不合格的易熔塞、防爆片或使用代用品。

(7)在输送机上检修、处理故障或做其他工作时,必须闭锁输送机的控制开关,挂上“有人工作,不许合闸”的停电牌。除处理故障外,不许开倒车运转。严禁站在输送机上点动开车。

(8)除控制开关的接触器触头粘住外,禁止用控制开关的手柄直接切断电动机。

(9)必须经常检查输送机巷道内的消防及喷雾降尘设施,并保持完好有效。

(10)认真执行岗位责任制和交接班制度,不能擅离岗位。

(二)储带装置收放胶带的操作

1. 收放胶带操作

如图3.36所示,当需要缩短胶带时,用机尾牵引绞车6拉动机尾前移,再运行拉紧绞车4,拉动储带装置的活动折返滚筒,将松弛的胶带拉紧;当需要伸长胶带时,使拉紧绞车4和机尾牵引绞车6松绳,机尾后移,把储带仓中的胶带放出,活动滚筒前移。根据缩短或伸长的距离,可相应地拆卸或增加中间机架。胶带输送机伸缩作业完成后,用拉紧绞车以适当的拉力把胶带拉紧,以保证胶带输送机的正常运行。

2. 操作注意事项

(1)缩回带式输送机尾时,先拆去机尾的中间架 3 ~4 节,用千斤顶和牵引链把机尾缩回,所有人员要远离机尾。然后开动拉紧绞车,输送带缩减后应将千斤顶缩回。

(2)当储存段(可分为二层、四层和六层)已经存满输送带时,应将多余的输送带拆除,拆除后应保证输送带不跑偏、机尾要固定牢靠,如是吊挂式输送带机应保持两钢丝绳松紧一致。

(3)拆下的输送带应用卷筒卷好,存放到干燥地点或升井入库。

(4)做接头时必须远离机头,确保安全。

(5)严禁随意割断输送带。

四、任务考评

评分标准见表3.9。

表3.9　评分标准

序　号	考核内容	考核项目	配　分	检测标准	得　分
1	输送机的工作原理	对照输送机说明其工作原理	10	说明不正确扣10分	
2	输送机的结构及各部分的作用	对照输送机说明输送机各部分的作用	20	每错一处扣2分	
3	启动与停止的操作	启动与停止符合安全操作规程	10	每错一处扣2分	
4	收放胶带的操作	1. 缩短胶带正确 2. 伸长胶带正确 3. 拆下胶带,使胶带不跑偏 4. 不能随意割断胶带	30	每错一处扣5分	
5	使用工具与操作姿势	使用工具正确,操作姿势正确	10	每错一处扣2分	
6	安全文明操作	遵守安全规程,清理现场卫生	20	不遵守安全规程每次扣5分、不清理现场卫生扣5分	

五、思考与练习

1. 可伸缩胶带输送机启动与停止的操作方法是怎样的?

2. 可伸缩胶带输送机储带装置有什么用途? 收放胶带应如何操作?

3. 司机在操作可伸缩胶带输送机时应注意哪几个方面?

任务5　可伸缩胶带输送机的安装及故障处理

知识目标：★安装前的准备工作及安装顺序
★可伸缩胶带输送机的完好标准
能力目标：★可伸缩胶带输送机的安装步骤和方法
★可伸缩胶带输送机胶带跑偏的调整方法
★可伸缩胶带输送机常见故障及处理方法

教学准备

准备好实训室的胶带输送机。

任务实施

1. 老师下达任务：目前常用的可伸缩胶带输送机的安装、故障判断及处理；

2. 制订工作计划：学生以小组为单位，根据任务要求，提前查阅目前常用可伸缩胶带输送机的安装步骤和方法，可伸缩胶带输送机胶带跑偏的调整方法；

3. 由学生描述可伸缩胶带输送机的安装步骤和方法，可伸缩胶带输送机的故障判断及处理。

相关知识

在生产中，可伸缩胶带输送机容易出现胶带跑偏、减速器漏油、电动机温度过高等现象，这些都是胶带输送机的常见故障。这些故障发生后，必须及时分析其产生原因，并对故障进行处理，避免发生大的生产安全事故。

前面已经学习了可伸缩胶带输送机的结构和工作原理，这是分析和解决机器故障的基础。在使用输送机前，必须对其进行安装和调试，才能保证其正常地工作和安全地生产。在安装过程中，要按照一定的安装顺序进行操作，否则可能出现设备及人身事故等问题。另外，对输送机的调试也非常重要，它可以使输送机达到可靠的安全运转的要求。

一、安装前的准备工作

(1)根据巷道中心定出输送机的中心线。按照规程规定尺寸来修整巷道，并给出输送机准确的装载点和卸载点。巷道准备的好坏直接关系着输送机的安装质量和安装速度。

(2)在把设备运入井下之前，负责安装的人员必须要熟悉设备和有关图样资料。

(3)在拆卸任何较大的部件前，应该按照组装图上的编号打上记号，以便在矿下安装。

(4)对于外露的轴承及齿轮，必须用适当的保护罩保护起来。

(5)清理、平整安装地点,并设置好用于起重的吊挂横梁。

二、安装顺序

安装伸缩胶带输送机一般按以下顺序进行:

(1)传动装置和卸载臂部分。

(2)储带装置和卷带装置。

(3)中间架。

(4)机尾部。

(5)胶带。

三、可伸缩胶带输送机的完好标准见表3.10

表3.10　可伸缩胶带输送机的完好标准

序　号	检查项目	完好的标准	备　注
1	螺栓、垫圈、背帽、油堵、护罩	齐全、完整、紧固,所有的螺栓紧固合格后露出1~3扣螺纹	
2	液力耦合器	按规定加入介质后,以注液孔与水平夹角呈45°时介质从注液孔溢出为准	
3	减速器	齿轮磨损不超过厚度20%,轴承温度不超过75 ℃,最大间隙不超过0.3 mm,油量适量不渗油,无异响	
4	滚筒及清扫装置	滚筒无破裂,机头、机尾装有清扫器,机尾有护板,转动灵活	
5	胶带、机架、托辊	胶带不打滑、不跑偏;接头卡子平整;托辊齐全,转动灵活;机架平直	运行中,上胶带不超过托辊边缘,下胶带不磨机架
6	张紧装置	张紧装置不跑偏,部件齐全,滑轮转动灵活	
7	电动机	符合电动机完好标准,接地良好	
8	信号装置	信号清晰畅通,灵敏可靠	
9	保护装置	胶带输送机"三大保护"齐全,灵敏、可靠	

四、可伸缩胶带输送机的使用与维护

(一)可伸缩胶带输送机的安装

1.清理、平整从机头到储带装置间约35 m长的巷道底板,以便安装输送机的固定部分。

2.将吊挂主钢丝绳运至安装中心线两侧,铺开。

3.按下列顺序将输送机各部件运至安装位置,即机尾、托绳架、吊架及托辊、滑轮撬、拉紧绞车、储带装置(包括胶带张紧车、托辊小车和轨道)及机头传动部分,然后根据已确定的位置按总图样要求顺序安装，各部分沿中心线方向不能偏斜。

安装过程中，固定好机头架、储带装置、机尾及机身架，用千斤顶将机头传动装置的减速器吊起，对接到传动滚筒上。以同样的方法将液力耦合器对接到减速器上，将电动机对接到液力耦合器上，如果位置不正要及时调整，部件之间固定要牢靠。

4. 根据图样要求在顶板支架上固定吊索。

5. 固定机头后，开动牵引绞车拉紧主钢绳，并吊在吊索上。

6. 安装托辊和胶带。挂设胶带时，先将胶带铺设在空载段的托辊上，围包过传动滚筒以后铺在重载段的托辊上，可以利用0.5 ~1.5 t 的手摇绞车挂设胶带。最后，用机械或硫化连接方法将胶带连接起来。

（二）可伸缩胶带输送机的调试

输送机的调试即空转试车。调试时，应当注意胶带运行中有无跑偏现象，传动部分的温升情况，托辊运转的活动情况，清扫装置和倒料板与胶带表面的接触严密程度等，需要时进行必要的调整。各部件正常以后才可以进行带负荷运转试车。

输送机调试时的安全技术措施如下：

1. 胶带调试期间必须用远方控制按钮及标准信号。

2. 调整胶带跑偏时必须停机进行，严禁在胶带运行时调整各托辊及滚筒。

3. 调试前，机头、机尾必须打好压柱，机头、机尾之间中间部分必须设专门人观察，设专人沿机道巡回检查，发现跑偏要及时停机调整。

4. 机头、机尾跑偏时，严禁往滚筒与胶带之间撒（或塞）任何物料，只准调整滚筒前后的托辊及滚筒座上的顶丝。

5. 在胶带调试运行的整个过程中，由施工负责人统一指挥，所有工作人员必须离开机架0.5 m 以上，观察调试运行情况，非工作人员不准进入机道。

6. 胶带调试好以后，必须空载运行 8 h 以上。

（三）胶带跑偏的调整

胶带跑偏是可伸缩胶带输送机最常见的故障，产生跑偏的原因是由于胶带在运行中横向受力不平衡造成的。影响胶带跑偏的因素很多，如装载货物偏于一侧、托辊或滚筒安装不正、胶带接口不平直等，都可能造成胶带的跑偏，使胶带一侧边缘与机架相互摩擦而过早磨坏，或是胶带脱离托辊掉下来，造成重大事故。因为，在胶带输送机的安装、运行和维护中，对胶带的跑偏问题应予以足够的重视，发现问题要及时进行调整。其调整方法是：

1. 应在空载运行时进行调整，一般是从机头部和卸载滚筒开始，沿着胶带运行方向先调整回空段，后调整承载段。

2. 当调整上托辊和下托辊时，要注意胶带的运行方向。

若胶带往右跑偏，那就要在胶带开始跑偏的地方，顺着胶带运行的方向，向前移动托辊轴右端的安装位置，使托辊右边稍向前倾斜，如图 3.44（a）所示。注意，切勿同时移动托辊轴的两端。在调整时适当多调几个托辊，每个少调一点，这样要比只调 1 ~2 个托辊来纠正跑偏的效果好一些。若胶带在换向滚筒处跑偏，胶带往哪边跑，就把哪边的滚筒轴逆着胶带的运行方向调动一点，也可以把另一边的滚筒顺着胶带运行的方向调动一点，如图 3.44（b）所示。每次调整后，应该运转一段时间，看其是否调好。确认调好后，还应从新调整好刮板清扫装置。

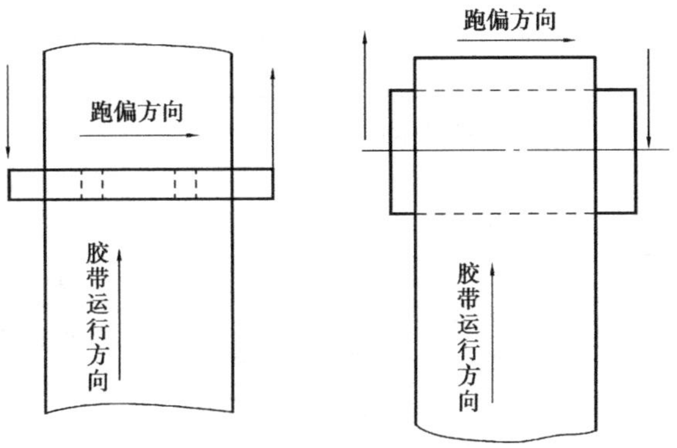

图3.44　胶带跑偏的调整
(a)托辊处的跑偏　(b)换向滚筒处的跑偏

(四)可伸缩胶带输送机常见的故障及处理

可伸缩胶带输送机常见故障及处理方法见表3.11。

表3.11　可伸缩胶带输送机常见故障及处理方法

序　号	故障现象	原　因	处理方法
1	电动机不能启动	1. 电气线路损坏 2. 单相运转	1. 检查线路,修理损坏部分 2. 检查并排除
2	电动机温度过高	1. 超负荷运转 2. 通风散热条件不好	1. 减小负荷 2. 清扫电动机周围杂物
3	减速器声音不正常	1. 伞齿轮调整不合适 2. 轴承或齿轮磨损严重 3. 轴承游隙过大 4. 减速器内有金属杂物	1. 重新调整好伞齿轮 2. 更换损坏或磨损的部件 3. 重新调整 4. 清除杂物
4	减速器温度过高	1. 润滑油污染严重 2. 油量少,未达到规定要求 3. 冷却不良,散热不好	1. 更换润滑油 2. 按规定注油 3. 清除减速器周围的杂物和散落的煤
5	减速器漏油	1. 密封圈损坏 2. 箱体结合面不严,各轴承端盖螺钉松动	1. 更换密封圈 2. 拧紧螺钉
6	胶带跑偏	1. 胶带接头不正 2. 托辊和滚筒安装位置不对 3. 托辊卡住 4. 托辊表面沾有煤泥 5. 输送机装载点位置不正	1. 重新接头 2. 调整位置,使托辊和滚筒的轴线与输送机中心线相互垂直 3. 处理被卡住的托辊 4. 将粘住的泥清理掉 5. 调整装载点位置
7	胶带打滑	1. 滚筒上有水 2. 胶带过松	1. 将滚筒上的水清理掉 2. 重新拉紧胶带

续表

序　号	故障现象	原　因	处理方法
8	胶带突然停住	1. 被物料卡住 2. 制动闸闸住 3. 传动滚筒或机尾滚筒被卡住	1. 清除物料 2. 检查制动闸 3. 更换轴承或损坏的滚筒
9	胶带因超速造成多次停车	1. 过载 2. 胶带速度控制装置不起作用	1. 减少承载量 2. 检查带速，更换或重新调整胶带速度控制装置
10	胶带撕裂	1. 胶带被外来物卡住 2. 接头损坏或接头方式不对 3. 预拉紧力过大	1. 排除外来物 2. 检查接头或重新接头 3. 检查预拉紧力
11	胶带达不到它的正常运行速度，驱动胶带的电动机不能合闸	1. 胶带在传动滚筒上打滑（在传动部分可以听见尖叫声） 2. 带速控制装置与胶带不接触 3. 制动闸被闸住	1. 增大胶带预拉紧力，拉紧胶带 2. 重新调整带速装置 3. 检查或调整制动

五、任务考评

评分标准见表3.12。

表3.12　评分标准

序　号	考核内容	考核项目	配　分	检测标准	得　分
1	安装准备工作	1. 安装准备工作 2. 巷道尺寸检查 3. 输送机零部件检查 4. 起重设备检查	10	缺一项扣2.5分	
2	安装顺序及方法	安装顺序及方法	20	按照要求的顺序及方法进行，每错一处扣2分	
3	调试	调试符合安装技术措施	20	每错一项扣4分	
4	胶带跑偏的处理方法	调整方法正确	10	每错一项扣2分	
5	分析故障的原因	分析原因正确	10	每错一项扣5分	
6	排除故障方法	排除故障方法得当	10	每错一项扣5分	
7	安全文明操作	遵守安全规程 清理现场卫生	20	不遵守安全规程每次扣5分 不清理现场卫生扣5分	

六、思考与练习

1. 可伸缩胶带运输机在运转中应注意哪些问题?
2. 胶带为什么会跑偏? 跑偏后应该怎样调整?
3. 可伸缩胶带运输机常见的故障有哪些? 产生的原因是什么?
4. 如何预防可伸缩胶带运输机伤人事故的发生?

任务6 液力耦合器的使用与维护

知识目标:★液力耦合器的结构及工作原理

能力目标:★液力耦合器的使用和维护
★液力耦合器的常见故障分析与处理方法

教学准备

准备好实训室的液力耦合器。

任务实施

1. 老师下达任务:目前常用的液力耦合器使用和维护;

2. 制订工作计划:学生以小组为单位,根据任务要求,提前查阅液力耦合器有关资料;

3. 任务实施:由学生描述液力耦合器的功用、使用和维护方法,液力耦合器的常见故障分析及处理。

相关知识

图3.45所示为液力耦合器的外形图,它是利用液体来传递力矩的一种液力传动装置,通常液力耦合器一端与电动机连接,另一端与减速器连接,通过液力耦合器能够控制工作液体传递力矩大小,从而可以使电动机启动平稳,并可对电动机进行过载保护。目前在煤矿井下使用的刮板运输机、桥式转载机和可伸缩胶带运输机的传动装置中,广泛使用液力耦合器。

图3.45 液力耦合器外形图

该任务要求对耦合器进行安装、使用与维护,并能够排除液力耦合器运行中出现的故障。

在实际的生产中,液力耦合器如不能正确使用与维护,就会出现启动力矩减小,电动机发热甚至烧毁等问题,要解决这些问题,必须首先了解液力耦合器的结构、工作原理及各部分的作用,这样才能正确的排除故障。另外,在安装、拆卸以及加注润滑油时也必须清楚各部分的位置及相互配合关系。下面就先来学习液力耦合器的结构和工作原理。

一、液力耦合器的结构和工作原理

(一)液力耦合器的结构

图3.46所示为在SGW—150型刮板运输机上使用YL—450型液力耦合器,它主要由泵轮、涡轮、外壳、辅助室外壳、弹性联轴器和易熔合金保护塞等组成。泵轮和涡轮组成了液力耦合器的工作轮,均用高强度的铝合金铸造而成,其腔内分布着不同数量的平面径向叶片。泵轮通过外壳(两者用螺栓紧固在一起)及弹性联轴器与电动机轴相连接。当电动机转动时,外壳、泵轮及辅助室外壳一起转动。涡轮用铆钉固定在从动轴的轴套上,轴套与减速器的输入轴相连。泵轮和外壳通过轴承装在轴套上,所以,泵轮和涡轮之间没有任何刚性联系,可以相互转动。但当在泵轮和涡轮叶片组成的工作腔中注入一定量的工作液体后,再启动电动机,在液体动力的作用下,便能完成能量的传递。涡轮外壳边缘上装有两个易熔合金保护塞,当工作温度超过允许值时,易熔合金保护塞熔化,工作液体从工作腔内喷出,以保护机器的安全。在启动和低速运转时,后辅助室内可以储存一部分工作液体,以改善机器的启动和保护性能。

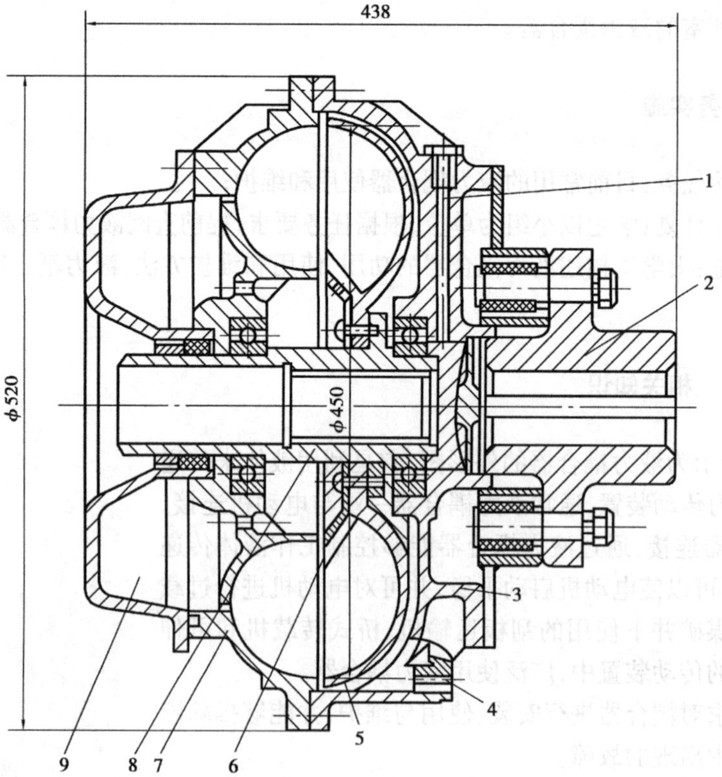

图3.46　YL—450型液力耦合器
1—注液管;2—弹性联轴器;3—外壳;4—易熔合金保护塞;
5—涡轮;6—阻流盘;7—泵轮;8—轴套;9—后辅助室

（二）工作原理

液力耦合器的工作原理如图 3.47 所示，在液力耦合器内注入一定数量的工作液体，当泵轮 3 在电动机带动下转动时，其中的工作液体被泵轮叶片驱动，在离心力的作用下，工作液体沿泵轮工作腔的曲面流向涡轮 2 的工作腔内。此时，工作液体在泵轮出口处的速度、压力和动能都有了较大的增加，同时产生了切向应力。当泵轮内的工作液体流入涡轮工作腔内时，由于切向应力的作用而冲击涡轮叶片，使之带动涡轮转动。从涡轮流出的工作液体由于离心力的作用，又从涡轮的近轴处流回轮泵。因此在正常工况下，工作液体在液力耦合器内形成了轮泵→涡轮→泵轮的环流运动。环流运动的轨迹为一个封闭的环行螺旋线，如图 3.48所示。

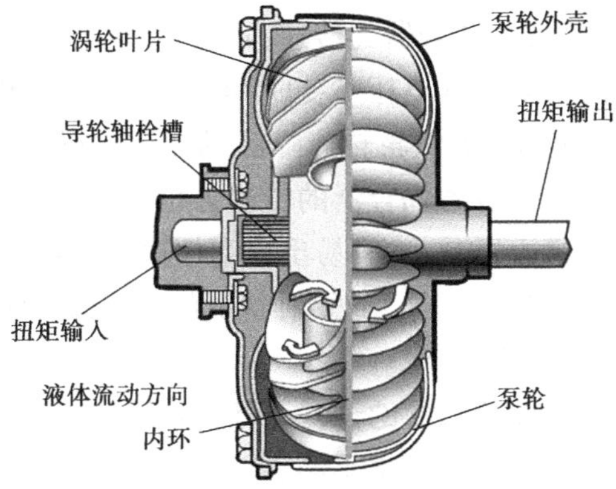

图 3.47　液力耦合器的工作原理

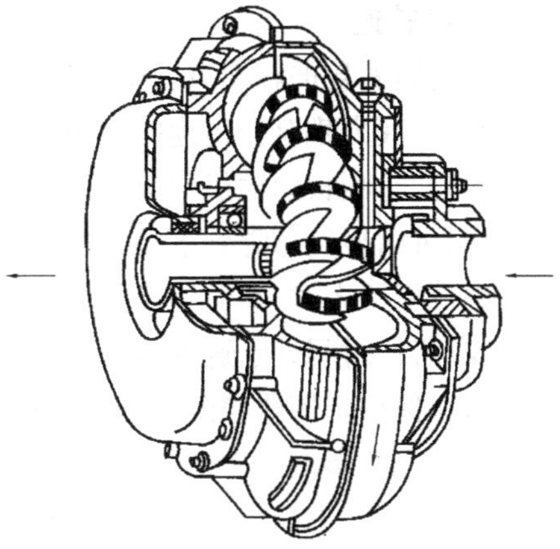

图 3.48　环流运动的轨迹

环流运动使工作液体的速度发生变化，即工作液体的动能发生变化。在泵轮外缘出口处，工作液体的速度比内缘入口处高；在涡轮内缘出口处，工作液体的速度比外缘入口处低。因此工作液体流经泵轮时，它的速度增加，即动能增加；而工作液体流经涡轮时，它的速度降低，即动能减少。工作液体增加的动能是电动机通过轮泵供给的，而减少的动能则消耗在推动涡轮上。工作液体在液力耦合器中循环流动的过程，就是进行能量传递与转换的过程。其能量的转换过程是：电动机的电能→泵轮机械能→工作液体的动能→涡轮机械能。

当电动机带着泵轮旋转时，液体被叶片带动旋转而产生离心力。当涡轮转动以后，因其转向与泵轮相同，所以其中的工作液体必然产生对抗性离心力。此时，若泵轮和涡轮的转速相同，则工作液体所产生的对抗性离心力的大小相等，而方向相反，因此工作液体不产生运动，也就不存在环流运动。没有环流运动，就没有能量传递，所以产生环流的条件是泵轮与涡轮之间存在着转速差，即泵轮转速 n_1 大于 n_2。

泵轮转速 n_1 大于涡轮转速 n_2 时，泵轮与涡轮之间存在一定的转速差，这个差值称为“滑差”。涡轮轴上的负载越大，滑差越大。当涡轮由于过载而被制动时，泵轮仍可高速运转，因而可以有效的防止电动机闷车和机器过载。

二、影响液力耦合器传递力矩的因素

（一）工作液体的性质

若工作液体的密度大，则传递的力矩就大；反之，传递的力矩就小，例如，以水作为液力耦合器的工作液体，其传递力矩比以22号气轮机油作为工作液体时可以增加10%～15%。因此，制造厂家对液力耦合器所使用工作液体的性质都有严格的规定。

（二）环流流量

环流流量直接影响液力耦合器传递的力矩，环流流量的大小与工作腔充液量的多少有关。充液量多，进入工作腔的环流流量就大，液力耦合器传递的力矩就大；充液量少，传递力矩就小，因此，制造厂家对各种类型的液力耦合器充液量都有严格的限制。

（三）环流形状

环流在工作腔内形成循环圆的形状同样影响液力耦合器的传递力矩。若环流沿工作腔做大循环圆运动，传递的力矩就大；反之就小。

（四）转速

泵轮和涡轮的转速有一个发生变化时，就会影响液力耦合器的传递力矩。泵轮与涡轮的转差越大，液力耦合器传递的力矩就越大。在矿井中，当电网电压不变时，电动机以额定转速运行，若此时刮板运输机的负载过大，则刮板链速度降低，即涡轮转速降低，从而使“滑差”增大，这时可明显地感觉到电动机的温度在升高，这是因为液力耦合器的传递力矩增大了；又如电网电压降较大时，泵轮转速降低，使液力耦合器传递力矩减小，容易出现刮板输送机拉不动的现象，若长时间处于这种状态下工作，易使工作液体温度升高。这两种情况的发生都会导致易熔合金保护塞熔化喷液，可以保护电动机和机械设备的安全。

上述几个影响液力耦合器传递力矩的因素并不是彼此孤立的，实际环流运动的情况要复杂得多，而且液力耦合器的具体结构不同时，各因素产生的影响也不同。因此，在目前情况下只有通过实验做出液力耦合器的特性曲线，才能说明在各种不同工况下，该液力耦合器所能传递的力矩大小与性能是否理想。

三、液力耦合器的优点和缺点

（一）液力耦合器的优点

1. 提高驱动装置的启动能力，改善电动机的启动性能。一般来说，常用的鼠笼型电动机的启动力矩比较小，如果液力耦合器与电动机能够相互匹配，就可以利用接近电动机的颠覆力矩来启动负载，从而提高其启动能力；另外电动机直接启动泵轮，在启动初期负荷很小，相当于空载启动，减少了对电网的冲击，从而改善了电动机的启动性能。

2. 具有过载保护作用。液力耦合器可以对电动机和工作机构实现过载保护，对于带有辅助室的液力耦合器，它能根据外载荷情况自动调节工作腔的液体容量，从而起到过载保护的作用；另外，当工作机构过载时间较长或被卡住时。涡轮与泵轮之间转速差增大，有较大的相对运动，将液体的动能转化为热能，从而使工作液体的温度升高，当工作液体的温度超过易熔合金保护塞的允许温度时，易熔合金保护塞熔化，工作液体喷出，液力耦合器不再传递力矩，从而保护电动机。

3. 能消除工作机构传过来的冲击与振动。由于泵轮之间无机械联系，所以在工作过程中能够吸收振动、减小冲击，使工作机构和驱动装置平稳运行，并减轻工作机构的动负荷，降低冲击载荷，提高传动系统中各零件的使用寿命。

4. 在多电动机传动系统中，能够使各个电动机的负荷分配趋于均衡，充液量合适时可以达到完全均衡的目的。

(二)液力耦合器的缺点

1. 生产维护复杂。液力耦合器应按照规定检查注液量并进行日常维护。如果不按规定维护,将起不到应有的保护作用。

2. 降低传动装置效率。由于液力耦合器传动中存在4% ~5%的转差率,因此,使电动机的传动效率也降低4% ~5%。

四、典型液力耦合器

(一)YL—500型液力耦合器

如图3.49所示是为SGW—200型可弯曲刮板输送机配套设计的YL—500型液力耦合器。它的特点是在液力耦合器的涡轮内装有带孔的挡板5,以减弱向前辅助室*a*内倾泻工作液体的速度,防止由于工作液体突然倾入前辅助室面使力矩跌落太大的缺点。这种液力耦合器为了实现后辅助室中液体可靠的延充作用,在后辅助室的进口处装有6组润滑式过流阀,它装在泵轮内缘处隔开前后辅助室的圆盘上。在液力耦合器启动时,因转速较低,过流阀的离心力小于弹簧的作用力,且处于近轴的方向位置,这时进口通道是开的。由于进口孔是6个直径为10 mm的孔,出口孔是6个直径为6 mm的孔,所以进口通道流量大于出口流量。这时,后辅助室被迅速充满,而工作室油液则较少,液力耦合器的传动力矩小,电动机启动迅速。当电动机转速达到800 r/min时,过流阀的离心力开始克服弹簧的作用力而外移,并逐渐关闭后辅助室的进口;在电动机转速达到1 350 r/min时,则进口全部关死,这时,进口流量为零,而后辅助室的油液则经出口逐渐流入工作室中,使液力耦合器的传动力矩逐渐增大到正常的数值。

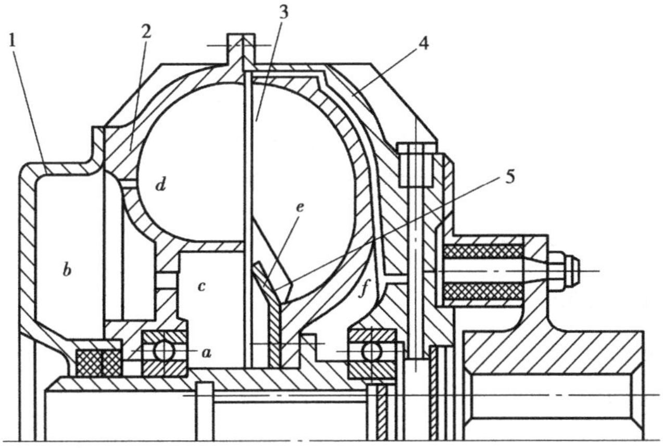

图3.49　YL—500型液力耦合器

1—后辅助室;2—泵轮;3—涡轮;4—外壳;5—挡板

a—前辅助室;*b*—后辅助室;*c*、*d*、*e*—过流孔;*f*—定量注液孔

(二)英国STC型钢壳液力耦合器

由英国道梯公司引进的输送机均使用STC型钢壳液力耦合器,其工作轮有效直径有390

mm,475 mm 及500 mm 三种。如图3.50 所示为STC—390 型液力耦合器,它的特点是除泵轮、涡轮为铸铝件外,外壳全部由钢板制成,强度较高。在泵轮内装有一碗状隔板,将前、后辅助室隔开。后辅助室在泵轮内缘,容积小,结构比较紧凑。轴端采用耐高温耐压性能较好的机械式密封,密封效果较好。注液管从泵轮背面的切口深入泵轮内部。后辅助室中的工作液也是通过泵轮叶片间的切口进入工作室的。涡轮内缘与前辅助室是畅通的,因此过载的工作液可迅速倾入前辅助室,启动特性较好,但力矩跌落较大。

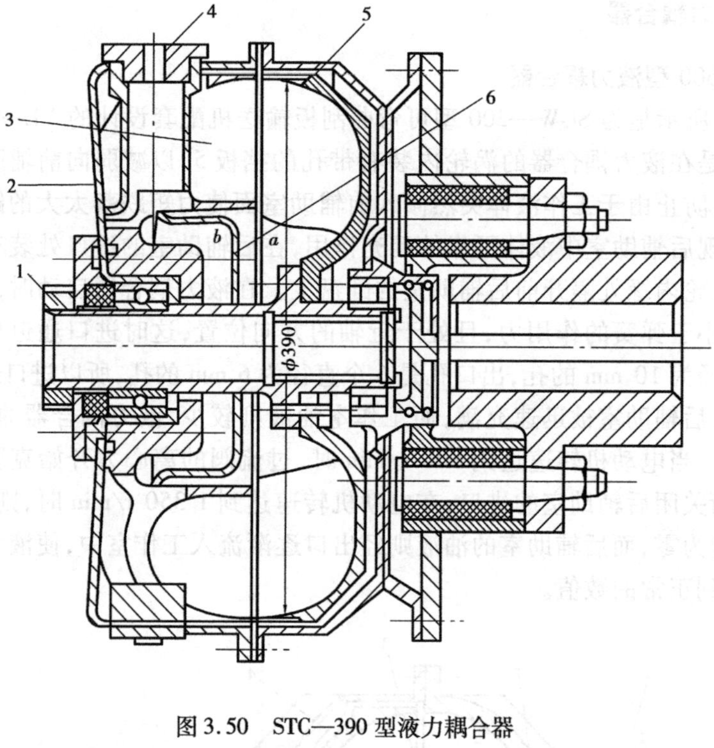

图3.50　STC—390 型液力耦合器

1—轴端机械密封;2—外壳;3—泵轮;4—易容塞;5—涡轮;6—隔板

a—前辅助室;b—后辅助室

五、液力耦合器的使用与维护

(一)液力耦合器的拆装

1. 拆装前的准备工作

(1)场地:机修车间

(2)设备:液力耦合器。

(3)工具:套筒扳手一套、锤子、铜棒、起吊设备、拆装专用工具一套

(4)材料:洗油1 kg、抹布0.5 kg、易熔合金保护塞2 枚、M16 螺母5 个。

2. 液力耦合器的安装

如图3.51 所示,将液力耦合器的半联轴器、弹性盘和另一个半联轴器拆下后,用安装工具将其安装到减速器第一轴上。将半联轴器分别装到电动机输出轴上和液力耦合器上,最后对装时,将弹性盘装在两个半联轴器中间。

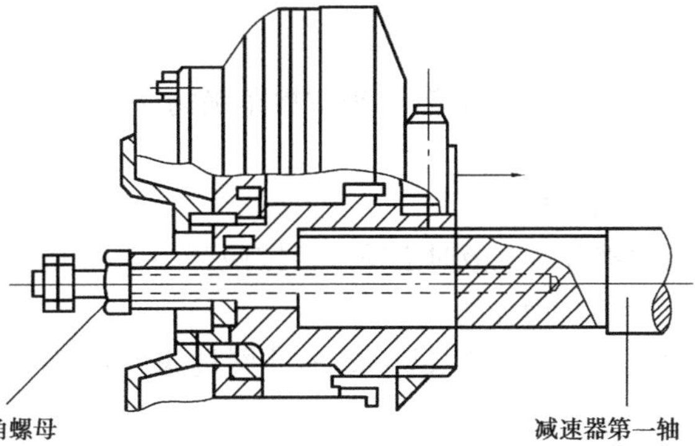

图 3.51　液力耦合器的安装

3. 液力耦合器的拆卸

如图 3.52 所示，将电动机及半联轴器、弹性盘拆下后，用拆液力耦合器的工具将螺母杆拧入液力耦合器空心轴螺纹孔中，慢慢转动六角螺母，将液力耦合器顶出。

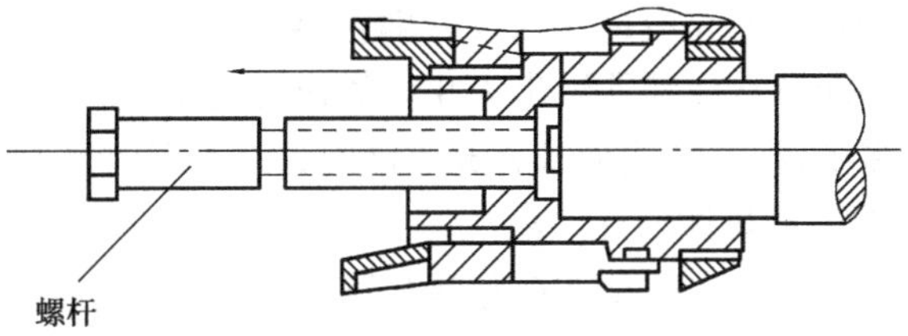

图 3.52　液力耦合器的拆卸

4. 液力耦合器拆装时注意事项

(1) 拆装液力耦合器时，应注意泵轮、外壳和辅助室的位置不要错动；更换螺栓、螺母时应使其规格一致，以防破坏其平衡性能。

(2) 对于带有过流阀的液力耦合器，要特别注意过流阀在液力耦合器组装前是否用频闪测速仪调整了，要使各个过流阀在工作转速下能及时关闭和开启。

(3) 组装后，泵轮和涡轮的相对转动要灵活。

(二) 液力耦合器的使用与维护

1. 正确选用工作液体

(1) 液力耦合器对工作液体的要求

①黏度要适当。一般以 2 ~3 度 E50 为宜。

②不易产生泡沫和沉淀。

③不易腐蚀零件，特别是密封件。

④应有良好的润滑性能。

⑤应有高的闪点和较低的凝点。煤矿井下使用的液力耦合器严禁使用可燃性传动介质。

(2) 对充液量的要求

①必须选用生产厂家规定牌号的工作液体，按规定的充液量注液。

②两台(或多台)电动机传动时，可通过机器运转来测定各电动机的电流，增大电动机电流较小的液力耦合器的充液量，或减小电动机较大的电流耦合器的充液量，通过试验方法使各

电动机的负荷电流大致相等。

2. 充液方法

欲保证液力耦合器有合适的充液量，必须掌握正确的充液方法。根据液力耦合器的结构特点，充液方法有以下几种：

(1)利用计量容器准确计量

无定量注液孔的液力耦合器充液时必须严格按照产品使用说明中规定的注液量，用计量容器(量杯)准确计量。具体注液方法如下：

①充液时，油液必须经过 80～100 目/cm^2 的滤网过滤后才能注入液力耦合器，以免带入杂质。

②注液时，首先要拧下注液塞，用漏斗和量杯准确计量注液。

③如果注液塞与易熔合合金保护塞在同一方位，可将易熔合金保护塞拧下作为排气孔，使注液顺利。

④注液前可先启动电动机，将液力耦合器内残存的液体全部甩出，然后才能注液，否则液量将会增多，可能造成工作液体不纯。

⑤第一次注液时，按规定的充液量注入液力耦合器，然后将易熔合金保护塞拧上，慢慢转动液力耦合器，直到工作液体从注液孔溢出为止。做出此时的注液孔距离地基高度的标记刻线，以此检查充液量的多少，第二次注液或补充注液时，按此刻线标记进行注液。

(2)利用液力耦合器的定量注液孔注液

有些型号的液力耦合器，如 YL 系列液力耦合器，设有定量注液孔。只要将注液塞拧开，使其垂直即可注液，直到液体从注液孔溢出为止，此时即达到规定的注液量。但这种带有定量注液孔的液力耦合器只能使用一种注液量。

3. 易熔合金保护塞的使用

(1)易熔合金保护塞的作用

易熔合金保护塞的结构由易熔合金空心螺钉和塞座等零件组成。易熔合金熔化后，只需要更换装有易熔合金的空心螺钉即可。

易熔合金保护塞是液力耦合器必不可少的保护装置，它安装在液力耦合器外壳的外缘。当设备过载时，泵轮与涡轮的滑差率增大会产生热量，当工作液体温度升高超过规定值时，易熔合合金保护塞熔化，工作液体喷出，从而使电动机空转，保护电动机及传动系统的安全。

(2)使用注意事项

①液力耦合器使用的易熔合金保护塞应符合标准要求，熔点不符合规定的不准代用。

②严禁易熔合金保护塞备件不足时，用螺钉或木塞等将易熔合金保护塞孔堵死，这将使液力耦合器失去保护作用而发生事故。

③禁止将易熔合金保护塞安装在注液孔的位置。

4. 液力耦合器的维护

(1)应定期(每隔 10 天)检查工作液体的数量和质量，发现变质立即更换，并及时补充工作液体。

(2)各连接螺栓应紧固，各密封处不能有渗透现象。

(3)应使液力耦合器有良好的通风散热条件，以保证其散热效果。

(4)多台电动机传动中，应使各液力耦合器的充液量一致，以保证各台电动机负荷分配均匀。

(5)液力耦合器运转应平稳,不能有明显的机械振动。

(6)应尽量避免液力耦合器超负载正、反向频繁启动,以防工作液体温度升高时橡胶密封圈过早老化及易熔合金保护塞熔化喷液。

(7)采用水介质液力耦合器时还应安装易爆塞,实现过压保护。

(8)定期检查弹性块磨损情况,必要时予以更换。

(9)严禁在较低电压下长期运行液力耦合器,否则会造成电动机过热烧毁。

(三)液力耦合器常见故障的原因及处理方法见表3.13

表3.13　液力耦合器常见故障原因及处理方法

序号	故障现象	原　因	处理方法
1	漏液	1. 橡胶密封圈老化或损坏 2. 注液塞或易熔合金保护塞松动	1. 更换密封圈 2. 拧紧
2	喷液	1. 液力耦合器正、反向交替频繁启动。造成工作液体温度急剧升高 2. 刮板输送机有卡链现象或严重超载 3. 易熔合金保护塞熔点过低	1. 尽量避免正、反向频繁启动液力耦合器 2. 处理卡链,防止过载 3. 重新配置合格的易熔合金保护塞
3	液力耦合器打滑	1. 充液量不足 2. 严重超载	1. 按规定重新注液 2. 减轻负载
4	电动机(泵轮)转动,而涡轮不转,输送机链轮不动	1. 液力耦合器内没有工作液体 2. 充液量过少,负荷过大 3. 易熔合金保护塞或易爆塞喷液	1. 按规定的充液量注液 2. 调整负荷,按规定充液 3. 更换易熔合金保护塞或易爆塞,再重新充液
5	电动机过热或烧毁	1. 充液量过多 2. 没使用易熔合金保护塞	1. 按规定的充液量注液 2. 安装易熔合金保护塞,不能用其他部件代替
6	电动机工作正常,但液力耦合器过热	通风散热不良	清理通风网眼,清理堆在外罩上的煤粉
7	液力耦合器剧烈振动	1. 液力耦合器与电动机或减速器之间不对中 2. 轴承或其他内部零件损坏 3. 弹性块损坏	1. 拆下液力耦合器,调整电动机和减速器成一直线 2. 更换损坏的轴承或其他零件 3. 更换弹性块

六、任务考评

评分标准见表3.14。

表3.14　平分标准

序号	考核内容	考核项目	配分	检测标准	得分
1	液力耦合器的拆卸	1. 拆卸前的准备(拆卸工具) 2. 拆卸顺序及操作方法	20	错一项扣2～5分	
2	液力耦合器的安装	1. 安装顺序及操作方法 2. 各连接处是否紧固 3. 清查工具	20	错一项扣2～5分	
3	液力耦合器的注液	1. 注液前的检查 2. 工作液体的选择 3. 注液方法是否正确 4. 注液量的检查	30	缺一项扣2～5分	
4	注液后的检查及维护	1. 注液塞、易熔合金保护塞是否紧固合格 2. 各连接件处是否漏液	15	错一项扣2～5分	
5	安全文明操作	1. 遵守安全规则 2. 清理现场卫生	15	不遵守安全规定扣7分 不清理现场卫生扣8分	
总计					

七、思考与练习

1. 液力耦合器一般由哪几部分组成？各部分有什么作用。
2. 试说明液力耦合器的工作原理。
3. 液力耦合器的能量是如何转换的？
4. 液力耦合器传递力矩的大小受哪些因素的影响？它为什么能起到过载保护作用？
5. 使用与维护液力耦合器时应注意哪些事项？
6. 使用易熔合金保护塞时应注意什么？
7. 如何向液力耦合器注入工作液体？
8. 液力耦合器常见的故障现象有哪些？产生故障的原因是什么？如何排除？

学习情境 4
电机车运输

任务1 认识矿用电机车

知识目标：★矿用电机车的作用及组成
★矿用电机车的工作过程
★矿用电机车主要部件结构

教学准备

准备好实训室的矿用电机车。

任务实施

1. 老师下达任务：认识目前常用的矿用电机车；
2. 制订工作计划：学生以小组为单位，根据任务要求，提前查询矿用电机车相关资料；
3. 任务实施：由学生描述矿用电机车矿用电机车的作用及组成。

相关知识

采煤工作面生产出的原煤，经刮板输送机、桥式转载机、胶带输送机从工作面运送到采区煤仓，再装入矿车中由电机车牵引运输到井底车场。用电机车牵引矿车或其他承载容器在轨道上进行运输的运输方式称为轨道运输，广泛用于矿井井下和地面。轨道运输的牵引设备，平巷中以电机车为主，斜巷中以绞车为主。矿用电机车的作用、组成、工作过程和主要部件的结构是本任务的学习重点。电机车的外形如图4.1所示。

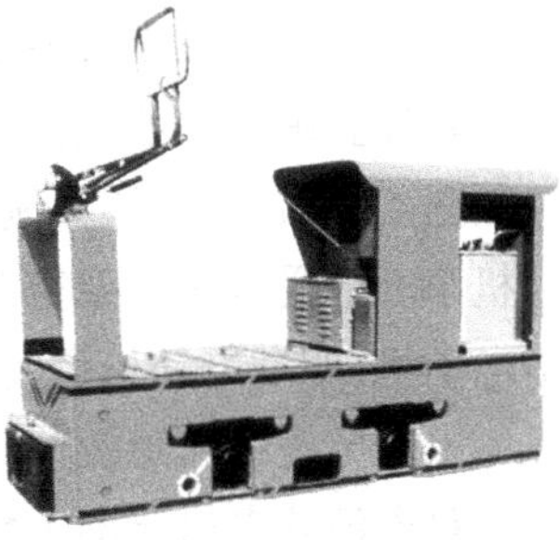
图4.1 矿用电机车外形图

矿用电机车的作用及组成

(一)矿用电机车的作用及种类

矿用电机车主要用于井下运输大巷和地面的长距离运输。它相当于铁路运输中的电气机车头,牵引着由矿车或人车组成的列车在轨道上行走,完成对煤炭、矸石、材料、设备、人员的运送。

矿用电机车根据供电方式不同分为架线式和蓄电池式两种。架线式电机车由于其受电弓与架空线之间会产生火花,一般多用于煤矿地面运输。蓄电池式电机车根据其防爆性能不同,分为一般型、安全型、防爆特殊型 3 种。防爆特殊型适用于有瓦斯、煤尘爆炸危险的矿井运输。

(二)矿用电机车的组成

如图 4.2 所示,矿用电机车由机械部分和电气部分组成。

机械部分包括:车架、轮对、轴承箱、弹簧托架、制动装置、撒砂装置、连接缓冲装置等。

电气部分包括:直流串激电动机、控制器、电阻箱、受电弓、空气自动开关(架线式电机车)或隔爆插销、蓄电池(蓄电池式电机车)等。

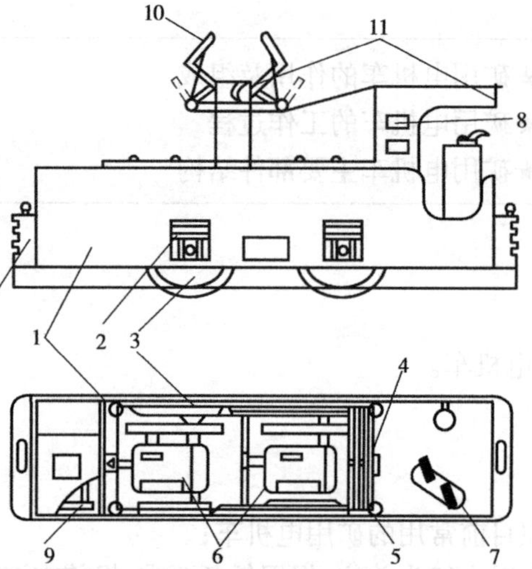

图 4.2 架线式电机车的基本构成

1—车架;2—轴承箱;3—轮对;4—制动手轮;5—砂箱;6—牵引电动机;

7—控制器;8—自动开关;9—启动电阻;10—受电弓;11—车灯;12—缓冲器及连接器

(三)矿用电机车的工作过程

1. 架线式电机车的工作过程

如图 4.3 所示,高压交流电经牵引变流所降压、整流后,正极接到架空线上,负极接到铁轨上。机车上的受电弓与架空线接触,将电流引入车内,再经空气自动开关、控制器、电阻箱进入牵引电动机,驱动电动机运转。电动机通过传动装置带动车轮转动,从而牵引列车行驶。从电动机流出的电流经轨道流回变流所。

2. 蓄电池式电机车的工作过程

蓄电池提供的直流电经隔爆插销、控制器、电阻箱进入电动机,驱动电动机运转。电动机

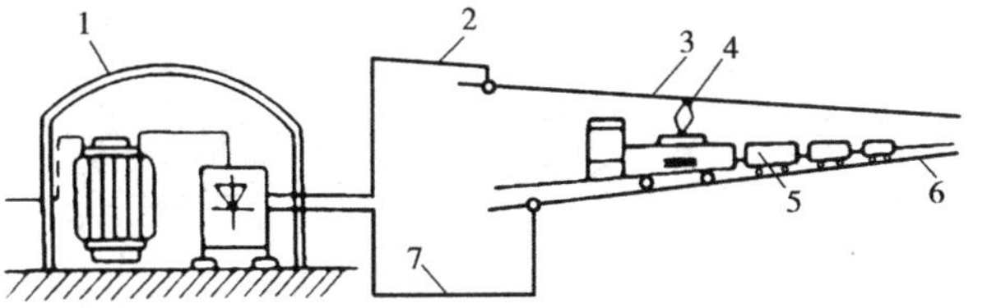

图4.3　架线式电机车的供电系统

1—牵引变流所;2—馈电线;3—架空线;4—受电弓;5—矿车;6—轨道;7—回电线

通过传动装置带动车轮转动,从而牵引列车行驶。

(四)矿用电机车主要部件的结构

1.机械部分主要部件的结构

(1)轮对

轮对结构如图4.4所示。两个车轮压装在车轮轴1上。车轮由轮芯2和轮箍3热压装而成,这种结构的好处是轮芯和轮箍可以用不同的材料制造,且车轮磨损后只需更换轮箍。车轮轴1的两端轴颈处支撑在轴承箱内的轴承上。车轮轴1的中部装有轴瓦,用来支撑电机车的传动装置。

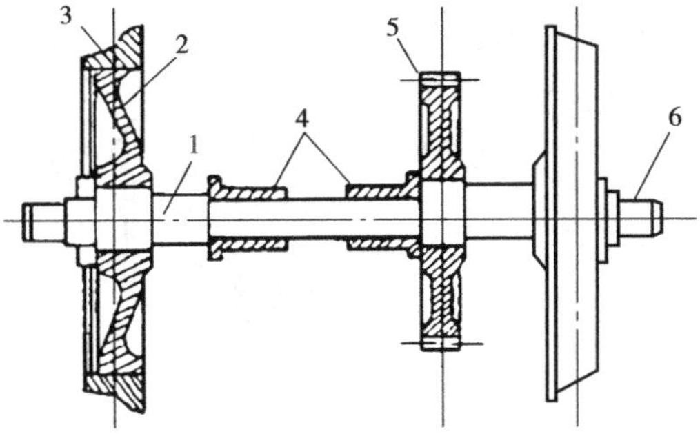

图4.4　矿用电机车的轮对

1—车轴;2—轮芯;3—轮箍;4—轴瓦;5—齿轮;6—轴颈

(2)轴承和轴承箱

图4.5是矿用电机车的轴箱。轴箱安装在车轴两端的轴颈上,箱内装有一对滚柱轴承4,与车轴两端的轴颈配合。箱壳两侧的滑槽9与车架配合,机车在不平的轨道上运行时,轴箱和车架之间可以相互滑动。轴箱上端的座孔8中安装弹簧托架。

(3)弹簧托架

弹簧托架的作用是缓和机车运行中的冲击震动。其结构如图4.6所示。

前轴上的弹簧托架是单独作用。后轴上的弹簧托架一端固定在车架上,另一端用均衡梁连接,均衡梁的中点用销轴与车架连接。均衡梁的作用是将负载均衡地分到两后轮上。

(4)制动装置

制动装置有机械制动和电气制动两种。机械制动是利用制动闸进行制动,电气制动是利用牵引电动机进行能耗制动。机械制动按动力分手动和气动。手动的制动装置如图4.7所示。

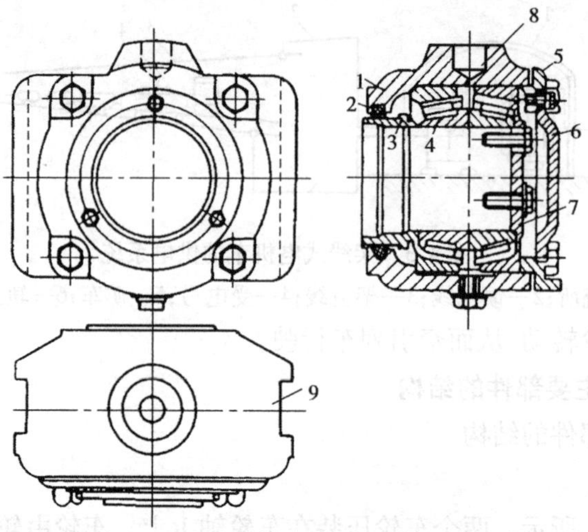

图 4.5　轴箱

1—轴箱体;2—毡垫;3—止推环;4—滚柱轴承;5—止推盖;

6—轴箱端盖;7—轴承压盖;8—座孔;9—滑槽

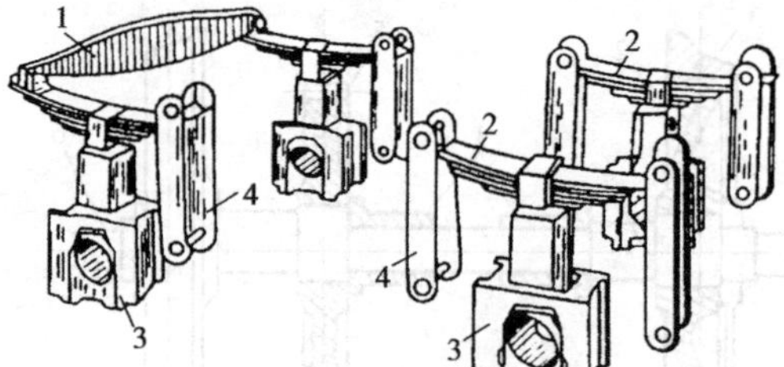

图 4.6　弹簧托架

1—均衡梁;2—弹簧板;3—轴箱;4—弹簧支架

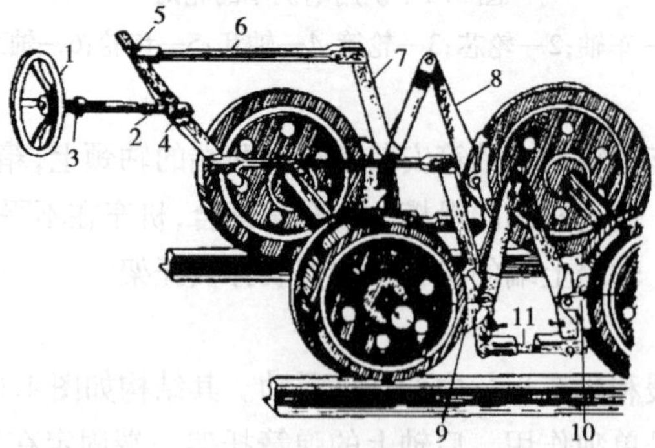

图 4.7　矿用电机车的手动制动装置

1—手轮;2—螺杆;3—衬套;4—螺母;5—均衡杆;6—拉杆;

7、8—止动杆;9、10—闸瓦;11—正反扣调节螺丝

当顺时针旋转制动手轮 1 时,通过拉杆 6、杠杆 7、8 使闸瓦 9、10 压紧车轮踏面,对车轮进行制动。

当逆时针旋转制动手轮1时,通过拉杆6、杠杆7、8使闸瓦9、10离开车轮踏面,进行松闸。正反扣调节螺杆11用来调节闸瓦与轮面的间隙。

(5)传动装置

牵引电动机的转矩通过齿轮传动装置传递给车轮轴。在小型电机车上,一般是用一台电动机同时带动两个轮轴,在中型电机车上,一般是用两台电动机分别带动两个轮轴。

图4.8(a)为一级齿轮传动。电动机的一端用滑动轴承安装在车轴上,另一端用电动机外壳上的挂耳通过弹簧吊挂在车架上。图4.8(b)为二级齿轮传动。

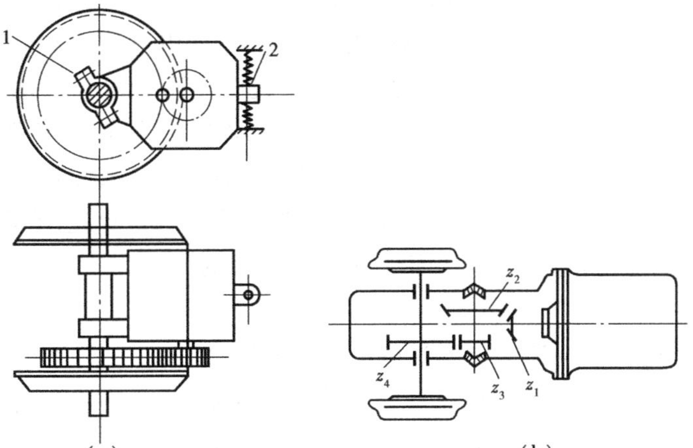

图4.8　齿轮传动装置

(a)单级开式齿轮传动　(b)闭式齿轮减速箱

1—滑动轴承;2—挂耳

2. 电气部分主要部件结构

(1)牵引电动机

目前矿用电机车都采用直流串激电动机牵引。由于工作条件的要求,架线式电机车的电动机为全封闭型,蓄电池式电机车的电动机为隔爆型。由于功率不大,冷却方式都为自冷式。

牵引电动机的功率有小时制和长时制之分。小时制功率是指:在允许温升条件下,电动机连续运转一小时能输出的最大功率。小时功率是电动机的额定功率。长时功率是指:在允许温升条件下,电动机长时间连续运转能输出的最大功率。电机车选型时,应按长时制功率计算选择。

与功率相对应,电动机的电流、电机车的牵引力、速度也有小时制和长时制之分。

(2)控制器

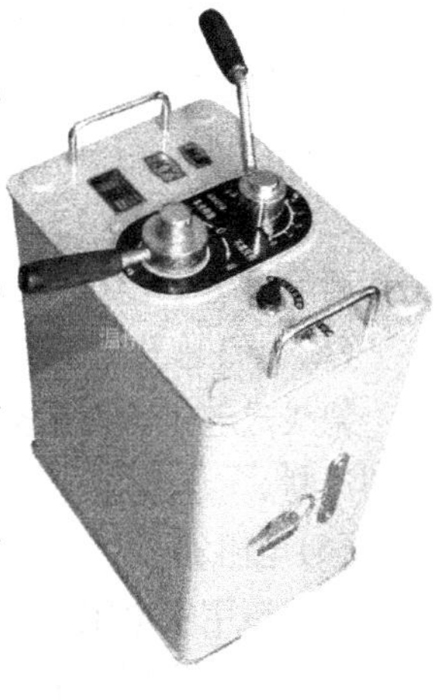

图4.9　控制器外形图

控制器是控制电机车启动、停止、调速、换向的操作装置,它由主控制器和换向器两部分组成。其外形如图4.9所示。主控制器控制电机车的启动、停止、调速,换向器控制电机车的行进方向。

主控制器和换向器均为凸轮控制器结构原理,两者之间有机械闭锁装置,只有当主控制器手把回到速度为零位置,才能扳动换向器手把;只有当换向器手把扳到前进(或后退)位置,主控制器手把才能从速度为零位置转到某一速度位置。

图4.10 蓄电池外形图

(3)蓄电池组

蓄电池组是蓄电池式电机车的电源,由多个蓄电池组成。单个蓄电池的外形如图4.10所示。

蓄电池的主要技术特性是额定电压和额定容量。额定容量是指:蓄电池充足了电后,以恒定电流连续放电至端电压降到极限电压时为止,其放电电流与放电时间的乘积。

矿用蓄电池式电机车使用的蓄电池有一般型和防爆特殊型两种。一般型没有防爆功能,防爆特殊型有防爆功能。其防爆功能不是依靠采用防爆外壳,而是在蓄电池和蓄电池箱内采取特殊措施,使蓄电池在正常和故障情况下不产生电弧和电火花,消除火源,并防止氢气在箱体内积聚,使蓄电池箱体内不产生爆炸,达到防爆目的。

(4)受电弓

受电弓是架线式电机车从架空电网受取电能的电气设备,安装在机车顶上,可分为单臂弓和双臂弓两种。均由集电头(滑板)、上框架、下臂杆、底架、升弓弹簧、传动汽缸、支持绝缘子等部件组成,其外形如图4.11所示,近来多采用单臂弓。

图4.11 受电弓外形图

受电弓的动作原理如图4.12所示。升弓时,压缩空气经受电弓缓冲阀8均匀进入传动气缸9,气缸活塞10压缩气缸内的降弓弹簧11,活塞杆伸出,通过滑环13、连杆14作用在扇形板7下端,此时升弓弹簧16的拉力作用在扇形板7上端,两力共同作用形成力偶使下臂杆转动,抬起上框架和集电头,受电弓均匀上升,并同架空电网接触。降弓时,传动气缸9内压缩空气经受电弓缓冲阀8迅速排向大气,在降弓弹簧11作用下,汽缸活塞10的活塞杆缩回,通过滑环13、连杆14作用在扇形板7下端,克服升弓弹簧16的作用力,使受电弓迅速下降,脱离架空电网。

(5)电路总开关

架线式电机车使用空气自动开关控制电路的通断。蓄电池式电机车使用隔爆插销控制电路的通断。

(6)电阻箱

电阻箱用于电阻调速的电机车。它串联在电动机的电枢回路中,在电机车启动、调速过程中起降压分流作用。电阻箱里的电阻元件有线型和带型两种,均绕制成螺旋管状。

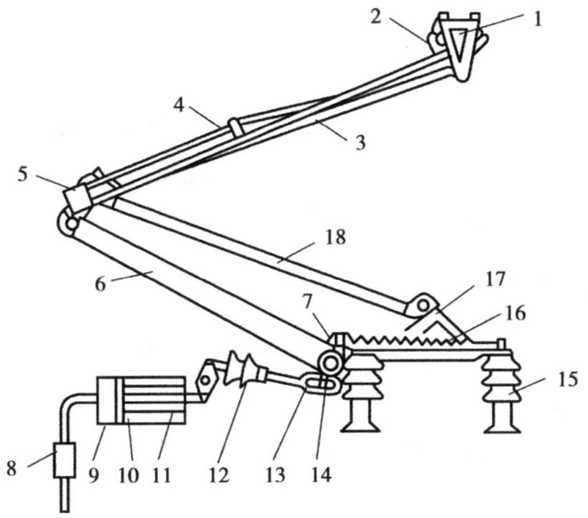

图4.12　单臂受电弓结构图

1—滑板;2—支架;3—平衡杆;4—上框架;5—铰链座;
6—下臂杆;7—扇形板;8—缓冲阀;9—传动汽缸;10—活塞;
11—降弓弹簧;12—连杆绝缘子;13—滑环;14—连杆;
15—支持绝缘子;16—升弓弹簧;17—底架;18—推杆

任务2　矿用电机车的操作与维护

知识目标:★矿用电机车的操作方法 　　　　　★矿用电机车的维护及故障处理 能力目标:★矿用电机车的操作方法 　　　　　★矿用电机车的维护及故障处理

教学准备

准备好实训室的矿用电机车。

任务实施

1. 老师下达任务:操作矿用电机车,矿用电机车的维护及故障处理;

2. 制订工作计划:学生以小组为单位,根据任务要求,提前在实训室了解矿用电机车的操作;

3. 任务实施:由学生对矿用电机车进行操作,完成矿用电机车的维护及故障处理。

相关知识

从前面的学习可知，电机车在矿井中担负着重要的运输作用，因此如何正确的操作使用电机车，保证其安全稳定地发挥作用；以及当电机车出现故障时，如何快速、准确地判断、处理故障，减少对生产的影响，是本任务的主要内容。

一、矿用电机车的操作方法

电机车的操作方法包括：启动、停止、调速、换向、制动等。

（一）电机车启动的操作方法

1. 启动前应检查各连接部位的螺栓是否松动，各电气元件绝缘是否良好，各操作手把是否灵活。

2. 经检查无异常情况后，发出开车信号，提醒附近人员注意。

3. 按所需行进方向，操作控制器上的换向手把，确定机车前进方向。

4. 操作控制器上的调速手把，逐级给出速度，完成启动过程。

（二）电机车调速的操作方法

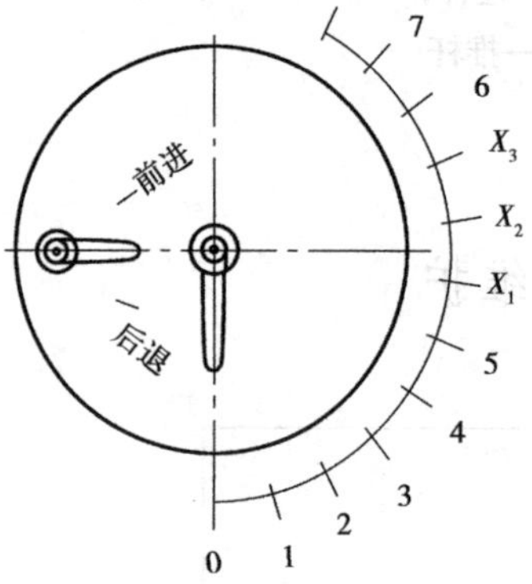

图 4.13　控制器手把挡位图

电机车在行进过程中，随时要根据道路坡度情况和生产运输情况进行调速。

调速时，操作控制器上的调速手把向加速或减速的方向转动，直到所需的速度。速度挡位如图 4.13 所示。

在调速过程中，应注意观察前方的路面状况及行人情况，防止意外事故发生。

（三）电机车停止的操作方法

1. 将调速手把往速度零位转动，使速度逐渐降低，直到速度为零。

2. 操作制动手把进行制动、停车。

（四）电机车换向的操作方法

1. 把调速手把扳回速度零位，电机车减速停车。

2. 把换向手把扳到前进（或后退）方向。

3. 把调速手把从速度零位扳到所需速度挡位。

由于电机车控制器的调速和换向两手把存在机械闭锁，所以操作换向手把前，必须把调速手把扳回速度零位，才能扳动换向手把，这样可以防止误操作。

（五）电机车制动的操作方法

当电机车正常停车或遇到紧急情况需要立即停车时，应操作制动装置进行制动。目前电机车使用的制动装置多为手动操作的机械制动装置。其结构原理如图 4.7 所示。

电机车制动的操作方法如下：

当顺时针旋转制动手轮时，通过拉杆、杠杆使闸瓦压紧车轮踏面，对车轮进行制动。

当逆时针旋转制动手轮时，通过拉杆、杠杆使闸瓦离开车轮踏面，进行松闸。

应注意：制动时，并不是闸瓦压得越紧，制动力越大。如果闸瓦将车轮闸死不转了，制动效果反而更差。

二、矿用电机车的维护及故障处理

（一）电机车的日常维护及保养

1. 检查制动系统的杠杆、销轴是否良好，动作是否灵活，并进行注油。

2. 检查闸瓦磨损情况，更换磨损超限的闸瓦；检查闸瓦与车轮踏面的间隙，超过规定的要及时调整；清除调节闸瓦螺杆和闸瓦上的泥垢。

3. 检查车轮有无裂纹，轮箍是否松动，车轮踏面磨损程度。

4. 检查传动齿轮及齿轮罩有无松动和磨损。

5. 检查车架弹簧有无裂纹及失效，清除弹簧上的泥垢，在铰接点及均衡梁之间进行注油。

6. 检查车体及各部螺栓销轴、开口销是否齐全，螺栓是否紧固，销轴和开口销连接是否良好。特别是吊挂牵引电动机的装置要仔细检查。

7. 检查连接装置，是否有损伤、磨损超限。

8. 检查撒砂系统各部件是否齐全、连接良好，砂管有无堵塞，是否对准轨道中心，与车轮、轨道的距离是否符合要求。

9. 检查受电弓弹簧压力是否足够，滑板是否断裂或磨损超限，各框架、螺栓及销子是否齐全完整。

10. 检查电阻器是否断裂，各接线端子是否松动，清扫尘垢。

11. 试验控制器的机械闭锁装置是否可靠，各接线端子有无松动现象；检查控制器各触头，特别是使用频繁的触头的烧损情况。

12. 电机车停运后立即检查牵引电动机、轴瓦及油箱的情况，电动机温度是否超过 75 ℃，轴瓦温度是否超过 65 ℃，清除油箱积尘，定期注油、换油。

13. 照明灯是否完好，亮度是否足够，熔断器应符合规定。

（二）蓄电池电源装置的日常维护

蓄电池电源装置的检查工作由充电工负责在充电室内进行，主要内容有：

1. 检查插销连接器与电缆的连接是否牢固，防爆性能是否良好。

2. 检查蓄电池组的连接线及极柱焊接处有无断裂、开焊。

3. 检查橡胶绝缘套有无损坏，极柱及带电部分有无裸露。

4. 检查蓄电池组、蓄电池有无短路及反极现象。

5. 检查箱体腐蚀损坏情况，箱盖是否变形、开闭是否灵活，盖内绝缘衬垫或喷涂绝缘层是否完好，箱盖与箱体间机械闭锁是否良好。

6. 检查蓄电池槽和盖有无损坏漏酸；特殊工作栓有无丢失或损坏；耐酸橡胶垫是否良好；帽座有无脱落；蓄电池封口剂是否开裂漏酸。

7. 每周检查一次漏电电流，其值不得超过规定。电源装置额定电压在 60 V 及以下，不大于 100 mA；电源装置额定电压在 100 V 及以下，不大于 60 mA；电源装置额定电压在 150 V 及以下，不大于 45 mA 。

8. 经常用清水冲洗蓄电池组，保持清洁。

上述 1 ~ 8 项中，只要有 1 项不合格，即为失去防爆性能，必须停止使用，进行处理。

（三）电机车的故障判断

电机车的常见故障判断及处理见表4.1。

表4.1 电机车的常见故障判断及处理

序 号	故障现象	产生原因
1	手把卡死或闭锁，控制器失灵	1. 控制器转轴轴承缺油或损坏 2. 固定闭锁装置的上下卡子用的销子螺杆松扣，或其上的开口销子丢失，使上下卡子失控 3. 卡子滚轮均严重磨损 4. 定位弹簧丢失或失效
2	撒砂装置不撒砂	1. 砂箱内无砂、砂管堵塞或砂子潮湿 2. 撒砂操纵杆严重变形或系统失灵 3. 压气制动控制阀或系统失灵
3	控制器闭合后自动开关立即跳闸或插销连接器内熔断器立即熔断	1. 控制器的凸轮触头接地或短路 2. 控制器换向器部分触头接地或短路 3. 启动电阻接地或短路 4. 牵引电动机内部线路接地或短路 5. 电机车电路中有短路现象
4	控制器闭合后机车不运行	1. 受电弓线路发生断路，可能是由于弹力不足使滑板没有与架空线接触或电源线断线、接线端子松脱 2. 自动开关的触头烧损脱落，电源导线折断，接线端子脱落或磁力线圈断路 3. 控制器的主触头和辅助触头脱落或者接触不良，导线折断 4. 启动电阻断路 5. 牵引电动机的主磁极或换向磁极线圈断路，连接导线或接线端子断路，或电刷与换向器接触不良 6. 由于错误操作，未松闸就开车
5	控制器闭合后启动速度过慢或过快	1. 过慢：控制器线路中某些触头连接导线短路，造成单机运转或者启动电阻应该断开而没有断开 2. 过快：启动电阻短路，牵引电动机激磁绕组短路
6	照明灯不亮和发暗	1. 照明灯不亮：熔断丝烧断；灯开关触头接触不良或烧损；灯头接触不良或灯丝烧断；电源线或接地线断路；照明电阻接地或断路 2. 照明灯发暗：牵引电网电压压降过大或蓄电池电源装置电压降低；受电器与架空线接触不良 3. 并联的照明电阻中有断路存在

续表

序 号	故障现象	产生原因
7	牵引电动机过热	1. 牵引负荷过大,电动机长期过负荷 2. 短时间内频繁启动或长时间在启动状态下运行 3. 电枢个别线圈间或匝间短路,激磁绕组接地或短路 4. 整流子表面产生强烈火花和碳刷压力过大使整流子过热 5. 轴承缺油或油量过多
8	蓄电池电源装置的电压急剧下降	1. 电源装置由于内部或外部因素造成正、负极直接短路 2. 蓄电池组中,有若干只蓄电池“反极” 3. 电源线与蓄电池极柱或插销连接器接触不良
9	脉冲调速电机车“失控” 1. 启动失控:表现为电机车启动时猛地向前冲,甚至使自动开关跳闸或者快速熔断器熔断 2. 加速调速过程中失控:表现为电机车突然由低速变为全速 3. 由全速向低速调速时失控:表现为电机车不能减速	造成“失控”的原因是多方面的,主要原因是元件损坏或换流电容器未能充电或充电不足,因电压低而关不断晶闸管(可控硅)造成失控

学习情境 5
提升设备

任务1　提升机的组成和结构

知识目标：★提升机的作用及工作过程
　　　　　★提升机的组成和结构
能力目标：★提升机的操作
　　　　　★提升机的日常维护

教学准备

准备好实训室的提升机及相关资料。

任务实施

1. 老师下达任务：认识提升机的组成和结构；

2. 制订工作计划：学生以小组为单位，根据任务要求，提前到实训室了解提升机的组成和结构；

3. 任务实施：由学生描述提升机的组成和结构。

相关知识

矿井提升运输是采煤生产过程中的重要环节，井下各工作面采掘出来的煤和矸石，由刮板输送机、桥式转载机、胶带输送机、电机车等运输设备运送到井底车场，然后再由提升设备提到地面。同时，生产所需的人员、材料、设备也要通过提升设备来运输。“运输是矿井的动脉，提升是矿井的咽喉”形象地描述了矿井提升运输的重要性。

图5.1为一立井提升运输系统的示意图。采煤工作面A采出的煤和掘进工作面B采出的矸石,经运输巷道中的运输设备运到采区下部车场6(或运输大巷4),再经石门5和大巷4的运输设备运到井底车场3,最后经提升设备提到地面。而材料、设备则按相反的路线从地面运到井下指定地点。

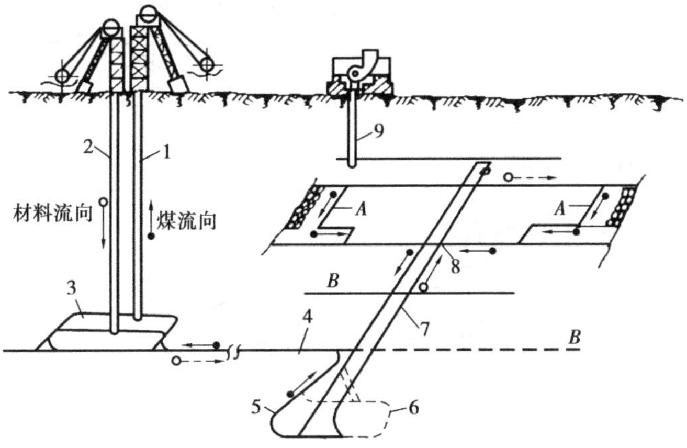

图5.1　矿井提升运输系统示意图

1—主井;2—副井;3—井底车场;4—运输大巷;5—石门;
6—采区车场;7—采区上山;8—运输道;9—风井

矿井提升设备主要由提升机、提升钢丝绳、提升容器、天轮(或导向轮)、井架(或井塔)、辅助装置等组成。

提升机包括机械设备和拖动控制系统,按其工作原理及结构不同分为缠绕式提升机和摩擦式提升机两大类。

提升容器按结构不同分为罐笼、箕斗、矿车等。

由于使用的提升机不同,煤矿提升运输可分为摩擦提升、缠绕提升;使用的提升容器不同,可分为主井箕斗提升、副井罐笼提升、斜井串车提升;所处的井筒不同,可分为立井提升、斜井提升等。但不论哪一种提升,都是靠提升机拖动提升钢丝绳,从而拖动提升容器来实现提升货载的。所以我们首先要学习提升机的工作原理和结构。

一、单绳缠绕式提升机的工作原理及结构

(一)单绳缠绕式提升机的工作原理

单绳缠绕式提升机的工作原理如图5.2所示。提升钢丝绳的一端固定在提升机滚筒上,另一端绕经井架上的天轮,固定在提升容器上。电动机经齿轮减速器带动主轴及滚筒以不同方向旋转时,提升钢丝绳在滚筒上缠入或放出,从而实现容器的提升或下放。

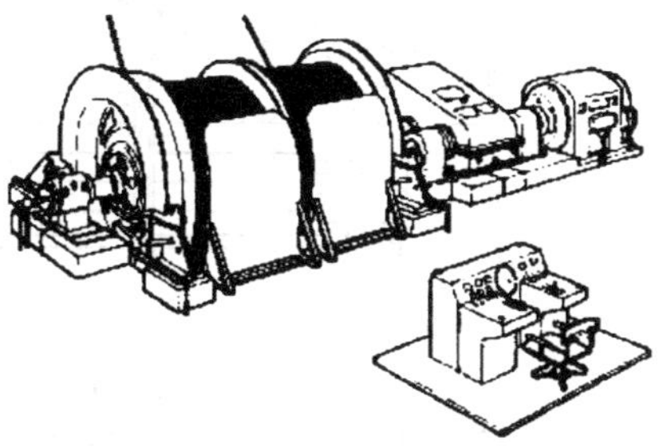

图5.2　缠绕式矿井提升机

(二)单绳缠绕式提升机的结构

单绳缠绕式提升机按其滚筒个数可分为单滚筒提升机和双滚筒提升机。单滚筒提升机一般用于产量较小的矿井,双滚筒提升机在矿山应用最多。国产的单绳缠绕式提升机有两个系列:JT系列,滚筒直径为0.8～1.6 m,一般称为绞车,有防爆和不防爆两种;JK系列,滚筒直径为2～5 m,一般称为提升机,主要用于立井提升。JK系列提升

机的外形如图 5.2 所示。其结构组成如图 5.3 所示。

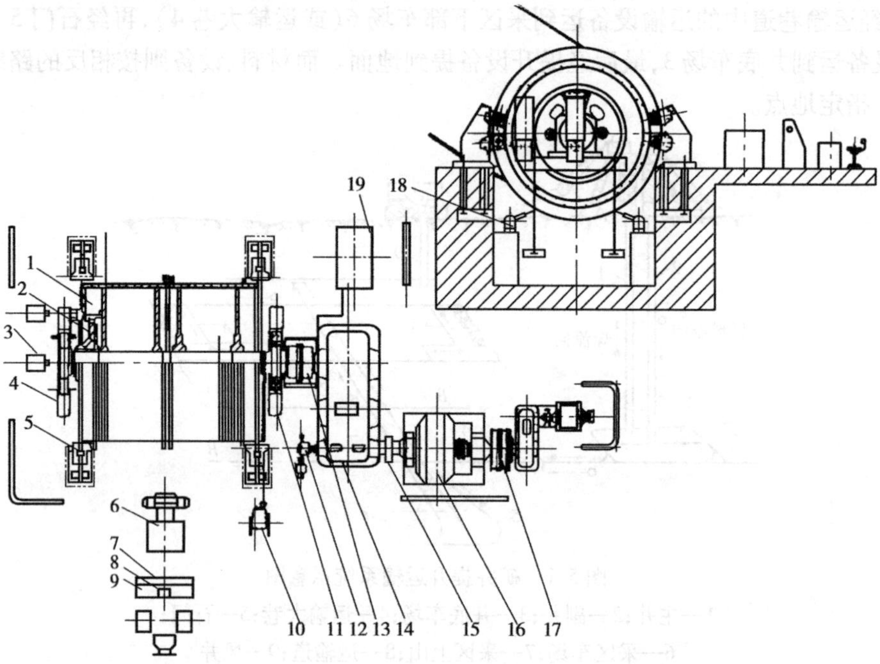

图 5.3　提升机结构图

1—主轴装置;2—径向齿块离合器;3—多水平深度指示器传动装置;4—左轴承梁;

5—盘形制动器;6—液压站;7—操纵台;8—粗针指示器;9—精针指示器;

10—牌坊式深度指示器;11—右轴承梁;12—测速发电机;13,15—联轴器;

14—减速器;16—电动机;17—微拖装置;18—锁紧器;19—润滑站

(三)主轴装置结构

JK 系列双滚筒提升机的主轴装置由主轴、主轴轴承、固定滚筒、活动滚筒、4 个轮毂、调绳离合器等组成,如图 5.4 所示。

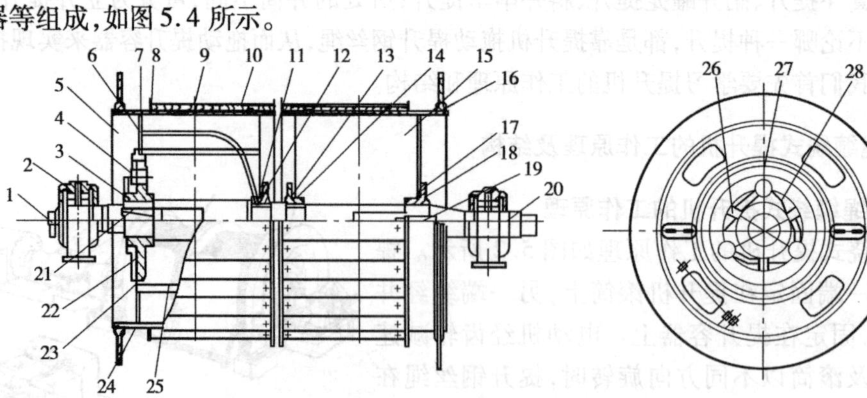

图 5.4　XKT 型,JK 型双筒提升机主轴装置

1—密封头;2—主轴承;3—游动卷筒左轮毂;4—齿轮式调绳离合器;5—游动卷筒;

6,14—润滑油杯;7—尼龙套;8—挡绳板;9—铜壳;10—木衬;11—铜制轴套;

12—游动卷筒右轮毂;13—固定卷筒左轮毂;15—固定卷筒;16—制动盘;17—精制螺栓;

18—固定卷筒右轮毂;19—切向键;20—主轴;21—切向键;22—外齿轮;23—内齿轮;

24—辐板;25—角钢;26—连锁阀;27—调绳液压缸;28—油管

1. 主轴与滚筒连接

主轴轴承为滑动轴承，起支撑主轴的作用。

固定滚筒装在主轴的靠电动机侧，其左侧轮毂滑装在主轴上，其右侧轮毂压装在主轴上，并用强力切向键与主轴连接。滚筒与左侧轮毂的连接采用螺栓连接，螺栓一半为精制配合螺栓，一半为普通螺栓。滚筒与右侧轮毂的连接采用螺栓连接，螺栓全部为精制配合螺栓。

活动滚筒装在主轴的远离电动机侧，其右侧轮毂滑装在主轴上，其左侧轮毂压装在主轴上，并用强力切向键与主轴连接。活动滚筒与右侧轮毂的连接采用螺栓连接，螺栓一半为精制配合螺栓，一半为普通螺栓，活动滚筒与左侧轮毂的连接采用齿轮离合器连接（见图5.5）。这样做的目的是方便调绳。

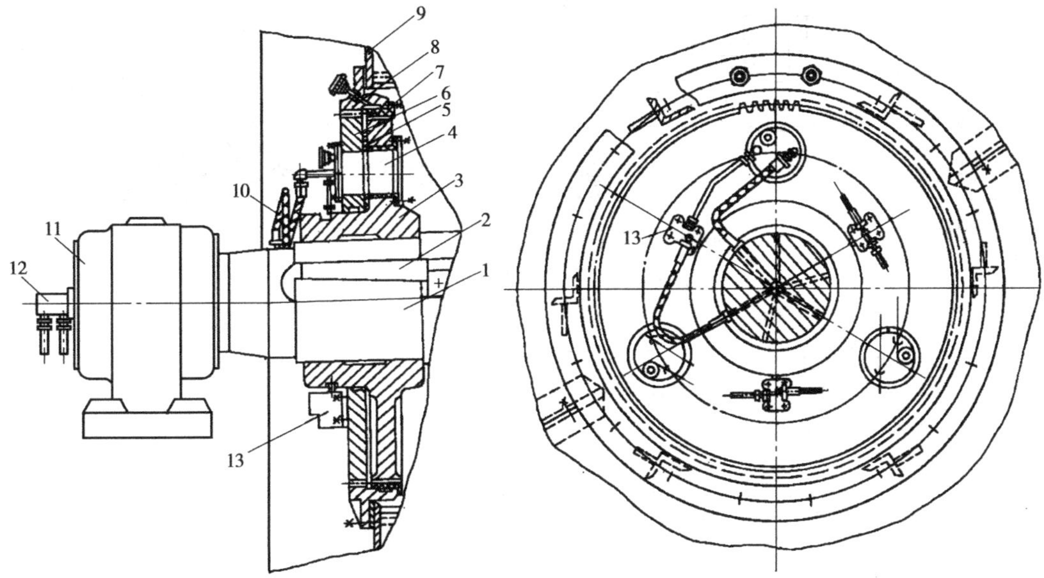

图5.5　轴向移动齿轮离合器

1—主轴；2—键；3—轮毂；4—油缸；5—橡胶缓冲垫；6—齿轮；7—尼龙瓦
8—内齿轮；9—卷筒轮辐；10—油管；11—轴承座；12—密封头；13—闭锁阀

2. 调绳离合器结构

双滚筒提升机都装有调绳离合器，其作用是使活滚筒与主轴连接或脱开，以便调节绳长时，能使两滚筒相对运动。

JK 型提升机的调绳离合器曾为轴向移动齿轮离合器，其结构原理如图5.5所示。3个调绳油缸4沿圆周均布在轮毂3上，其一端与外齿轮6相连接，相当于3个销子将外齿轮6和轮毂3连接在一起。外齿轮6滑套在轮毂3上，可以沿轴向滑动。当调绳离合器处于合上状态（如图位置）时，外齿轮6与固定在活滚筒轮辐9上的内齿圈8啮合，从而带动活滚筒随主轴一起旋转。当调绳离合器处于脱开状态时，3个调绳油缸伸出，使外齿轮6沿轴向向左滑动，与固定在活滚筒轮辐9上的内齿圈8脱开啮合，活滚筒不随主轴一起旋转。

轴向移动齿轮离合器的缺点是对齿稍困难，需反复几次才能对上。为了克服这一缺点，JK 型提升机已改用径向齿块式离合器，其结构如图5.6所示。内齿圈1固定在活滚筒的辐板上，径向齿块2通过滑动毂4的带动与内齿圈1啮合或脱开，滑动毂4由离合油缸6的活塞杆推动。当压力油进入离合油缸 6 的合上腔时，活塞杆伸出，推动滑动毂 4、撑杆 3，使齿块 2 向外撑开（类似撑开雨伞）与内齿圈 1 啮合，使活滚筒随主轴一起旋转。当压力油进入离合油缸 6 的离开腔时，活塞杆伸缩回，拉动滑动毂 4、撑杆 3，使齿块 2 向内收回（类似收雨伞）与内齿圈 1 脱开啮合，使活滚筒不随主轴一起旋转。

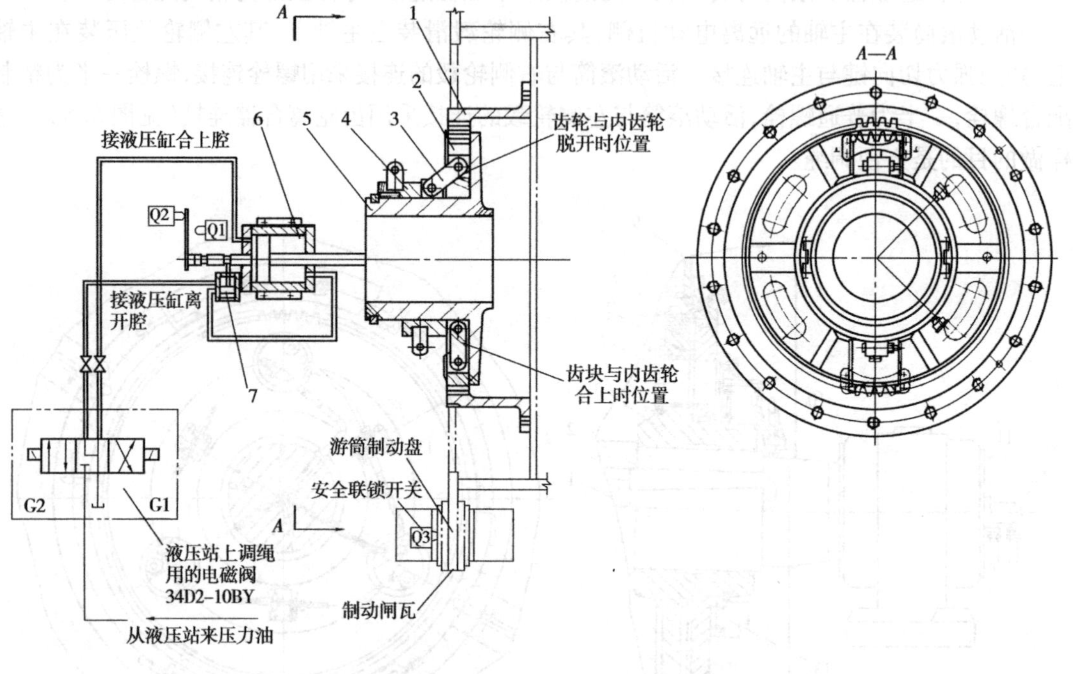

图 5.6　径向齿块式调绳离合器结构及工作原理图

1—内齿圈；2—齿块；3—撑杆；4—移动毂；5—轮毂；6—调绳液压缸；7—连锁阀

二、多绳缠绕式提升机

多绳缠绕式提升机是用两根以上的钢丝绳与提升容器相连接，滚筒用附加挡板分隔开，每根钢丝绳在各自的分段上缠绕，利用平衡悬挂装置调节钢丝绳间的张力平衡。

多绳缠绕式提升机有三种不同的结构布置形式：同轴直线布置，前后排列布置，直联电动机分别拖动。如图 5.7 所示。

多绳缠绕式提升机与单绳缠绕式提升机相比，其钢丝绳直径、滚筒直径、滚筒宽度均相应减少。与多绳摩擦式提升机相比，多绳缠绕式提升机不用尾绳，克服了深井提升时尾绳带来的问题。故多绳缠绕式提升机适合于深井、大负载的提升。在不宜采用摩擦式提升机，单绳缠绕式提升机又不能满足要求时，可以采用多绳缠绕式提升机。

（一）多绳摩擦式提升机

1. 多绳摩擦式提升机工作原理

多绳摩擦式提升机工作原理如图 5.8 所示。主导轮 1（摩擦轮）安装在提升井塔上［图 5.8 (a)、(b)］，或安装在地面机房［图 5.8(c)］，几根钢丝绳 3 等距离地搭在主导轮的衬垫上，钢丝绳两端分别与容器 4 相连，平衡尾绳 5 的两端分别与容器的底部相连后自由地悬挂在井筒中。当电动机带动主导轮转动时，通过衬垫与提升钢丝绳之间产生的摩擦力带动容器往

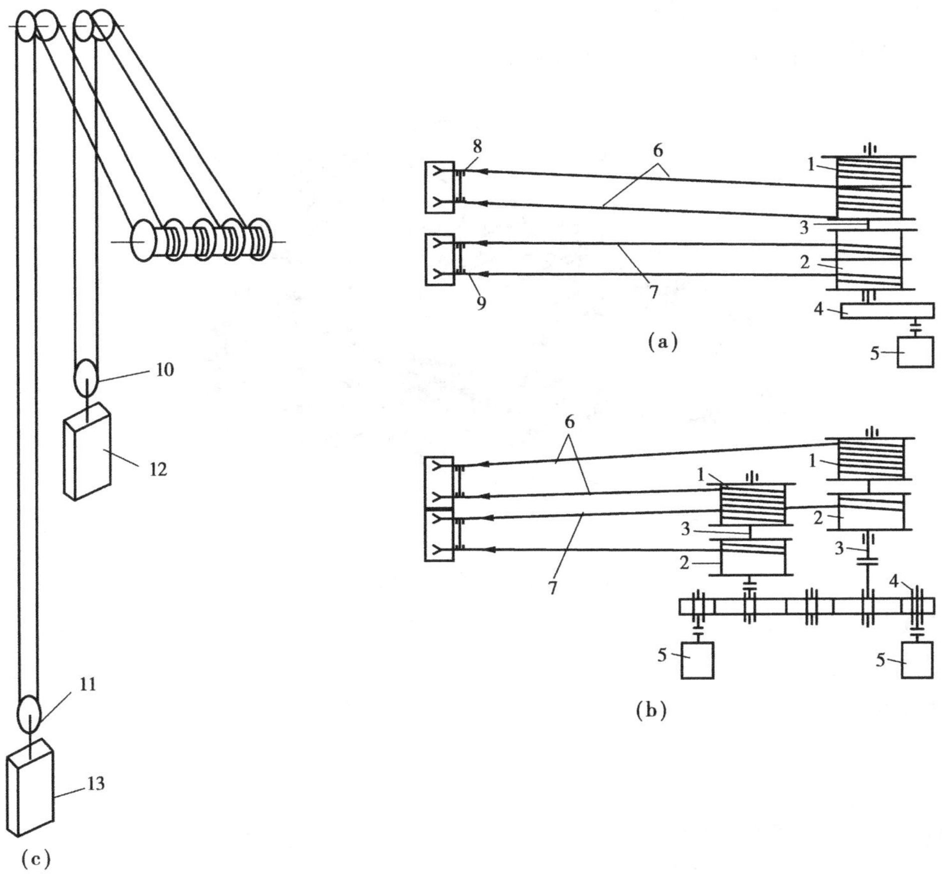

图5.7　多绳缠绕系统布置示意图
(a)同轴式　(b)前后轴式　(c)直连式
1—活动卷筒;2—固定卷筒;3—主轴;4—减速器;5—电动机;
6—上出绳;7—下出绳;8,9—双槽天轮;10,11—平衡补偿装置;12,13—提升容器

复升降,完成提升任务。导向轮2用于增大钢丝绳在主导轮上的围包角或缩小提升中心距。

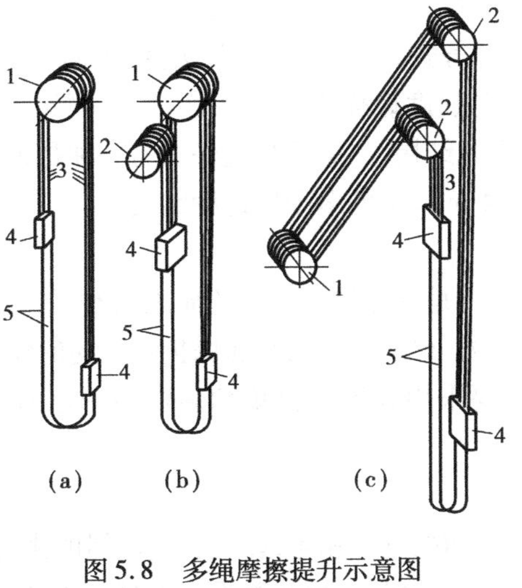

图5.8　多绳摩擦提升示意图
1—摩擦轮;2—导向轮;3—钢丝绳;4—提升容器;5—尾绳

2. 多绳摩擦式提升机的结构

多绳摩擦式提升机的结构如图 5.9 所示。

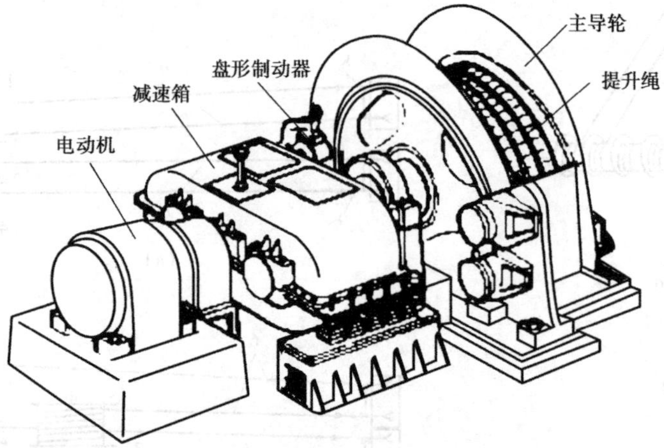

图 5.9 多绳摩擦式矿井提升机

摩擦提升机有塔式和落地式两种。塔式布置紧凑省地，可省去天轮，全部载荷垂直向下，井塔稳定性好，钢丝绳不裸露在外经受风雨；但井塔造价高，抗地震能力不如落地式。我国生产的多绳摩擦式提升机主要有 JKM 系列、JKMD 系列、JKD 系列、JKMX 系列、JKMXD 系列。

3. 主要部件结构

(1) 主轴装置

多绳摩擦式提升机的主轴装置由主轴、摩擦轮、摩擦衬垫、滚动轴承、轴承座、轴承盖、轴承梁、固定块、压块、夹板、高强度螺栓组件等组成，如图 5.10 所示。

井塔式与落地式的主轴装置不同之处仅在于：井塔式的摩擦衬垫为单绳槽，而落地式的摩擦衬垫为双绳槽。

(2) 摩擦轮

摩擦轮多采用整体全焊接结构，少数大规格提升机由于受运输吊装条件限制，需要做成两半剖分结构，在结合面处用定位销及高强度螺栓连接。

摩擦轮与主轴连接有两种方式，一种是采用单法兰、单面摩擦连接。如图 5.10 中摩擦轮的右侧辐板与主轴法兰采用高强度螺栓单面摩擦连接，左侧轮毂与主轴采用过盈配合连接。一般中、小规格的提升机采用此结构，厂家已装配好。另一种是采用双法兰、双夹板、双面摩擦与主轴连接。摩擦轮直径在 4 m 以上的多采用这种结构。

(3) 摩擦衬垫

摩擦衬垫的作用有三个：一是保证衬垫与钢丝绳之间有足够的摩擦系数能传递一定的动力；二是有效地降低钢丝绳张力分配不均；三是起保护钢丝绳的作用。上述作用中最主要的是保证摩擦系数。目前国内主要采用聚氨酯衬垫和高性能摩擦衬垫，其摩擦系数分别为 0.2、0.23 和 0.25。

(4) 车槽装置

为了保证几根钢丝绳的绳槽处直径相等，以使各钢丝绳的张力均衡，多绳摩擦提升机设有车槽装置。对于塔式多绳摩擦提升机，车槽装置设在摩擦轮的正下方，车刀数与绳槽数相等；

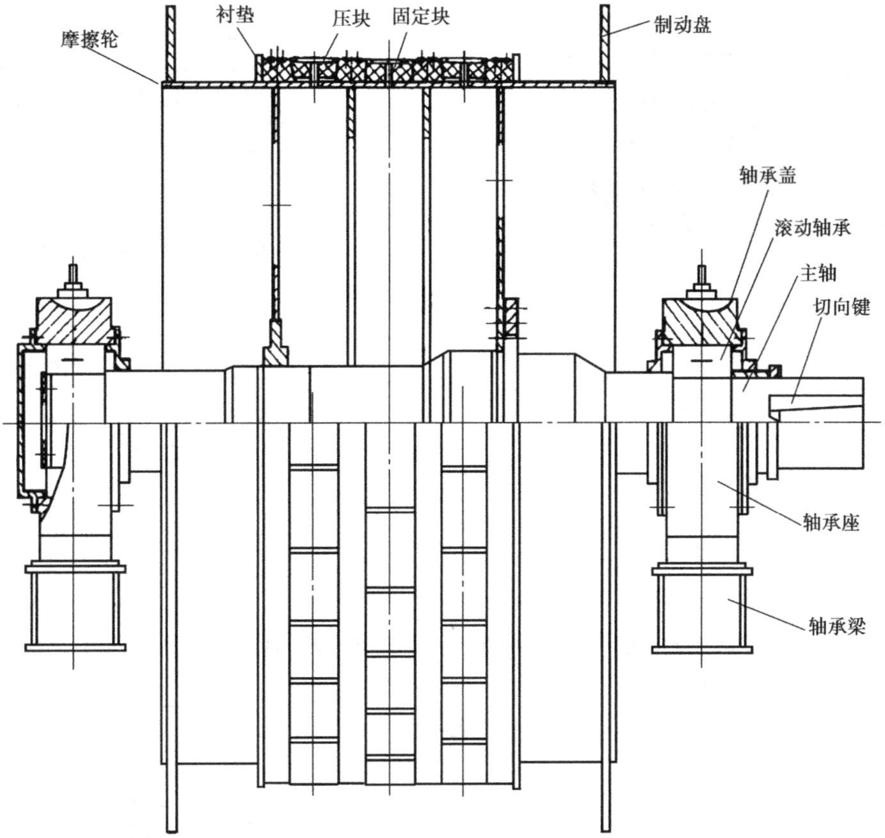

图5.10　多绳提升机主轴装置

对于落地式多绳摩擦提升机，由于钢丝绳向上引出，直接安装车槽装置及操作都比较困难，可以采用双绳槽衬垫，车槽时用专用的拨绳装置将钢丝绳从要车的绳槽中拨到另一绳槽中工作，空出来的绳槽就可以车削、校正，这样车槽装置仍可放在摩擦轮下，但要求车刀能横向移动，以适应双槽车削。

(5)减速器

多绳摩擦提升机的减速器均采用同轴式功率分流齿轮减速器。根据安装方式不同，又分弹簧基础和刚性基础两种。弹簧基础减速器主要安装在井塔上，其低速联轴器一般为刚性法兰联轴器；刚性基础减速器主要安装在地面，其低速联轴器一般为齿轮联轴器。刚性基础减速器结构如图5.11所示，弹簧基础减速器结构如图5.12所示。

(6)钢丝绳张力平衡装置

多绳摩擦提升机上各钢丝绳的张力往往很难保持一致，其原因是：

①材质及捻制工艺的不均造成每根钢丝绳刚度的偏差；

②各绳槽直径车削的偏差；

③安装误差造成各钢丝绳长度的偏差；

④钢丝绳蠕动量(即变形)偏差。

改善各钢丝绳张力不平衡的措施有：

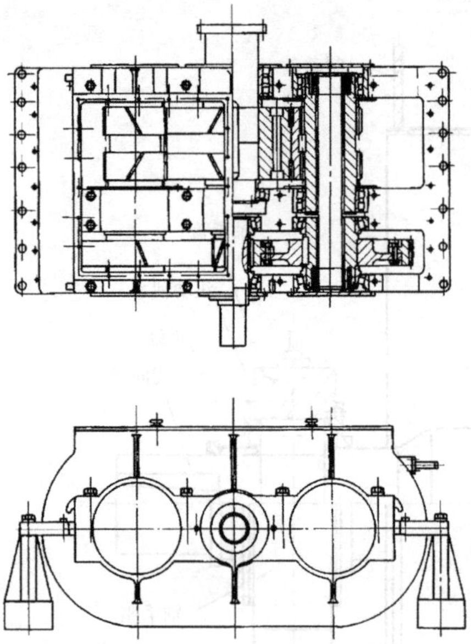

图 5.11　弹簧基础减速器

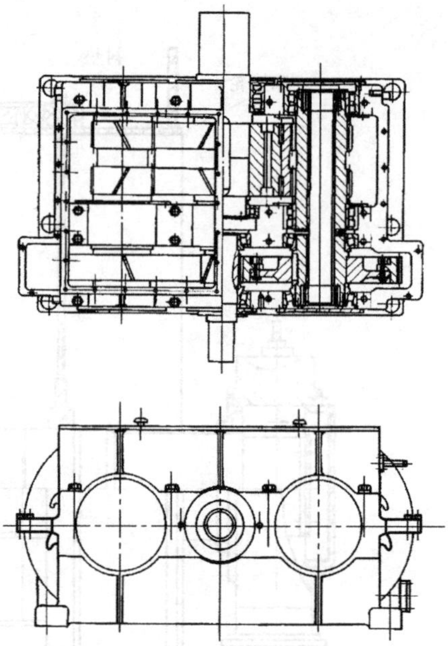

图 5.12　刚性基础减速器

①尽量消除各钢丝绳材质及捻制工艺的差异。一组钢丝绳最好使用连续生产的制品。

②定期及时车削绳槽。

③采用张力平衡机构，各种张力平衡机构如图 5.13 所示。

④定期调整钢丝绳张力，螺旋液压调绳器的结构如图 5.14 所示。

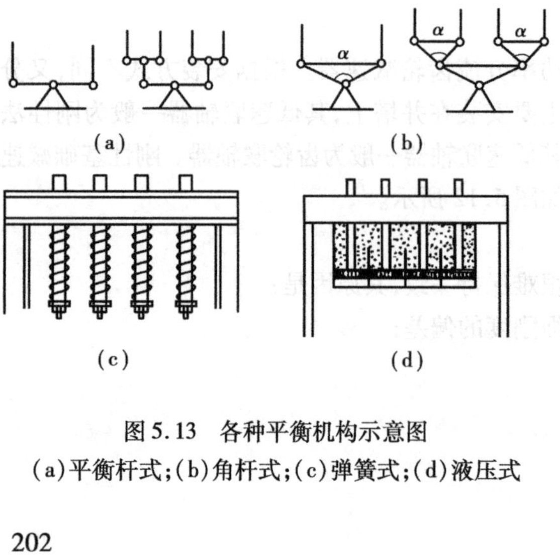

图 5.13　各种平衡机构示意图

(a)平衡杆式；(b)角杆式；(c)弹簧式；(d)液压式

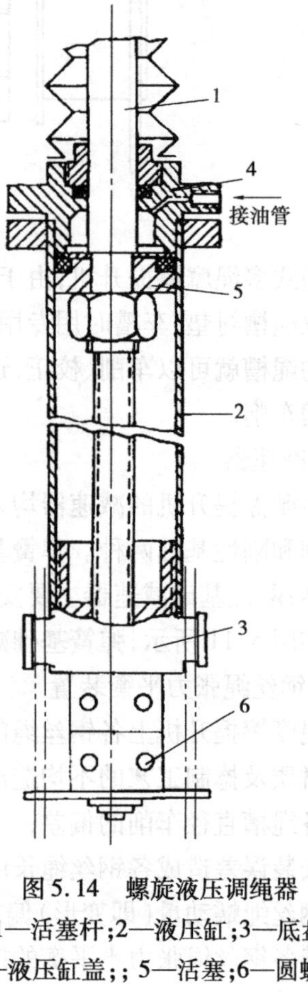

图 5.14　螺旋液压调绳器

1—活塞杆；2—液压缸；3—底盘

4—液压缸盖；；5—活塞；6—圆螺母

4. 深度指示器

(1)深度指示器的作用

深度指示器有以下作用:

①向司机指示容器在井筒中的位置;

②容器接近井口停车位置时发出减速信号;

③在减速阶段,通过限速装置进行限速保护;

④通过过卷保护装置进行过卷保护。

深度指示器的种类有牌坊式和圆盘式两种。

(2)牌坊式深度指示器

牌坊式深度指示器由传动装置和指示器两部分组成,两者通过联轴器相连接。传动装置的结构如图5.15,指示器的结构如图5.16。

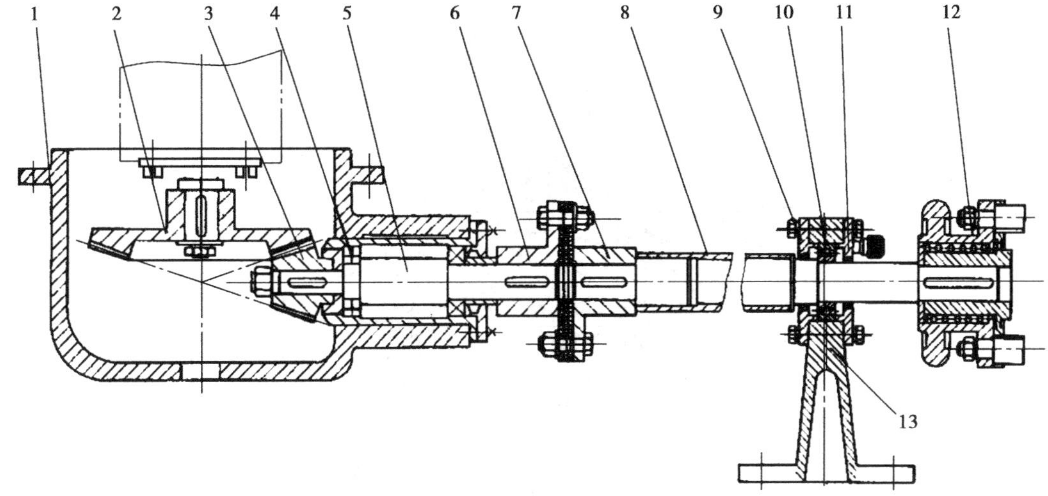

图5.15　牌坊式深度指示器传动装置

1—支承盖;2—大锥齿轮;3—小锥齿轮;4—角接触球轴承;5—轴;6—左半联轴器;
7—右半联轴器;8—传动轴;9—左压盖;10—轴承;11—右压盖;12—联轴器;13—轴承座

牌坊式深度指示器的工作原理如图5.17所示。提升机主轴的旋转运动由传动装置传给深度指示器,经过齿轮对带动丝杆,使两根丝杆以相反的方向旋转。当丝杆旋转时,带有指针的两个梯形螺母也以相反的方向移动,即一个向上,一个向下。丝杆的转数与主轴的转数成正比,因而也与容器在井筒中的位置相对应。因此螺母上指针在丝杆上的位置也与容器位置相对应。

梯形螺母上不仅装有指针,另外还装有掣子和碰铁。当提升容器接近井口停车位置时,掣子带动信号拉杆上的销子,将信号拉杆逐渐抬起,同时,销子在水平方向也在移动。当达到减速点时,销子脱离掣子下落,装在信号拉杆上的撞针敲击信号铃,发出减速信号。在信号拉杆旁边的立柱上安装有一个减速极限开关,当提升容器到达一定位置时,信号拉杆上的碰铁碰压减速极限开关的滚子进行减速,直至停车。若提升机发生过卷,则梯形螺母上的碰铁将把过卷极限开关压开,使提升机断电进行过卷保护。

信号拉杆上的销子可根据需要移动位置,减速极限开关和过卷极限开关的上下位置可以

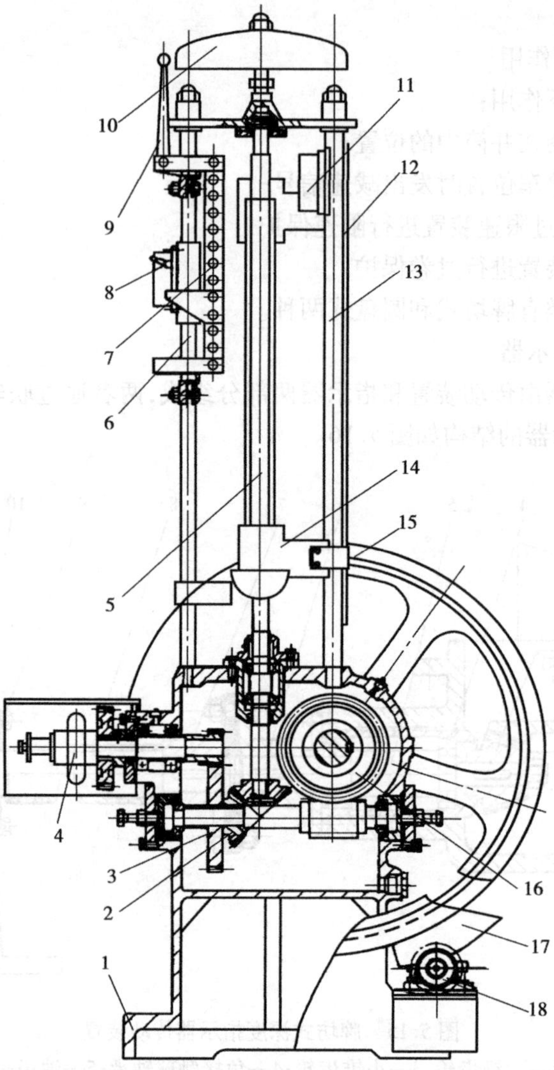

图 5.16　牌坊深度指示器

1—箱体;2—伞齿轮对;3—齿轮对;4—离合手轮;5—丝杠;6—立柱;7—信号拉杆;
8—减速极限开关位置;9—撞针;10—信号铃;11—过卷极限开关位置;12—标尺;
13—立柱;14—梯形螺母;15—限速圆盘;16—蜗轮传动装置;17—限速凸轮板;18—自整角机限速装置

很方便地调整,以适应不同的减速距离和过卷距离的要求。

限速凸轮由蜗轮,通过限速变阻器或自整角机进行限速保护。在一次提升过程中每个凸轮的转角应在 270°~330°范围内。

(3)圆盘式深度指示器

圆盘式深度指示器也是由传动装置和指示器两部分组成,但两部分之间靠自整角机连接。

圆盘式深度指示器的传动装置如图 5.18 所示。它由传动轴 2、更换齿轮 1、蜗杆蜗轮 12、左右限速圆盘 14、15、机座等组成。

提升机主轴的转动通过传动轴 2、更换齿轮 1、蜗杆蜗轮 12 带动左右限速圆盘旋转。左右限速圆盘上均装有碰板 7 和限速凸轮板 9,但方向相反,对应提升机的正、反转,每次只有一个

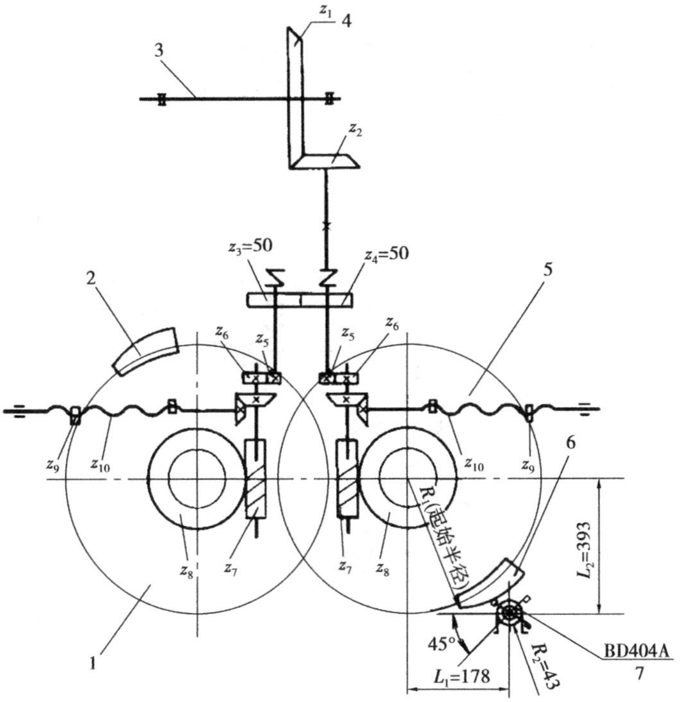

图5.17　牌坊式深度指示器传动原理图

1—游动卷筒限速圆盘；2—游动卷筒限速板；3—提升机主轴；4—主轴上大锥齿轮；

5—固定卷筒限速圆盘；6—固定卷筒限速板；7—自整角机

圆盘起作用。机座两侧与左右限速圆盘对应位置安装有减速开关6、过卷开关3和限速自整角机13。通过限速圆盘上的碰板碰压减速开关、过卷开关发出减速信号和进行过卷保护。通过限速凸轮板带动限速自整角机13进行限速保护。同时，提升机主轴的转动通过传动轴、更换齿轮、蜗杆、齿轮带动自整角机发送机10发出提升容器位置信号，经导线传送给指示器上的自整角机接收机。

圆盘指示器的结构如图5.19所示。它由指示圆盘1、精针2、粗针3、有机玻璃罩4、接收自整角机5、停车标记6、齿轮7、外壳8等组成。接收自整角机5接收到来自发送自整角机的信号后，经过三对减速齿轮带动粗针转动，进行粗针指示。经过一对减速齿轮带动精针转动，进行精针指示。指示圆盘上有两条环形槽，槽中备有数个红、绿色橡胶标记，用来表示减速或停车位置。

(4)制动装置

制动装置的作用是：

①在正常工作中减速或停车时对提升机进行制动，即工作制动；

②在发生紧急事故时对提升机进行制动，即安全制动；

③在进行调绳时对活滚筒进行制动，即调绳制动。

制动装置由盘式制动器(盘形闸)和液压站两部分组成。

5.盘式制动器(盘形闸)的结构原理

盘式制动器的结构如图5.20所示。它由闸瓦26、带筒体的衬板25、碟形弹簧2和液压组

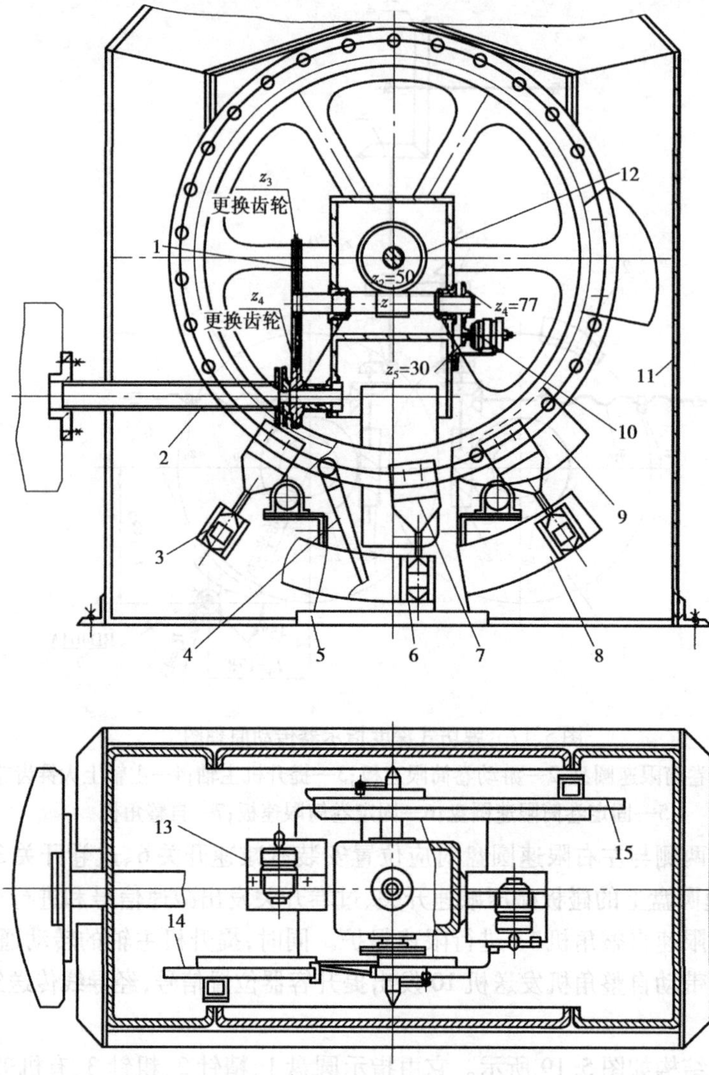

图 5.18　圆盘深度指示器传动装置

1—更换齿轮;2—传动轴;3—过卷开关;4—右轮锁紧装置;5—机座;6—减速开关;
7—碰板装置;8—开关架装置;9—限速凸轮板;10—发送自速角机装置;11—外罩;
12—蜗轮蜗杆;13—自整角机限速装置;14—右限速圆盘;15—左限速圆盘

件、连接螺栓 12、后盖 11、密封圈 13、制动器体 1 等组成。液压组件由挡圈 4、骨架式油封 5、YX 形密封圈 22、8、液压缸 21、调整螺母 20、活塞 10、密封圈 14、16、17、液压缸盖 9 等组成。液压组件可单独整体拆下并更换。

盘式制动器的制动力矩是靠闸瓦沿轴向从两侧压向制动盘产生的,为了使制动盘不产生附加变形,主轴不承受附加轴向力,盘式制动器都是成对使用,每一对为一副。根据所需制动力矩的大小,一台提升机可以同时布置两副、四副或多副。

盘式制动器是由碟形弹簧产生制动力,靠油压产生松闸力。制动状态时,闸瓦压向制动盘的正压力大小取决于液压缸内油压的大小。当缸内油压为最小值时,弹簧力几乎全部作用在

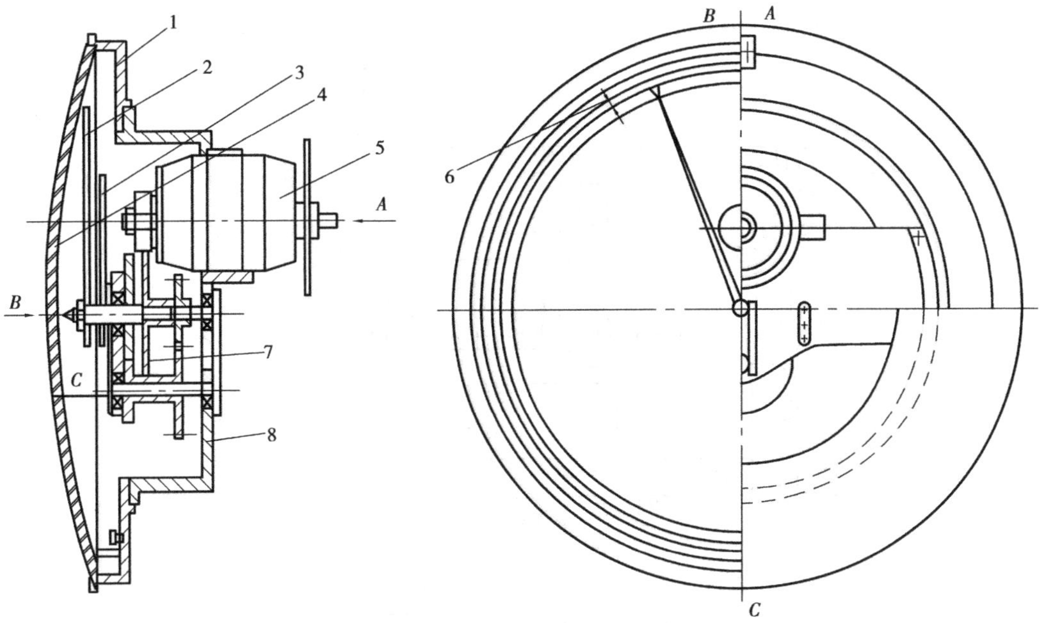

图5.19　圆盘深度指示器

1—指示圆盘;2—精针;3—粗针;4—有机玻璃罩;5—接收自整角机;6—停车标记;7—齿轮;8—架子

闸瓦上,此时闸瓦压向制动盘的正压力最大,制动力矩也最大,呈全制动状态;当缸内油压为液压系统整定的最大值时,碟形弹簧被压缩,弹簧力被液压力克服,闸瓦压向制动盘的正压力为零,呈松闸状态。

正压力与油压的关系如图5.21所示。

6.液压站

(1)液压站的作用是:

①工作制动时产生不同的油压以控制盘式制动器获得不同的制动力矩;

②安全制动时能控制盘式制动器的回油快慢以实现二级制动;

③调绳制动时能控制盘式制动器闸住活滚筒,并控制调绳离合器的离、合,完成调绳。

(2)液压站的种类

由于提升机的不断更新换代,液压站的结构、性能和型号也在不断更新换代,现在有以下类型和型号的液压站:

①电气延时实现二级制动的液压站,有B157,B159,TE130,TE131,TE132等。其中TE130和B157的结构原理完全相同,用于JK型提升机;TE131和B159的结构原理完全相同,用于多绳摩擦式提升机,B159与B157的差别是没有调绳制动部分。TE132是在TE131的基础上增加了两个压力继电器和一个压力传感器,这是与采用PLC控制系统相配套的液压站。

②液压延时实现二级制动的液压站,有TE002,用于JK型提升机;TE003,用于多绳摩擦式提升机,TE003与TE002的差别是没有调绳制动部分。

(3)液压站的工作原理

①B157液压站的工作原理

B157液压站的组成如图5.22所示。

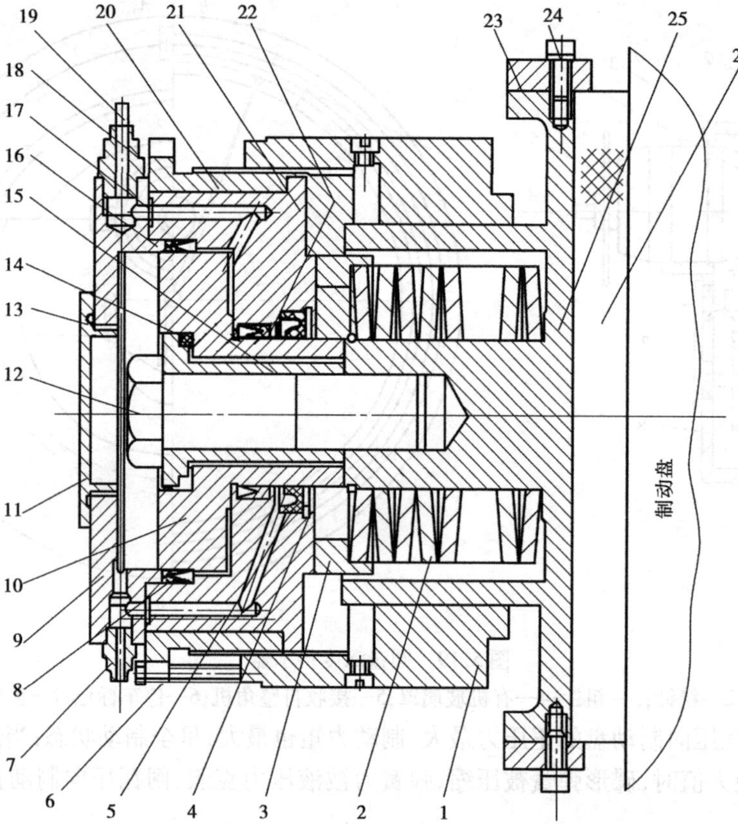

图 5.20 液压缸后置盘式制动器

1—制动器体;2—碟形弹簧;3—弹簧座;4—挡圈;5—"V"形密封;6—螺钉;7—渗漏油管接头;
8,22—YX 形密封圈;9—液压缸盖;10—活塞;11—后盖;12—连接螺栓;13,14,16,17—密封圈;
15—活塞内套;18—压力油管接头;19—油管;20—调节螺母;21—液压缸;23—压板;24—螺栓;
25—带筒体的衬板;26—闸瓦

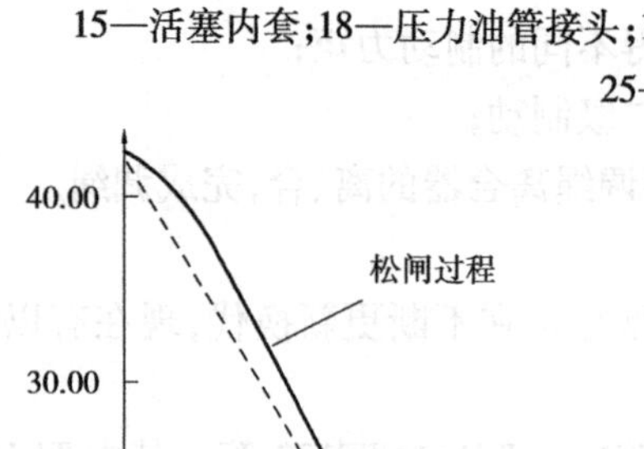

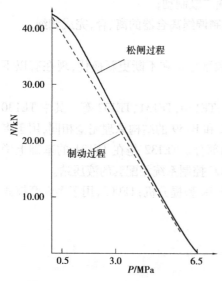

图 5.21 正压力 N 与油压 P 的关系

该液压站有两台叶片泵,一台工作,一台备用,两台泵替换工作时,由液动换向阀 13 自动转接到系统。

◆ 工作制动

提升机正常工作时,电磁铁 G3、G4、G5 通电,G1、G2、G6 断电,叶片泵 4 输出的压力油经过滤器 5、液动换向阀 13、电磁换向阀 11、17 进入各制动器,油压的大小通过司机操作制动手把控制电液调压装置 6 的电流大小来改变,从而达到调节制动力矩的目的。

同时压力油经减压阀 9、单向阀 10、进入蓄能器 12,其压力由溢流阀 8 限定,达到一级油压值 $P_{1级}$。

◆ 安全制动

当提升机因故障进行安全制动时,电动机 3 断电,液压泵 4 停止供油,电液调压装置线圈、电磁铁 G3、G4 断电,固定滚筒制动器的压力油经电磁换向阀

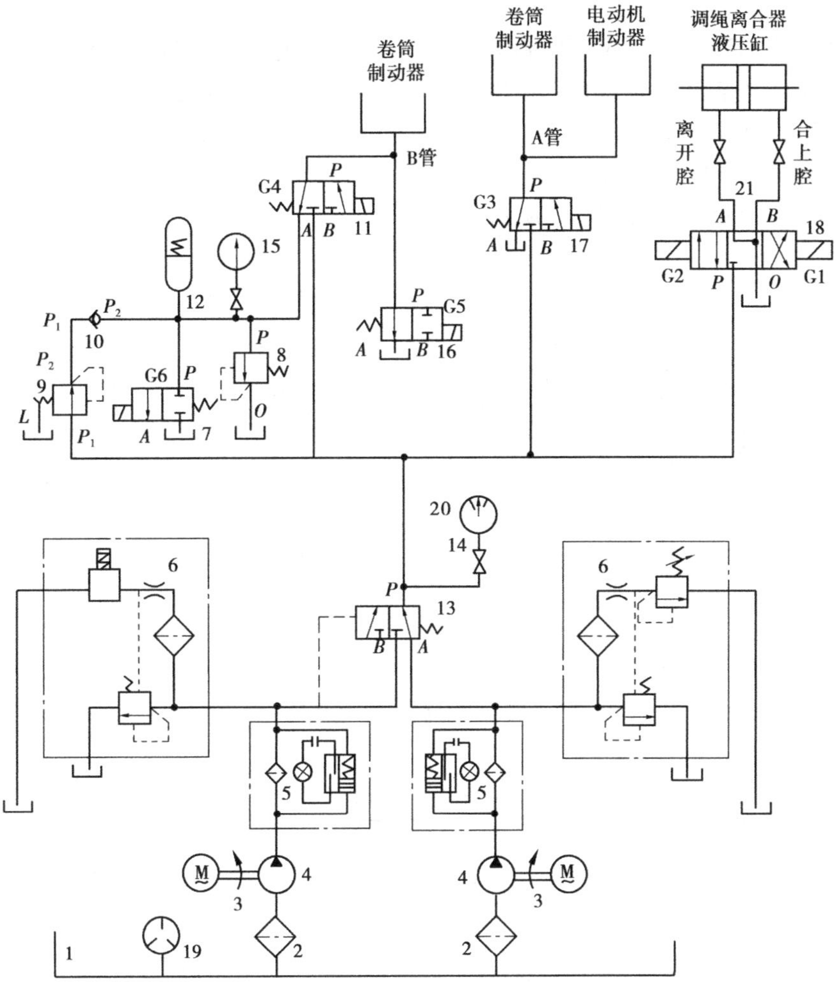

图5.22　B157液压站原理图

1—油箱;2—网式过滤器;3—电动机 4—油泵;5—纸质过滤器;6—电液调压装置;
7—电磁换向阀;8—溢流阀;9—减压阀;10—单向阀;11—电磁换向阀;12—弹簧蓄力器;
13—液动换向阀;14—压力表开关;15—压力表;16—电磁换向阀;17—电磁换向阀;
18—电磁换向阀;19—电接点压力式温度计;20—电接点压力表;21—截止阀

17迅速流回油箱,实施抱闸,实现一级制动。活动滚筒制动器的压力油经电磁换向阀11一部分流到蓄能器12内,一部分经溢流阀8流回油箱,使活动滚筒制动器的油压保持为一级油压值 $P_{1级}$,暂时不能抱闸。经延时继电器延时后,电磁铁G5断电复位,使活动滚筒制动器的油流回油箱,实施抱闸,实现二级制动。

◆　调绳制动

调绳时要求活动滚筒处于制动状态,调绳离合器处于离开状态,而固定滚筒应处于松闸状态。各阀的动作情况如下:

电磁铁G1、G2、G3、G4、G5、G6断电,盘式制动器全处于制动状态。打开截止阀21,然后给G2通电,电磁换向阀18切换,压力油进入调绳离合器油缸离开腔,使活动滚筒与主轴脱开。接着再给G3通电,使压力油进入固定滚筒制动器,解除对固定滚筒的制动,即可进行调绳。

调绳结束后,G3 断电,固定滚筒制动,G2 断电、G1 通电,电磁换向阀 18 切换,压力油进入调绳离合器油缸上腔,使活动滚筒与主轴接合。然后 G1 断电,电磁换向阀 18 切换回中位,断开油路。最后关闭截止阀 21。

②TE002 液压站的工作原理

TE002 液压站的组成如图 5.23 所示。

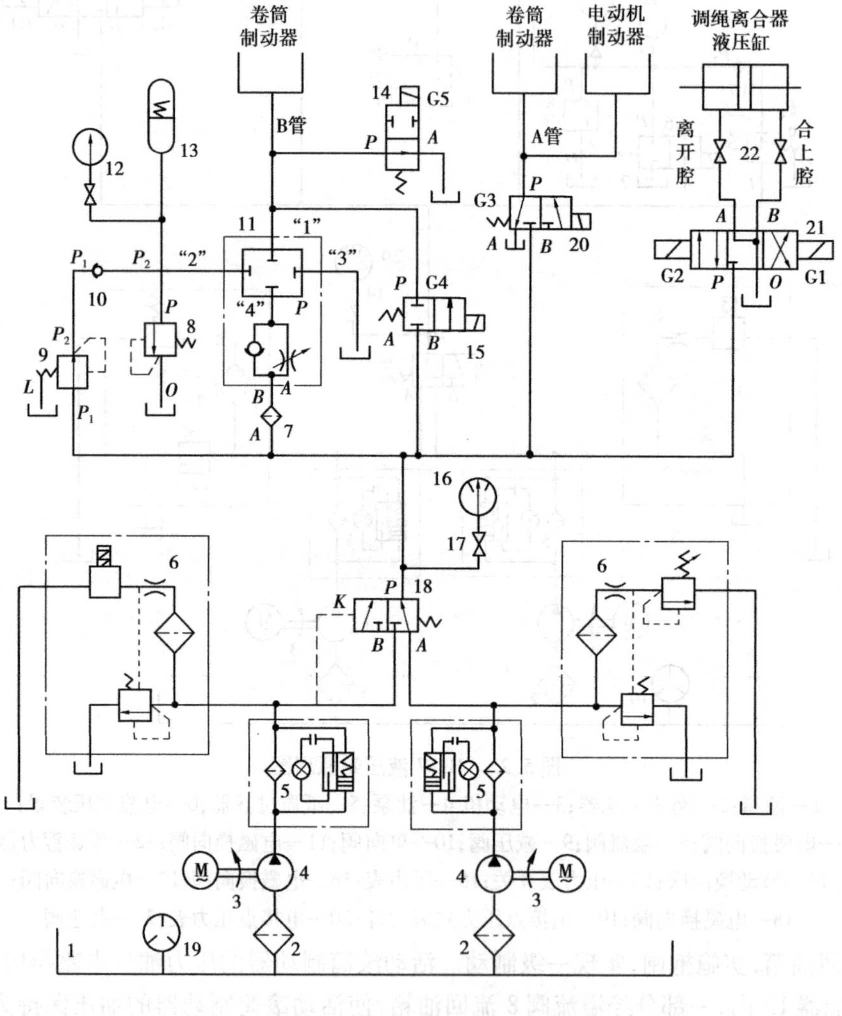

图 5.23　TE002 液压站原理图

1—油箱;2—网式过滤器;3—电动机 4—液压泵;5—纸质过滤器;6—电液调压装置;7—纸质过滤器;8—溢流阀;9—减压阀;10—单向阀;11—延时阀;12—压力表;13—弹簧蓄力器;14—电磁换向阀;15—电磁换向阀;16—电接点压力表;17—压力表开关;18—液动换向阀;19—电接点压力式温度计;20—电磁换向阀;21—电磁换向阀;22—截止阀

该液压站有两台叶片泵,一台工作,一台备用,两台泵替换工作时,由液动换向阀 18 自动转接到系统。

◆ 工作制动

提升机正常工作时,电磁铁 G3、G4、G5 通电,G1、G2 断电,叶片泵 4 输出的压力油经过滤器5、液动换向阀18、电磁换向阀15、20进入各制动器，油压的大小通过司机操作制动手把控制电液调压装置6的电流大小来改变，从而达到调节制动力矩的目的。

同时压力油经减压阀9、单向阀10、进入蓄能器13，其压力由溢流阀8限定，达到一级油压值 $P_{1级}$。

◆　安全制动

当提升机因故障进行安全制动时，电动机3断电，液压泵4停止供油，电液调压装置线圈、电磁铁G3、G4断电，固定滚筒制动器的压力油经电磁换向阀20迅速流回油箱，实施抱闸，实现一级制动。活动滚筒制动器的压力油经液压延时阀11的“1”、“2”口一部分流到蓄能器12内，一部分经溢流阀8流回油箱，使活动滚筒制动器的油压保持为一级油压值 $P_{1级}$，暂时不能抱闸。经液压延时阀延时后，阀11的“1”、“3”口连通，使活动滚筒制动器的油流回油箱，实施抱闸，实现二级制动。

◆　调绳制动

调绳时要求活动滚筒处于制动状态，调绳离合器处于离开状态，而固定滚筒应处于松闸状态。各阀的动作情况如下：

电磁铁G1、G2、G3、G4、G5断电，盘式制动器全处于制动状态。打开截止阀22，然后给G2通电，电磁换向阀21切换，压力油进入调绳离合器油缸离开腔，使活动滚筒与主轴脱开。接着再给G3通电，使压力油进入固定滚筒制动器，解除对固定滚筒的制动，即可进行调绳。

调绳结束后，G3断电，固定滚筒制动，G2断电、G1通电，电磁换向阀21切换，压力油进入调绳离合器油缸合上腔，使活动滚筒与主轴接合。然后G1断电，电磁换向阀21切换回中位，断开油路。最后关闭截止阀22。

这两种液压站在紧急情况下，井口二级制动解除，G5断电一级制动。在井中G5通电二级制动。

7.操纵台

操纵台结构如图5.24。其上装有两个手把，即制动手把和操纵手把。操作人员左手扳动的是制动手把，该手把的下面与自整角机（BD—404A型）相连。当手把推到最前面（远离操作人员）时，自整角机的输出电压约为30 V，输入到电液调压装置线圈的直流电流为最大（I_{max} = 250 mA），液压站油压为最大工作压力（约6 MPa），提升机为全松闸状态。当手把拉回到最后面（靠近操作人员）时，自整角机的输出电压为零，输入到电液调压装置线圈的直流电流为零，液压站油压为最小工作压力（约0.3 MPa），提升机为全抱闸状态。手把由全松闸位置到全抱闸位置的回转角度约为70°，当手把位置在这个角度范围内改变时，自整角机的输出电压和输入到电液调压装置线圈的直流电流相应改变，盘形闸的制动力矩也相应改变。

操作人员右手扳动的是操纵手把，其作用是控制主电动机（即提升机）的启动、停止、调速、换向。该手把的下部通过链条传动带动主令控制器，实现对电动机（即提升机）的控制。当操纵手把处于中间位置时，主电动机断电停止转动；当操纵手把向前推动离开中间位置时，提升机正向启动；当操纵手把向后拉离开中间位置时，提升机反向启动。操纵手把由中间位置向前推（或向后拉）的幅度越大，提升机的转速越大，直到全速。当操纵手把由向前推（或向后拉）的极限位置返回中间位置时，提升机减速直至停车。

操纵台斜面上装有两个油压表、12个信号灯和若干个电表。两个油压表中一个指示制动系统的油压，另一个指示润滑系统的油压。信号灯由用户根据实际需要进行选用。电表的数

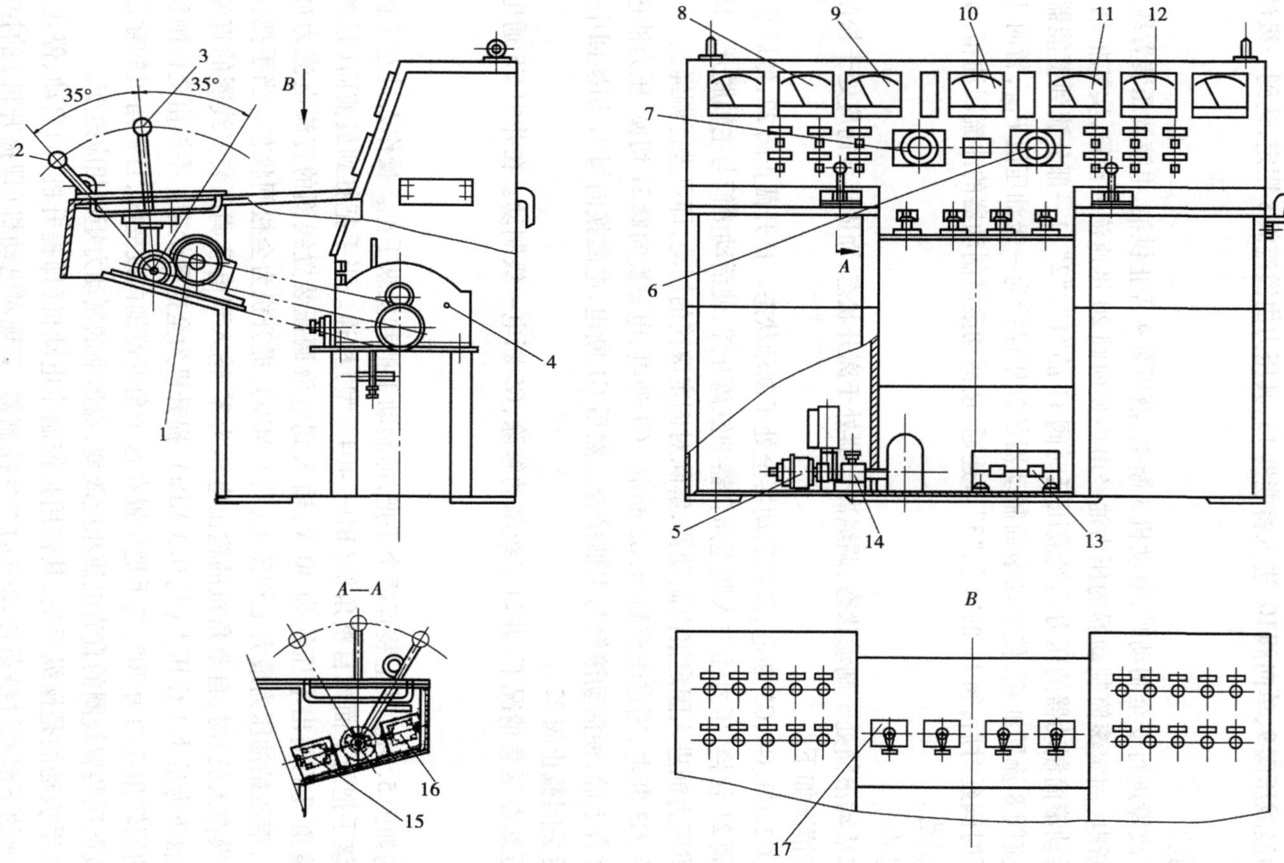

图5.24 整体式操纵台

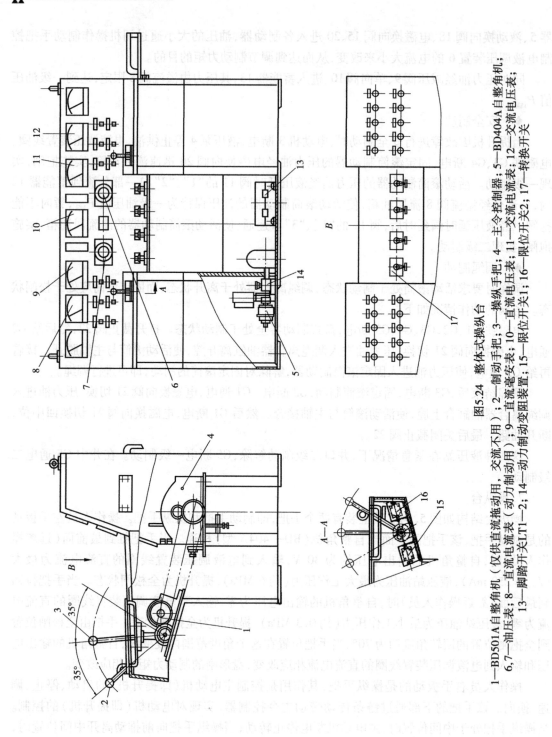

1—BD501A自整角机（仅供直流拖动用，交流不用）；2—制动手把；3—操纵手把；4—主令控制器；5—BD404A自整角机；6,7—油压表；8—直流电流表（动力制动用）；9—直流毫安表；10—直流电压表；11—交流电流表；12—交流电压表；13—脚踏开关LT1—2；14—动力制动变阻装置；15—限位开关1；16—限位开关2；17—转换开关

量、型号、量程由拖动方式及控制方式确定。操纵台斜面中间装有圆盘深度指示器，当采用牌坊式深度指示器时，可选用不带圆盘深度指示器的斜面（如图5.24）。

操纵台前平面左侧装有4个主令开关，中间装有4个转换开关，左右两侧还装有按钮，其数量由用户根据实际需要确定。

操纵台底部左侧装有一个踏板装置，供动力制动时使用。右侧装有一个紧急脚踏开关。当提升机运转中发生异常情况，操作人员可踩下紧急脚踏开关，对提升机进行紧急安全制动。

为了操纵方便和保证安全，制动手把下部还设有连锁装置，如图5.24中*A—A*剖视。其作用是：

（1）当制动手把处于全抱闸位置时，由于碰块触压行程开关2，使电液调压装置的线圈断电，主电动机不能通电。其目的是防止电液调压装置的电气元件失灵造成线圈通电而松闸，或由于误操作使主电动机突然启动而烧坏。

（2）当制动手把由全抱闸位置稍微向前推动，行程开关2即被释放，电液调压装置的线圈通电。

其目的是让操作人员能在提升机未配备微拖动装置时，通过施闸来控制容器爬行，抵达正确的停车位置。

（3）当制动手把由中间位置推向全松闸位置时，由于碰块触压行程开关1，故提升机在全松闸状态时，允许操作人员将操纵手把推向高速运行位置。反之，当制动手把由中间位置拉向全抱闸位置时，由于行程开关1被释放，这时即使操纵手把在主电动机全速运转位置，也不允许主电动机转子电阻全部切除，以防止提升机在制动的情况下高速运行。

任务2　矿用提升机的操作与维护

知识目标：★矿井提升机的操作方法
★矿井提升机的日常维护
★矿井提升机的故障处理

能力目标：★认知矿井提升机操纵台上的手把、开关、按钮、仪表
★正确操作矿井提升机

教学准备

准备好实训室的提升机及相关资料。

任务实施

1. 老师下达任务：提升机的操作、日常维护、故障处理；
2. 制订工作计划：学生以小组为单位，根据任务要求，提前到实训室了解提升机的操作；
3. 任务实施：由学生描述单提升机的日常维护、故障处理，操作提升机。

相关知识

由于矿井提升设备是由多种机电设备组成的大型成套设备，在矿井中具有“咽喉”的重要作用，它一旦出现故障，将导致全矿停产或重大安全事故。所以正确操作使用提升机，作好日常保养维护，减少故障的发生，保证安全生产，是非常重要的；当发生故障时，能快速准确地查找出故障原因，排除故障，尽量缩短停产时间也是非常重要的。

一、矿井提升机的操作方法

（一）矿井提升机的操纵台

矿井提升机的操纵台如图5.24所示。其上有两个手把、一个是制动器操纵手把，一个是主电动机操纵手把。操作人员左手扳动的是制动手把，该手把的下面与自整角机（BD—404A型）相连。当手把推到最前面（远离操作人员）时，自整角机的输出电压约为30 V，输入到电液调压装置线圈的直流电流为最大（I_{max}=250 mA），液压站油压为最大工作压力（约6 MPa），提升机为全松闸状态。当手把拉回到最后面（靠近操作人员）时，自整角机的输出电压为零，输入到电液调压装置线圈的直流电流为零，液压站油压为最小工作压力（即残压约0.3 MPa），提升机为全抱闸状态。手把由全松闸位置到全抱闸位置的回转角度约为70°，当手把位置在这个角度范围内改变时，自整角机的输出电压和输入到电液调压装置线圈的直流电流相应改变，盘形闸的制动力矩也相应改变。

操作人员右手扳动的是主电动机操纵手把，其作用是控制主电动机（即提升机）的启动、停止、调速、换向。该手把的下部通过链条传动带动主令控制器，实现对电动机（即提升机）的控制。当操纵手把处于中间位置时，主电动机断电停止转动；当操纵手把向前推动离开中间位置时，提升机正向启动；当操纵手把向后拉离开中间位置时，提升机反向启动。操纵手把由中间位置向前推（或向后拉）的幅度越大，提升机的转速越大，直到全速。当操纵手把由向前推（或向后拉）的极限位置返回中间位置时，提升机减速直至停车。

操纵台斜面上装有两个油压表、12个信号灯和若干个电表。两个油压表中一个指示制动系统的油压，另一个指示润滑系统的油压。信号灯由用户根据实际需要进行选用。电表的数量、型号、量程由拖动方式及控制方式确定。操纵台斜面中间装有圆盘深度指示器，当采用牌坊式深度指示器时，可选用不带圆盘深度指示器的斜面（如图5.24）。

操纵台前平面左侧装有4个主令开关，中间装有4个转换开关，左右两侧还装有按钮，其数量由用户根据实际需要确定。

操纵台底部左侧装有一个踏板装置，供动力制动时使用。右侧装有一个紧急脚踏开关。当提升机运转中发生异常情况，操作人员可踩下紧急脚踏开关，对提升机进行紧急安全制动。

为了操纵方便和保证安全，制动手把下部还设有连锁装置，如图5.24中*A*—*A*剖视。其作用是：

1. 当制动手把处于全抱闸位置时，由于碰块触压行程开关2，使电液调压装置的线圈断电，主电动机不能通电。其目的是防止电液调压装置的电气元件失灵造成线圈通电而松闸，或由于误操作使主电动机突然启动而烧坏。

2. 当制动手把由全抱闸位置稍微向前推动，行程开关2即被释放，电液调压装置的线圈通电。其目的是让操作人员能在提升机未配备微拖动装置时，通过施闸来控制容器爬行，抵达正确的停车位置。

3. 当制动手把由中间位置推向全松闸位置时，由于碰块触压行程开关1，故提升机在全松闸状态时，允许操作人员将操纵手把推向高速运行位置。反之，当制动手把由中间位置拉向全抱闸位置时，由于行程开关1被释放，这时即使操纵手把在主电动机全速运转位置，也不允许主电动机转子电阻全部切除，以防止提升机在制动的情况下高速运行。

制动器操纵手把用来控制盘形闸制动力的大小。当制动器操纵手把推到最前端位置时，提升机处于"全松闸"状态；当制动器操纵手把拉回到最后端位置时，提升机处于"全制动"状态。当制动器操纵手把在两者之间70°范围内移动时，制动力的大小可以调节。

主电动机操纵手把用来控制主电动机（即提升机）的启动、停止、和正转、反转、调速。

当主电动机操纵手把处于中间位置时，主电动机处于停止状态。

当主电动机操纵手把由中间位置向前推时，主电动机启动并正转。向前推的角度越大，主电动机的转速越快，直到最大转速。

当主电动机操纵手把由中间位置向后拉时，主电动机启动并反转。向后拉的角度越大，主电动机的转速越快，直到最大转速。

当主电动机操纵手把由前、后最大转速位置向中间位置扳动时，主电动机的转速逐渐降低，直到停止。

（二）矿井提升机的操作方法

矿井提升机的操作包括启动、停止、调速、换向、制动、调绳等。

1. 矿井提升机启动的方法

(1)操作前的准备工作

检查各手把位置是否正确：控制电源开关应处于关闭位，电锁开关应处于关闭位，制动手把处于应制动位置，提升手把应处于操作零位，调绳转换开关应处于正常位置，过卷复位开关应处于正常位置；

(2)送电：合上控制电源，合上电锁开关，合上自动空气开关；

(3)启动油泵：按下油泵启动按钮；

(4)启动主电动机：当接到井口信号工发来的提升（下放）信号后，按信号指示方向将主电动机操纵手把向前（向后）推离中间位置，主电动机启动。

2. 矿井提升机停止的方法

当接到信号系统发来的减速停车信号后，将主电动机操纵手把从前端（后端）位置逐渐推回到中间位置，提升机速度逐渐回零，同时将制动器操纵手把逐渐拉回到全制动位置，进行停车制动。

3. 矿井提升机调速的方法

矿井提升机调速的方法有人工手动调速和按时间控制的自动调速两种。

(1)人工手动调速的方法

司机操纵主电动机操纵手把离开中间位置，主电动机启动后，继续向前（或后）推（或拉）主电动机操纵手把，直到最大速度位置，提升机加速到最大速度；司机操纵主电动机操纵手把从最大速度位置回到中间位置，提升机减速至零。加速和减速的快慢由司机人工控制。

(2)按时间控制的自动调速

司机操纵主电动机操纵手把离开中间位置，主电动机启动后，将操纵手把直接推(拉)到最大速度位置，提升机由时间继电器控制加速的快慢；同样，提升机减速时，司机将操纵手把直接从最大速度回到中间位置，提升机由时间继电器控制减速的快慢。

4. 矿井提升机换向的方法

操纵主电动机操纵手把离开中间位置，向前推为提升机正转，向后拉为提升机反转。

5. 矿井提升机制动的方法

矿井提升机的制动分为工作制动、紧急制动、调绳制动3种情况，其操作方法有所不同。

(1)工作制动

工作制动是提升机正常工作时减速、停车、下放重物等状态下由司机操作制动器手把来进行制动的一种方式。此时司机操作制动器手把在全松闸至全紧闸的范围内运动，获得所需的制动效果。

(2)紧急制动是提升机工作中出现异常情况时，由安全保护装置动作，或由司机踩下操纵台右下方的脚踏开关，造成提升机断电，制动器抱闸的一种方式。此时司机踩下操纵台右下方的脚踏开关即可。

(3)调绳制动

调绳制动是提升机进行调绳时，只闸住活滚筒的一种制动方式，此时司机按调绳的方法操作。

6. 矿井提升机调绳的操作方法

(1)将主电动机操纵手把拉回中间位置，提升机停止运转；

(2)将制动手把拉回到“全制动”位置，制动住两滚筒；

(3)将调绳转换开关扳到“调绳”位置，使其控制的闭锁电路接通；

(4)将离合器转换开关扳到“离开”位置，使调绳离合器脱开，活滚筒与主轴脱开，此时注意观察操纵台上的指示灯；

(5)将制动手把推到“全松闸”位置，将主电动机操纵手把推离中间位置，提升机运转，带动死滚筒运转进行调绳；

(6)调绳结束后，将主电动机操纵手把拉回中间位置，提升机停止运转；将制动手把拉回到“全制动”位置，制动住两滚筒；

(7)将离合器转换开关扳到“合上”位置，使调绳离合器合上，活滚筒与主轴接合；

(8)将调绳转换开关扳到“正常”位置，使其控制的闭锁电路断开。

二、矿井提升机的日常维护

《煤矿安全规程》规定：提升机各部分，包括滚筒、连接装置、制动装置、传动装置、调绳装置等，每天都要有专人检查一次，每月由矿机电部门负责人组织检查一次，如发现问题必须立即处理，在未修好前禁止使用。

小修

对提升机进行局部修理，通常只修理或更换个别磨损件或配件及填料，清洗部件及润滑件，调整部分机械的窜量和间隙，局部恢复精度，加油或更换油脂，清扫及检查电气部位，作好检查记录,为大、中修提供依据。

中修

对提升机某些主要部件进行解体检查,修理或更换较多的磨损零件,更换成套部件,更换电动机的个别线圈或全部绝缘,清洗复杂部件零件,清洗疏通各润滑部件,减速器换油,更换油毡和密封圈,处理漏油部位,给提升机有关部件喷漆或补漆等。

大修

对提升机全面解体进行彻底检修,对所有零件进行清洗,作出修复更换鉴定,更换或加固重要的零件或机构,恢复提升机应有的精度和性能,调整各部件和电气操作系统及控制系统,检查地基及基础座,给提升机重新喷漆等。

现以 JK 型提升机为例,阐述提升机主要部件的检查和调整要求。

(一)盘形闸的检查和调整要求

1. 各盘形闸的中心线应与主轴中心线在同一水平面上,其误差不应大于3 mm。

2. 盘形闸左右两闸瓦与制动盘两平面应平行,其误差不得超过0.5 mm。

3. 盘形闸闸瓦与制动盘的接触面积必须大于60%。

4. 盘形闸闸瓦与制动盘的间隙调整到1 ~1.5 mm,使用中若闸瓦磨损至间隙达2 mm时,需及时调整。

5. 紧急制动空行程时间不超过0.5 s。

6. 如无动力制动且连续带闸下放重物时,必须严格注意闸瓦的温度不得超过80 ℃。

(二)盘形闸闸瓦间隙的调整方法

调整盘形闸闸瓦间隙时:

1. 先将制动手把扳到“松闸”位置,使制动器处于全松闸状态。

2. 拧下紧固螺钉6,把调整螺母20往里拧,推动活塞、筒体、闸瓦向前移动,调到要求的间隙后再将螺钉6拧紧(参看图5.20)。

3. 将制动手把扳到“制动”位置,使制动器处于全制动状态。

4. 再将制动手把扳到“松闸”位置,使制动器处于全松闸状态。

5. 检查闸瓦间隙是否符合要求。

(三)主轴及轴承的检查调整要求

1. 主轴的水平度误差应在2/10 000范围内,主轴的最大窜量不应超过1 ~2 mm,主轴的振幅不得超过表5.1规定。

表5.1　主轴振幅允许值

主轴转速/($r \cdot min^{-1}$)	1 000	750	600	500以下
允许振幅/mm	0.1	0.12	0.16	0.20

2. 轴径磨损和加工削正量不得超过原设计直径的5%,并禁止焊补。

3. 轴径与轴瓦的配合间隙应符合表5.2规定。当超过表中的最大值时,应用垫片进行调整。不能用垫片进行调整的,应更换轴瓦。

表 5.2　轴承间隙允许值

轴颈直径/mm	轴瓦顶间隙/mm	
	≤1 000 r/min	>1 000 r/min
50 ~ 80	0.07 ~ 0.14	0.10 ~ 0.19
>80 ~ 120	0.08 ~ 0.16	0.12 ~ 0.23
>120 ~ 180	0.10 ~ 0.20	0.15 ~ 0.27
>180 ~ 260	0.12 ~ 0.23	0.18 ~ 0.31
>260 ~ 360	0.14 ~ 0.25	0.21 ~ 0.36
>360 ~ 500	0.17 ~ 0.31	
>500 ~ 600	0.20 ~ 0.36	
>600 ~ 720	0.32 ~ 0.40	

4. 轴承衬层内表面应平滑光洁。允许有 3 个以下的散布气孔，其最大尺寸不得超过 2 mm，且相互间距不小于 15 mm。轴承衬层有裂纹或部分剥落时必须更换。

5. 轴径与下轴瓦的接触面积用染色法检查应达到表 5.3 规定。

表 5.3　轴承接触面积允许值

轴径直径/mm	沿轴向接触范围	在下轴瓦中部的接触范围	每 $25\times25\ mm^2$ 内的接触斑点
≤300	不小于轴瓦长的 3/4	90° ~ 120°	12 ~ 18
>300	不小于轴瓦长的 2/3	60° ~ 90°	12 ~ 18

（四）联轴器的检查调整

1. 联轴器的端面间隙及同轴度应符合表 5.4 和表 5.5 要求。

表 5.4　联轴器的端面间隙

联轴器直径/mm	160	185	220	245	290	320	390	410	580	720	880	1 110
端面间隙/mm	2	3	4	5	6	7	8	10	12	15	20	25

表 5.5　联轴器的同轴度

联轴器外形最大直径/mm	两轴的不同轴度允差/mm	
	径向位移	倾斜
≤300	0.1	0.5/1 000
>300 ~ 500	0.2	0.8/1 000
>500 ~ 900	0.3	1.0/1 000
>900 ~ 1 400	0.4	1.5/1 000

2. 弹性柱销联轴器胶圈外径与孔径差不超过 2 mm，齿轮联轴器齿厚磨损不超过 20%，蛇形弹簧联轴器厚度磨损不超过 10%。

(五)减速器的检查调整

齿轮的啮合间隙

齿轮的齿侧间隙与齿顶间隙应符合表 5.6 和表 5.7 的要求。

表 5.6　减速器渐开线齿轮的齿侧间隙　　(单位:mm)

	中心距					
结合形式	320 ~ 500	>500 ~ 800	>800 ~ 1 250	>1 250 ~ 2 000	>2 000 ~ 3 150	>3 150 ~ 5 000
闭式	0.26	0.34	0.42	0.53	0.71	0.85
开式	0.53	0.67	0.85	1.06	1.40	1.70

表 5.7　渐开线齿轮的齿顶间隙　　(单位:mm)

齿轮压力角	标准间隙	最大间隙
20°标准齿	$0.25m_n$	1.2 倍标准间隙
20°短齿	$0.30m_n$	1.2 倍标准间隙

三、提升机常见故障及处理方法

提升机常见机械故障及处理方法如下：

(一)主轴装置常见故障原因及排除方法

故障现象	故障原因	排除方法
滚筒辐板扇形人孔开裂	制造粗糙引起应力集中	钻止裂孔、焊加强板
主轴断裂或弯曲	1. 各支承轴承的同心度和水平度偏差过大，使轴局部受力过大，反复疲劳折断 2. 经常超载运转和重负荷冲击，使轴局部受力过大产生弯曲 3. 加工装配质量不符合要求 4. 材质不佳或疲劳	1. 调整同心度和水平度 2. 防止重负荷冲击 3. 保证加工质量 4. 更换合乎要求的材质
滚筒产生异响	1. 连接件松动或断裂，产生相对位移和振动 2. 滚筒筒壳产生裂纹或强度不够，产生变形 3. 焊接滚筒开焊 4. 游动滚筒衬套与主轴间隙过大 5. 离合器有松动 6. 键松动	1. 进行紧固或更换 2. 焊接处理或在筒内用型钢加补强筋 3. 焊接处理 4. 更换衬套，适当加油 5. 调整，紧固连接件 6. 紧固键或更换键

续表

故障现象	故障原因	排除方法
滚筒有异响	1. 死滚筒轮毂与轴配合松动 2. 切向键退出 3. 滚筒连接螺栓松动 4. 活滚筒铜套间隙超限、缺油	1. 修理对口，重新紧固 2. 打紧切向键 3. 紧固螺栓 4. 更换铜套、加油
滚筒筒壳发生裂缝	1. 筒壳钢板太薄 2. 局部受力过大，连接零件松动或断裂 3. 木衬磨损或断裂	1. 更换筒壳 2. 筒壳内部加立筋或支环，拧紧螺栓 3. 更换木衬
轴承发热、烧坏	1. 缺润滑油或油路堵塞 2. 润滑油脏，混进杂物 3. 间隙小或瓦口垫磨损 4. 与轴颈接触面积不够 5. 油环卡塞	1. 补充润滑油，疏通油路 2. 清洗过滤器，换油 3. 调整间隙及瓦口垫 4. 刮瓦研磨 5. 检查修理油环
筒壳剖分面沿连接处开裂	应力集中	焊加强板
筒壳圆周高点处开裂	筒壳不圆引起应力集中	焊补、车圆
主轴切向键松动	装配质量未达到要求	重配切向键、增设止退螺钉紧固
主轴轴向窜动	轴承端面磨损造成间隙增大	加铜环和调整垫片
固定滚筒左轮毂内孔磨损	多种负荷作用产生微动	更换
活动滚筒铜套紧固螺栓剪断	铜套与主轴配合处缺乏润滑油	清洗润滑油道、油槽、选用合适黏度的润滑油
活动滚筒轴瓦磨损	缺乏润滑油、主轴歪斜	加强润滑、调整主轴中心、更换铜瓦
制动盘偏摆超差	主轴安装不正、主轴承轴瓦磨损	检查调整主轴位置、更换轴瓦

(二)减速器常见故障原因及排除方法

故障现象	故障原因	排除方法
齿轮有异响和振动过大	1. 齿轮装配啮合间隙超限或点蚀剥落严重 2. 轴向窜量过大 3. 各轴水平度及平行度偏差太大 4. 轴瓦间隙过大 5. 键松动 6. 齿轮磨损过大	1. 调整齿轮啮合间隙,限定负荷,更换润滑油 2. 调整窜量 3. 重新调整各轴的水平度及平行度 4. 调整轴瓦间隙或更换 5. 紧固键或更换键 6. 进行修理或更换齿轮
齿轮磨损过快	1. 装配不好,齿轮啮合不好 2. 润滑不良或油有杂质 3. 加工精度不符合要求 4. 负荷过大或材质不佳 5. 疲劳	1. 调整装配 2. 加强润滑 3. 适当检修处理 4. 调整负荷或更换齿轮 5. 修理或更换
齿轮打牙断齿	1. 齿间掉入金属异物 2. 突然重载荷冲击或反复重复载荷冲击 3. 材质不佳或疲劳	1. 检查取出,更换齿轮 2. 采取相应措施,杜绝超负荷运转 3. 更换齿轮
齿轮裂纹	制造原因和使用原因引起的应力集中	将裂纹处打磨光滑使其周围圆滑过渡防止裂纹扩散
断齿	过载、应力集中、交变载荷	更换
齿面损伤(点蚀、剥落)	齿轮的材料、加工、承受的交变负载	将点蚀坑边沿打磨圆滑、更换极压齿轮油
齿面磨损	齿面上没有油膜、硬质颗粒啮合区、齿轮加工误差造成啮合不正常	采用极压齿轮油、保证润滑油清洁监视磨损发展情况
齿面胶合	缺乏润滑油、负载过重、局部过热	将损伤处打磨光滑、采用极压齿轮油润滑冷却
传动轴弯曲或折断	1. 材质不佳或疲劳 2. 断齿进入另一齿轮齿间空隙,齿顶顶撞 3. 齿间掉入金属硬物,轴受弯曲应力过大 4. 加工质量不符合要求,使轴产生大的应力集中	1. 改进材质 2. 发现断齿及时停车,及早处理断齿 3. 杜绝异物掉入 4. 改进加工方法,保证加工质量
减速器声音不正常或震动	1. 齿轮间隙超限或齿面接触不良 2. 轴向窜动量过大 3. 轴瓦间隙过大 4. 地脚螺栓或齿轮键松动	1. 调整齿轮间隙,研磨齿面 2. 加固定挡圈 3. 调整间隙 4. 紧固地脚螺栓及齿轮
箱体变形	地脚螺栓松动、基础变形	增减调整垫片、紧固地脚螺栓

（三）联轴器常见故障原因及排除方法

故障现象	故障原因	排除方法
联轴器发出异响，连接螺栓切断	1. 缺润滑油脂，漏油 2. 齿轮间隙超限 3. 切向键松动 4. 同心度及水平度偏差超限 5. 齿轮磨损超限 6. 外壳窜动切断螺栓 7. 蛇形弹簧折断	1. 加润滑油脂，换密封圈 2. 调整间隙 3. 紧固切向键 4. 调整找正 5. 更换 6. 处理外壳，更换螺栓 7. 更换

（四）制动装置常见故障原因及排除方法

故障现象	故障原因	排除方法
制动器不开（松）闸	液压站油压不够	检查液压站
制动器不制动	液压站损坏或制动器卡住	检查液压站、检查制动器
制动时间长、制动力小	闸瓦间隙大、闸瓦上有油、碟形弹簧弹力不够	检查修理
松闸和制动缓慢	液压系统有空气、闸瓦间隙大、密封圈损坏	检查修理
制动器和制动手把跳动或偏摆，制动或松闸不灵活	1. 闸座销轴及各铰接轴松动或销轴缺油 2. 传动杠杆有卡塞地方 3. 制动油缸卡缸 4. 制动器安装不正 5. 压力油脏，油路阻滞	1. 更换销轴，定期注润滑油脂 2. 检查处理卡塞之处 3. 检查并调正制动缸 4. 重新调整找正 5. 清洁油路，换油
闸瓦过热及烧伤制动盘	1. 用闸过多过猛 2. 闸瓦螺栓松动或闸瓦磨损过度，螺栓触及制动盘 3. 闸瓦接触面积小于60%	1. 改进操作方法 2. 更换闸瓦，紧固螺栓 3. 调整闸瓦的接触面积
制动油缸顶缸	工作行程不当	调整工作行程
制动油缸漏油	密封圈磨损或破裂	更换密封圈
制动油缸卡缸	1. 活塞皮碗老化变硬 2. 活塞皮碗在油缸中太紧 3. 压力油脏，过滤器失效 4. 活塞底部的压环螺钉松动或脱落 5. 制动油缸磨损不均	1. 更换 2. 调整 3. 换油，清洗 4. 定期检查，增加防松装置 5. 修理油缸或更换

续表

故障现象	故障原因	排除方法
盘形闸闸瓦断裂,制动盘磨损	1. 闸瓦材质不好 2. 闸瓦接触面不平,有杂物	1. 更换质量好的闸瓦 2. 清扫,调整
正常运行时油压突然下降	1. 电液调压装置的控制杆和喷嘴的接触面磨损 2. 动线圈的引线接触不好或自整角机无输出 3. 溢流阀的密封不好,漏油 4. 管路漏油	1. 用油石磨平喷嘴,调整弹簧 2. 检查线路 3. 修理溢流阀或更换 4. 检查管路
开动叶片油泵后不产生油压	1. 叶片油泵内进入空气 2. 叶片油泵卡塞 3. 滤油器堵塞 4. 溢流阀主阀芯节流孔堵塞	1. 排出油泵中的空气 2. 检修叶片油泵 3. 清洗或更换滤油器 4. 清洗检查溢流阀
液压站残压过大	1. 电流调压装置的控制杆端面离喷嘴太近 2. 溢流阀的节流孔过大	1. 将十字弹簧上端的螺母拧紧一些 2. 更换节流孔元件
油压高频振动	1. 油泵、溢流阀、十字弹簧发生共振 2. 油压系统中进入空气	1. 更换液压元件 2. 利用排气孔排出空气
制动力矩不足	1. 碟形弹簧弹力不够 2. 闸瓦与制动盘接触面积小,粗糙度不好,使摩擦系数降低	1. 更换碟形弹簧 2. 提高粗糙度,增加接触面积
盘形制动器过热	1. 有杂质附在制动盘上 2. 闸瓦接触面积达不到60%以上 3. 操作方法不当,施闸时间过长	1. 清除杂质 2. 研磨闸瓦 3. 按操作规程操作
盘形制动器动作不灵敏	1. 压力油未达到规定压力 2. 压力油管有泄漏 3. 油管及制动器油缸内有空气 4. 闸瓦间隙调整不合适	1. 调整油压达到6.5 MPa 2. 检修油管 3. 排除空气 4. 调整闸瓦间隙
制动油无压力	1. 油泵中有空气 2. 泵吸油口未拧紧 3. 溢流阀节流孔可能被堵 4. 溢流阀阀芯卡住	1. 往油泵中灌油排气 2. 检查吸油口拧紧接头 3. 清洗溢流阀 4. 检查溢流阀

续表

故障现象	故障原因	排除方法
制动油有压力但达不到最大值	1. 喷嘴或挡板端面不平 2. 控制杆与喷嘴不垂直 3. 电液调压装置的动圈电流过小	1. 用油石磨平端面 2. 调整控制杆 3. 在允许范围内增大电流
液压站有时出现失压现象	1. 电液调压装置的线圈引出线焊接不牢 2. 电液调压装置的节流孔可能被堵 3. 电液调压装置的十字弹簧松动	1. 重新焊牢 2. 清洗并换油 3. 十字弹簧调整好后必须拧紧上、下螺母
叶片泵排不出油	1. 电动机转向不对或油箱内油面过低 2. 油管或过滤器堵塞 3. 油的黏度过高	1. 改变电动机转向,加油到规定油面 2. 清除杂质 3. 使用规定牌号油液
叶片泵启动后有噪音	1. 靠联轴节处端盖破裂或四个螺钉未拧紧 2. 出油口处的端盖未压住配油盘 3. 吸油口的滤油器堵塞	1. 更换端盖,拧紧螺钉 2. 出油口处及端盖之间适当加垫 3. 清洗滤油器
液压站油压正常但松不开闸或松开一部分	电磁阀 G_3、G_4 所需电压过低或过高,将线圈烧坏	检查电路及电磁阀线圈情况并修理

(五)深度指示器常见故障原因及排除方法

故障现象	故障原因	排除方法
深度指示器的丝杠晃动,指示失灵	1. 丝杠弯曲或安装不当,螺母磨损 2. 传动齿轮磨损,跳牙 3. 传动齿轮连结键松动 4. 摩擦式提升机的电磁离合器黏滞,不调零	1. 调整或更换 2. 更换 3. 修理,紧固键 4. 检修电磁离合器及调整装置

(六)调绳离合器常见故障原因及排除方法

故障现象	故障原因	排除方法
离合器发热	离合器沟槽口处有金属碎屑或其他脏物	用煤油清洗、擦净,并加润滑油
活动滚筒卡在轴上	活动滚筒的轴套润滑不良,或尼龙轴套粘结	改善并加强润滑、油管避免用直角接头、更换尼龙轴套

续表

故障现象	故障原因	排除方法
离合器不能很好地合上	内齿圈和外齿轮的轮齿上有毛刺	进行检查,清除毛刺
离合器油缸内有敲击声	1. 活塞安装不正确 2. 活塞与缸盖间的间隙太小	1. 进行检查,重新安装 2. 进行调整,一般此间隙不应小于2~3 mm
调绳时离合器离开缓慢	密封圈损坏漏油	更换
调绳时离合器离不开	连锁阀的小活塞卡住、小活塞上弹簧预压力大	检查调整
离合器合上困难	轮毂与尼龙瓦配合间隙偏大	检查调整或更换
离合器齿轮自动脱开	连锁阀失灵或离合油缸漏油	检查更换

四、任务考评

(一)认知矿井提升机操纵台上的手把、开关、按钮、仪表

序号	考核内容	考核项目	配分	评分标准	得分
1	认知矿井提升机操纵台上的手把	说明各手把的名称、作用	20	错一项扣5分	
2	认知矿井提升机操纵台上的开关	说明各开关的名称、作用	20	错一项扣5分	
3	认知矿井提升机操纵台上的按钮	说明各按钮的名称、作用	20	错一项扣5分	
4	认知矿井提升机操纵台上的仪表	说明各仪表的名称、作用	20	错一项扣5分	
5	文明操作	遵守安全规则、清理现场卫生	20	不遵守安全规则扣10分;不清理现场卫生扣10分	
总分:					

(二)矿井提升机的操作方法

序号	考核内容	考核项目	配分	评分标准	得分
1	提升机的启动、停止操作	启动前的检查、启动的操作顺序、停止的操作顺序	30	错一项扣10分	
2	提升机的工作制动	提升机松闸的操作顺序、制动的操作顺序、与主电动机操纵手把的配合关系	30	错一项扣10分	
3	提升机的调绳操作	调绳的操作顺序、各手把按钮的使用、信号灯的观察	30	错一项扣10分	

续表

序号	考核内容	考核项目	配分	评分标准	得分
4	文明操作	遵守安全规则、清理现场卫生	10	不遵守安全规则扣5分;不清理现场卫生扣5分	
总分:					

五、思考与练习

1. 矿井提升机操纵台上有哪些手把、开关、按钮、仪表?
2. 矿井提升机调速的方法有哪两种?
3. 矿井提升机工作制动、安全制动、调绳制动有何不同?
4. 叙述矿井提升机调绳的操作方法。
5. 叙述矿井提升机调整闸瓦间隙的操作方法。
6. 理解掌握主轴装置常见故障原因及排除方法。
7. 理解掌握减速器常见故障原因及排除方法。
8. 理解掌握制动装置常见故障原因及排除方法。
9. 理解掌握深度指示器常见故障原因及排除方法。
10. 理解掌握调绳离合器常见故障原因及排除方法。

参考文献

[1] 王守俊. 综合机械化采煤机械[M]. 北京：中国劳动社会保障出版社,2006.
[2] 张红俊. 综合机械化采掘设备[M]. 北京：化学工业出版社,2008.
[3] 谢锡纯. 矿山机械与设备[M].徐州：中国矿业大学出版社,2000.
[4] 马新民. 矿山机械[M].徐州：中国矿业大学出版社,1999.
[5] MG300—BW 型采煤机说明书[M]. 峰峰矿务局机械总厂.